1+X 职业技能等级证书培训考核配套教材

1+X 工业机器人应用编程职业技能等级证书培训

工业机器人应用编程（FANUC）中级

组　编　北京赛育达科教有限责任公司

亚龙智能装备集团股份有限公司

主　编　陈晓明　朱　强　李玉爽

副主编　黄　骏　陈　杰　葛阿萍　张　旭

王志强

参　编　龙茂辉　吕　洋　刘海周　张石锐

叶　礼　唐高阳　李子华　赵　亮

李壮壮　兰东伟　郑万来　杨建辉

林　谊　王进善

机械工业出版社

本书为“工业机器人应用编程”1+X职业技能等级证书培训考核配套教材。本书面向工业机器人应用编程人员，对照“工业机器人应用编程职业技能等级标准”，结合工业机器人实践应用中的典型工程案例，以项目引领、任务驱动的形式组织内容，使学生可以在实践应用中掌握工业机器人的相关知识、操作与编程技能。

本书共包含7个项目，分别为工业机器人装配应用编程、工业机器人视觉分拣应用编程、工业机器人RFID应用编程、工业机器人产品定制应用编程、工业机器人码垛应用离线编程、工业机器人写字应用离线编程、工业机器人的参数标定与测试。本书内容以职业技能要求、知识目标、能力目标、平台准备、知识准备、任务实施和任务评价等环节展开。

本书适合作为高等职业院校工业机器人技术专业以及装备制造类、自动化类相关专业课程的教材，也可作为工业机器人应用编程相关工程技术人员的参考资料与培训用书。

为便于教学，本书配有教学视频、电子课件等，选用本书作为授课教材的教师可登录机械工业出版社教育服务网（http://www.cmpedu.com），注册并免费下载。

图书在版编目（CIP）数据

工业机器人应用编程：FANUC：中级/北京赛育达科教有限责任公司，亚龙智能装备集团股份有限公司组编；陈晓明，朱强，李玉爽主编. —北京：机械工业出版社，2022.3（2024.7重印）

1+X职业技能等级证书培训考核配套教材　1+X工业机器人应用编程职业技能等级证书培训系列教材

ISBN 978-7-111-70402-7

Ⅰ.①工…　Ⅱ.①北…②亚…③陈…④朱…⑤李…　Ⅲ.①工业机器人—程序设计—职业技能—鉴定—教材　Ⅳ.①TP242.2

中国版本图书馆CIP数据核字（2022）第045588号

机械工业出版社（北京市百万庄大街22号　邮政编码100037）
策划编辑：赵红梅　　　责任编辑：赵红梅
责任校对：张　征　张　薇　封面设计：鞠　杨
责任印制：常天培
固安县铭成印刷有限公司印刷
2024年7月第1版第3次印刷
184mm×260mm · 14.5印张 · 365千字
标准书号：ISBN 978-7-111-70402-7
定价：45.00元

电话服务　　　　　　　　网络服务
客服电话：010-88361066　机　工　官　网：www.cmpbook.com
　　　　　010-88379833　机　工　官　博：weibo.com/cmp1952
　　　　　010-68326294　金　　书　　网：www.golden-book.com
封底无防伪标均为盗版　机工教育服务网：www.cmpedu.com

为贯彻《国务院关于印发国家职业教育改革实施方案的通知》（国发〔2019〕4号）文件精神，落实《教育部等四部门印发〈关于在院校实施“学历证书+若干职业技能等级证书”制度试点方案〉的通知》（教职成〔2019〕6号）文件要求，积极稳妥推进1+X证书制度试点工作，北京赛育达科教有限责任公司联合亚龙智能装备集团股份有限公司、芜湖职业技术学院等院校编写了1+X工业机器人应用编程职业技能等级证书培训系列教材。

本书以“工业机器人应用编程职业技能等级标准”为基础，以工业机器人典型的编程操作与应用为突破口，系统地介绍了工业机器人程序设计与操作的知识。为了提高学生的学习兴趣，本书针对重要的知识点和操作开发了大量的微课，实现了数字化教学资源与纸质教材的完美融合，以新颖的任务评价模式，突出实践操作的重要性。扫描书中二维码即可观看动画、微课及操作视频等数字化教学资源，随扫随学，突破传统课堂教学的限制，激发学生自主学习的兴趣，打造高效课堂。课后考核采用题库测试的形式开展。

《工业机器人应用编程（FANUC）中级》为本系列教材之一，以FANUC工业机器人为研究对象，对工业机器人各典型工作站的应用编程进行详细讲解，主要内容包括工业机器人装配应用编程、工业机器人视觉分拣应用编程、工业机器人RFID应用编程、工业机器人产品定制应用编程、工业机器人码垛应用离线编程、工业机器人写字应用离线编程、工业机器人的参数标定与测试。本课程建议学时为100学时，各教学项目学时分配建议如下：

项目	任务	建议学时
工业机器人装配应用编程	程序的自动运行	2
	使用多任务方式编制程序	2
	工业机器人与PLC外部控制系统的应用编程	6
	机器人与PLC通信配置	2
	多工位旋转供料模块	2
	电动机装配应用编程	6
工业机器人视觉分拣应用编程	视觉分拣工作站的准备	2
	视觉检测模块的设置	3
	输送模块的配置	3
	视觉分拣工作站的编程应用	6
工业机器人RFID应用编程	RFID模块的安装测试	2
	变位机模块的安装测试	2
	基于RFID的电动机装配工作站应用编程	6

（续）

项目	任务	建议学时
工业机器人产品定制应用编程	工业机器人动作附加指令的应用	2
	偏移、旋转程序的编制与应用	2
	称重模块的设置	4
	工业机器人单元人机界面程序的设置	4
工业机器人码垛应用离线编程	搬运工作站仿真环境搭建	4
	搬运工作站参数设置	4
	工业机器人码垛程序编制与调试	6
工业机器人写字应用离线编程	写字工作站仿真环境搭建	4
	写字路径优化与仿真运行	6
	写字应用编程验证	2
工业机器人的参数标定与测试	工业机器人测试系统的搭建	4
	工业机器人的零点标定	4
	工业机器人工作环境参数设定	4
机动		6
合计		100

本书由机械工业教育发展中心陈晓明，芜湖职业技术学院朱强、李玉爽担任主编并完成统稿；芜湖职业技术学院黄骏、陈杰、葛阿萍、张旭，机械工业教育发展中心王志强担任副主编；参与编写的有亚龙智能装备集团股份有限公司龙茂辉、吕洋、刘海周、张石锐、叶礼、唐高阳、李子华、赵亮、李壮壮、兰东伟、郑万来、杨建辉、林谊、王进善。

在本书的编写过程中，浙江亚龙智能装备集团股份有限公司、上海发那科机器人有限公司等企业提出了很多宝贵的意见和建议，在此郑重致谢。

由于编者水平有限，书中难免存在疏漏之处，敬请广大读者不吝赐教，提出宝贵意见。

编　者

二维码索引

目录

项目1

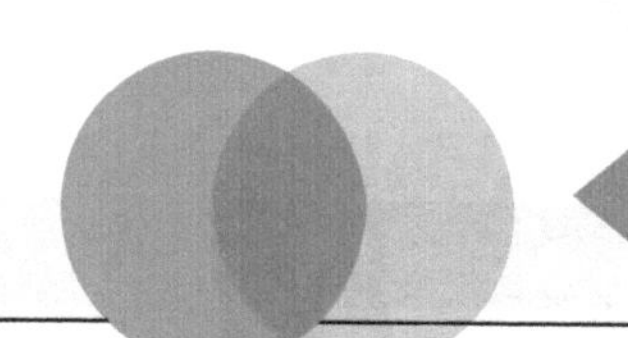

工业机器人装配应用编程

职业技能要求

工业机器人应用编程职业技能要求（中级）	
2.2.4	能够根据工作任务要求，使用多任务方式编写机器人程序
2.3.1	能够根据工作任务要求，编制工业机器人与PLC等外部控制系统的应用程序

知识目标

1. 了解工业机器人电动机装配工作站的特点与组成。
2. 掌握工业机器人电动机装配的具体流程。
3. 掌握工业机器人电动机装配工作站的基础设置与布局。
4. 了解伺服电动机的控制方法与应用。
5. 掌握工业机器人FOR循环、IF条件判断指令的应用。
6. 掌握工业机器人I/O指令的应用。
7. 掌握工业机器人调用指令的应用。

能力目标

1. 能够根据工作任务要求，完成电动机装配工作站的基础设置。

2. 能够根据工作任务要求，运用工业机器人I/O信号设置电磁阀I/O参数，编制视觉分拣等装置的程序。

3. 能够根据工作任务要求，完成行走轴与变位机伺服电机的PLC程序设置。

4. 能够根据工作任务要求，编制工业机器人电动机装配应用程序。

5. 能够根据工艺流程调整要求及程序运行结果，优化工业机器人电动机装配应用程序。

平台准备

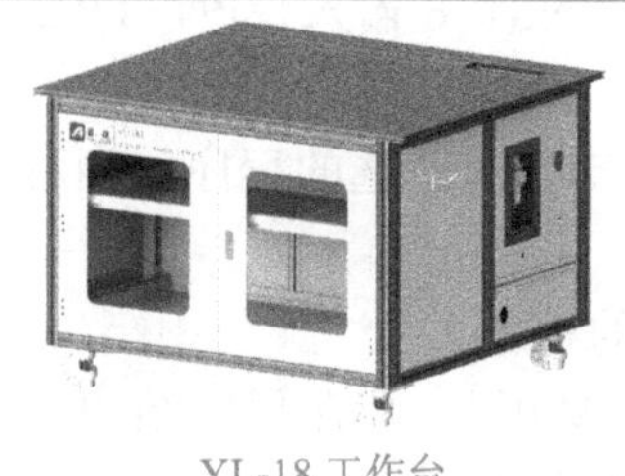	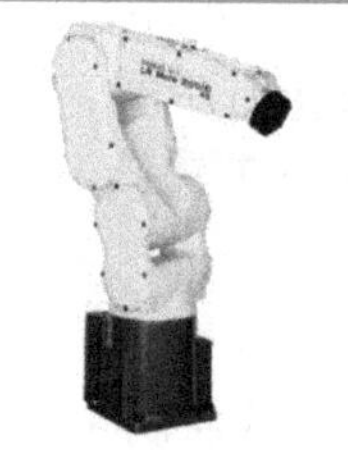	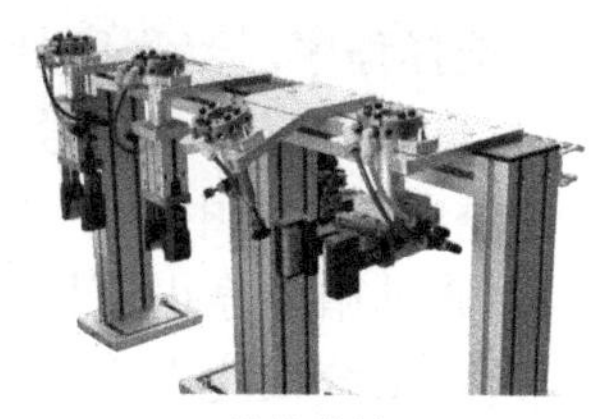
YL-18工作台	FANUC工业机器人	快换模块

（续）

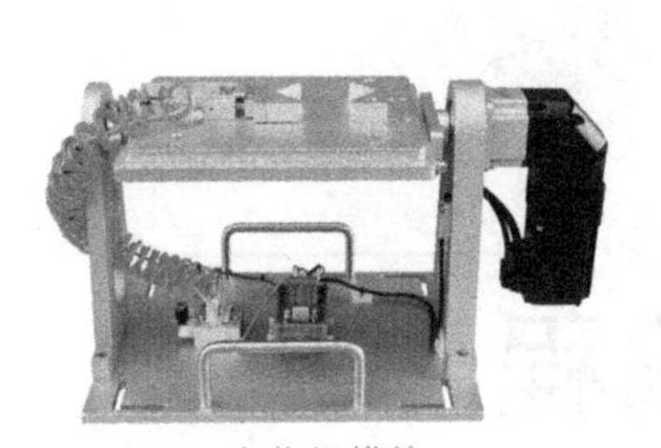 变位机模块	 旋转供料模块	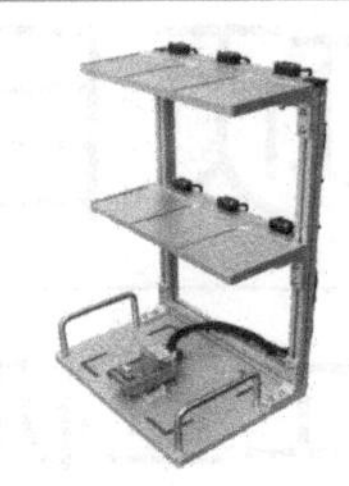 立体库模块
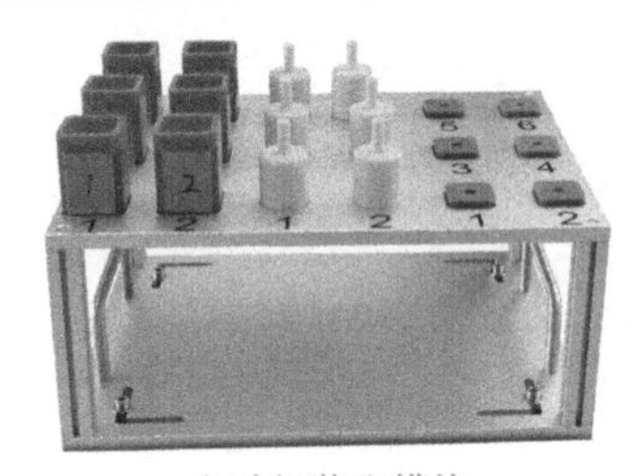 电动机装配模块	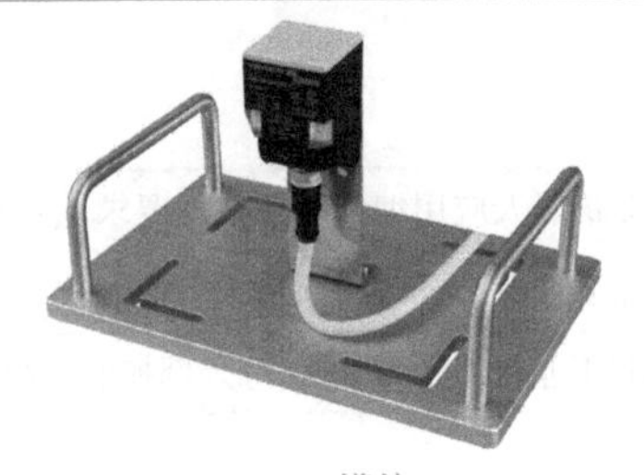 RFID 模块	 手爪工具

任务 1 程序的自动运行

学习目标

1. 了解程序自动运行的方式。
2. 了解程序自动运行的设置方法。
3. 掌握程序自动运行的方法。

知识准备

一、自动运行的含义

1. 自动运行的功能

自动运行是利用遥控装置通过外围 I/O 输入来启动程序的一种方式，自动运行具有如下功能。

1）机器人服务请求（RSR）功能。根据机器人服务请求信号（RSR1~8 输入）选择并启动程序，当程序处在执行中或暂停中时，所选程序进入等待状态，等待当前执行中的程序结束后再启动。

2）程序号码选择（PNS）功能。根据程序号码选择信号（PNS1~8 输入，PNSTROBE 输入）选择程序。当程序处在暂停中或执行中时，忽略该信号。

3）自动运行启动信号（PROD_START 输入）。从第一行启动当前所选的程序，当程序处在暂停中或执行中时，忽略该信号。

4）通过循环停止信号（CSTOPI 输入）来结束当前执行中的程序。

① 若系统设定菜单“用 CSTOPI 信号强制中止程序”为“禁用”，则在程序结束之前执行当前程序，而后强制结束该程序。通过 RSR 来解除处在待命状态的程序。

② 若系统设定菜单“CSTOPI 中止所有程序”为“启用”，则立即强制结束当前执行中的程序。通过 RSR 来解除处在待命状态的程序。

5）通过专用外部信号（START 输入）来启动当前在暂停中的程序。

① 若系统设定菜单“恢复运行专用（外部启动）”为“禁用”，则从所选程序的当前行启动程序，同时启动暂停中的程序（标准设定）。

② 若程序设定菜单“专用外部信号”为“启用”，则只启动当前暂停中的程序。当没有暂停中的程序时，忽略该信号。

2. 自动运行的方式

常用的自动运行的方式包括机器人服务请求（Robot Service Request，RSR）方式和机器人程序号码选择启动（Program No. Select，PNS）方式。

（1）RSR 方式　RSR 方式是指通过机器人服务请求信号（RSR1~8）选择和开始程序。控制装置根据 RSR1~8 的输入，判断所输入的 RSR 信号是否有效，处在无效状态时，信号将被忽略。在系统变量 RSR1~8 中，进行 RSR 有效 / 无效设定，也可以通过 RSR 自动运行设置界面或程序的 RSR 指令进行修改，如图 1-1 所示。

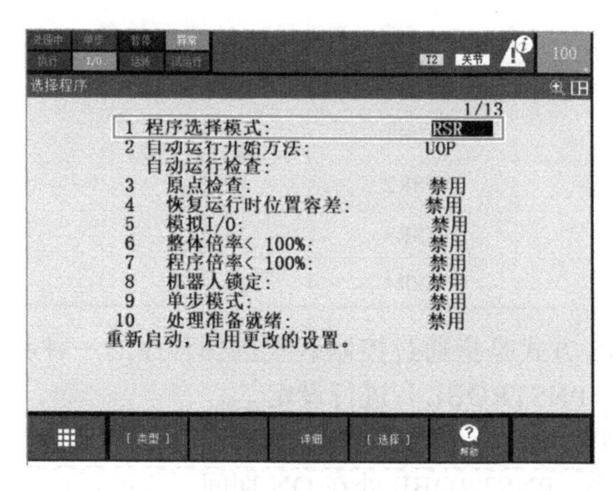

图 1-1　RSR 自动运行设置界面

1）RSR 方式的特点。

① 当一个程序正在执行或者中断时，被选择的程序处于等待状态，一旦原先的程序停止，就开始运行被选择的程序。

② 只能选择 8 个程序，如图 1-2 所示。

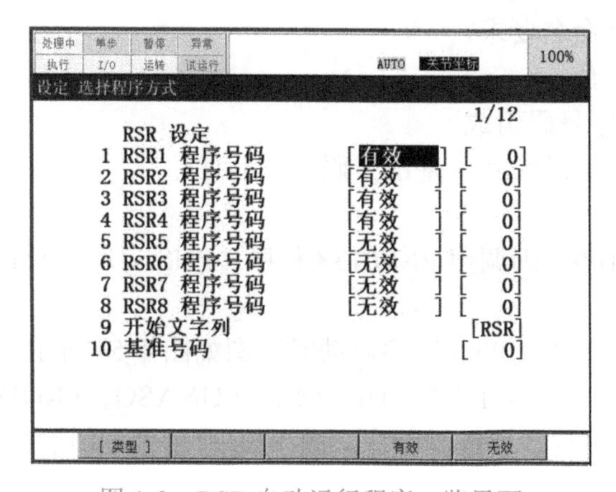

图 1-2　RSR 自动运行程序一览界面

2）RSR 方式的程序命名要求。在 RSR 设置中可以记录 8 个 RSR 记录编号，这些记录编号加上基准号码就是程序号码（4 位）。在 RSR2 有效的情况下，程序号码 =RSR2 记录编号 + 基准号码。所以所选程序名就是以 RSR+ 程序号码为名称的程序。

基准号码被设定在 $SHELL_CFG.$JOB_BASE 中，可通过图 1-2 所示界面的基准号码或程序的参数指令进行修改。

当前没有程序运行时，启动所选程序。当其他程序处在执行中或暂停中时，该请求信号将记录在等待行列，待执行中的程序结束时启动。RSR 程序从记录在工作等待行列中的程序起，按顺序执行。

处在等待状态的程序通过循环停止信号（CSTOPI 输入）和程序强制结束来清除。

RSR 方式的程序命名要求：

① 程序名必须为 7 位，由 RSR+4 位程序号码组成。

② 程序号码 =RSR 记录编号 + 基准号码。

例如：

条件：见表 1-1，基准号码 =0，则调用 RSR0001 程序。

表 1–1　RSR 自动运行 UI 信号设置

UI 信号		RSR 记录编号		程序号码	RSR 程序名
RSR1	ON	RSR1	1	0001	RSR0001
RSR2		RSR2	2		
RSR3		RSR3	3		
RSR4		RSR4	4		

（2）PNS 方式　PNS 方式是指通过控制装置选择程序的一种功能，通过机器人程序号码选择信号（PNS1~8 和 PNSTROBE）进行设定。

控制装置通过 PNSTROBE 将 PNS1~8 输入信号作为二进制数读取，当程序处在暂停中或执行中时，信号被忽略。PNSTROBE 处在 ON 期间，不能通过示教器选择程序。

1）PNS 方式的特点。

① 当一个程序正在执行或者中断时，这些信号被忽略。

② 自动开始操作信号（PROD_START）使机器人从第一行开始执行被选中的程序，当一个程序被中断或执行时，这个信号不被接收。

③ 最多可以选择 255 个程序。

2）PNS 方式的程序命名要求。

① 程序名必须为 7 位。

② 由 PNS+4 位程序号码组成。

③ 程序号码 =PNS 记录编号 + 基准号码。

例如：

条件：基准号码 =100，则调用 PNS0138 程序，PNS 自动运行设置界面和 UI 信号设置如图 1-3 和图 1-4 所示。

3）PNS 方式的时序要求。PNS 程序启动时序图如图 1-5a 所示，当 PROD_START 设置为 TRUE 时，UI［17］须为 ACTIVE，UI［18］为 UNASG，PROD_START 在 ON 状态保持 100ms 出现下降沿时，启动所选择程序。图 1-5b 所示为 UI 信号设置。

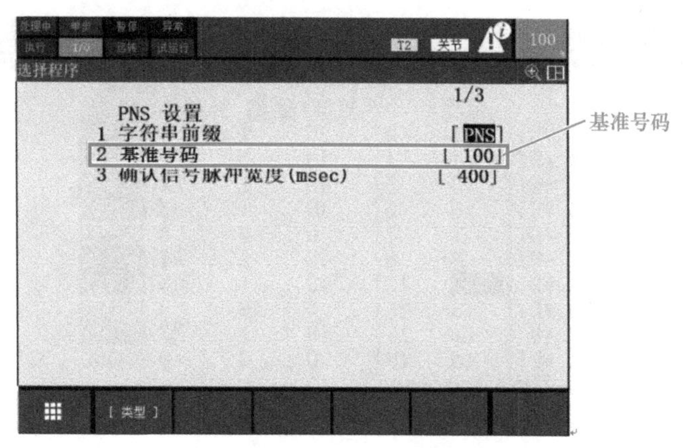

图 1-3　PNS 自动运行设置界面

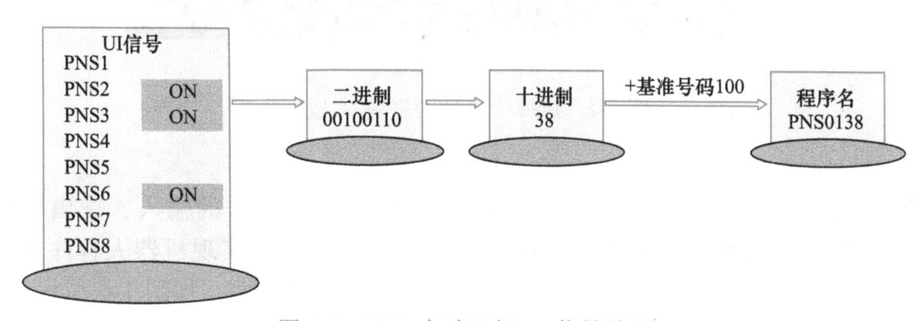

图 1-4　PNS 自动运行 UI 信号设置

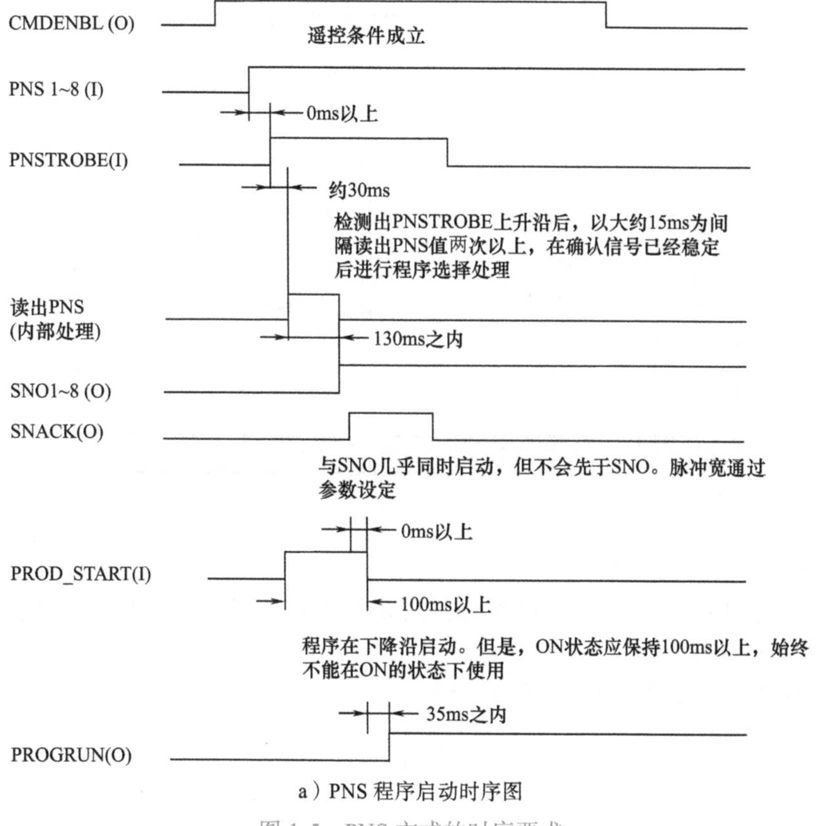

a）PNS 程序启动时序图

图 1-5　PNS 方式的时序要求

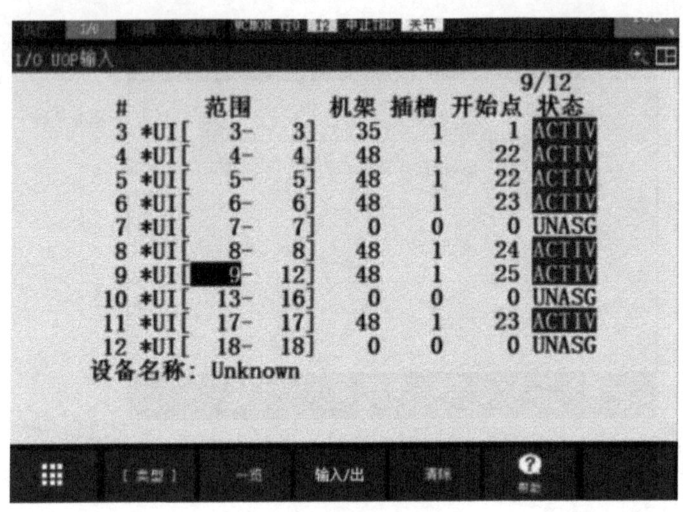

b）UI 信号设置

图 1-5 PNS 方式的时序要求（续）

3. 系统信号的定义

机器人程序可以使用外部控制设备（如 PLC 等），通过信号的输入、输出来选择和执行。系统信号是机器人发送和接收外部控制设备的信号，以此实现机器人程序运行。依次选择［MENU］键→［I/O］→［UOP］，出现系统信号设置界面，如图 1-6 所示。

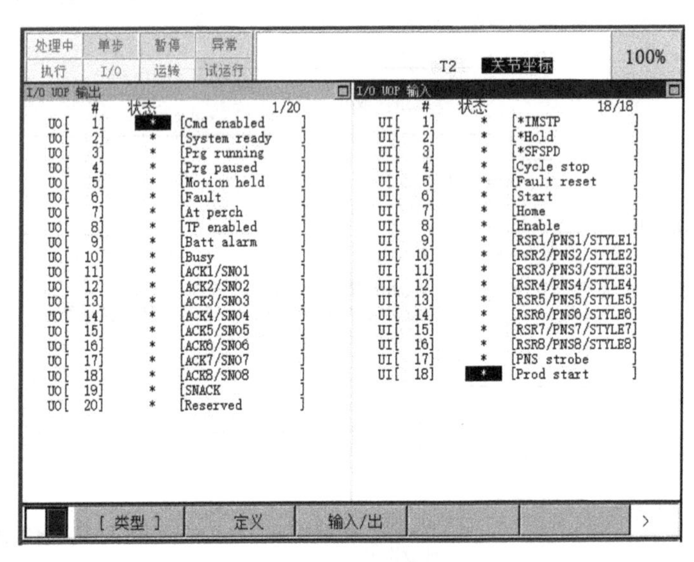

图 1-6 系统信号设置界面

二、自动运行的执行条件

通过外部设备 I/O 输入来启动程序时，需要将机器人置于遥控状态。遥控状态是指如下遥控条件成立时的状态。

1）控制柜模式开关置于开启（ON）档。

2）非单步执行状态。

3）控制柜模式开关置于自动（AUTO）档。

4）自动模式为外部控制。

5）专用外部信号：启用。

第 4）5）项条件的设置步骤如下所示：

①［MENU］键 → 下页 → 系统 →［F1］（类型）键 → 配置。

②“专用外部信号”设置为“启用”，如图 1-7 所示。

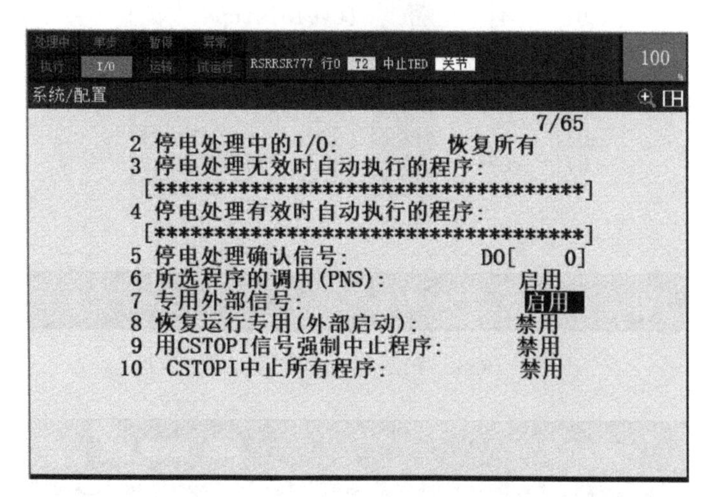

图 1-7　专用外部信号设置界面

③“远程 / 本地设置”控制方式设置为“远程”，如图 1-8 所示。

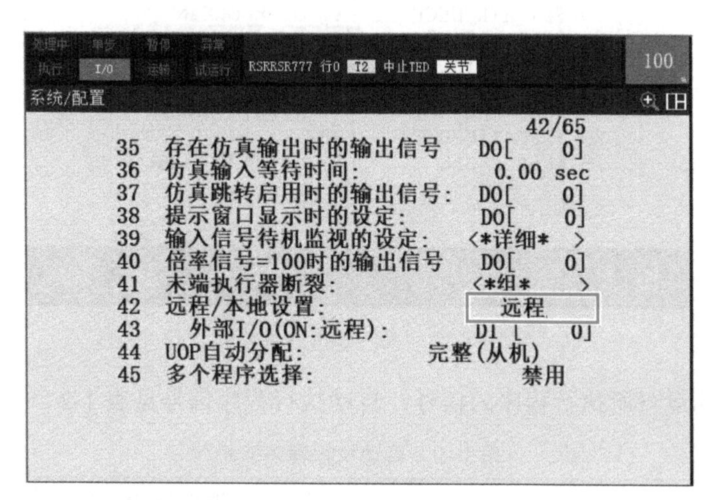

图 1-8　远程 / 本地设置界面

6）将 UI［1］（*IMSTP）紧急停机信号设置为 ON。

7）将 UI［2］（*Hold）暂停信号设置为 ON。

8）将 UI［3］（*SFSPD）速度信号设置为 ON（外部设备 I/O 的 *SPEnd 输入处于 ON）。

9）将 UI［8］（Enable）使能信号设置为 ON（外部设备 I/O 的 Enable 输入处于 ON），如图 1-9 所示。

10）系统变量 $RMT_MASTER 为 0（默认值为 0），设置步骤为：［MENU］键 → 下页 → 系统 →［F1］（类型）键 → 配置，如图 1-10 所示。

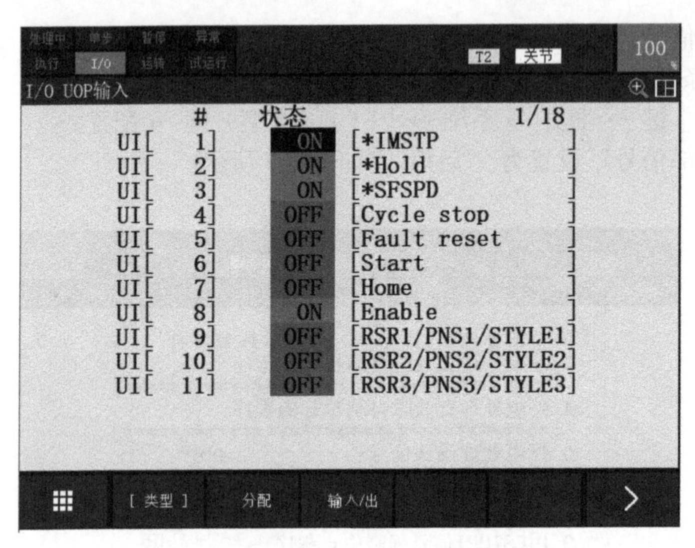

图 1-9　RSR、PNS 运行启动条件设置界面

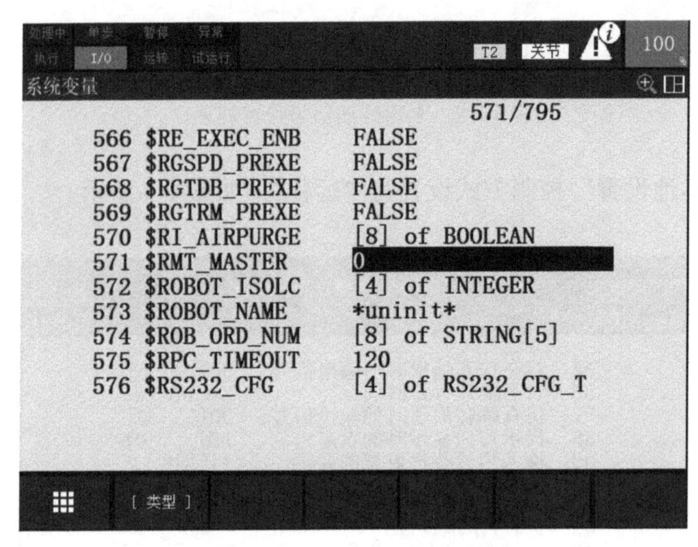

图 1-10　系统变量设置界面

11）选择自动运行所执行程序的信号，自动执行程序信号见表 1-2。

表 1-2　自动执行程序信号

自动运行的方式	涉及的信号	
	UI	UO
RSR	UI［9］~UI［16］	UO［11］~UO［18］
PNS	UI［9］~UI［18］	UO［11］~UO［19］

任务实施

1. RSR 设置步骤

1）设置程序名为 RSR0112，设置步骤见表 1-3。

表 1-3　程序名设置步骤

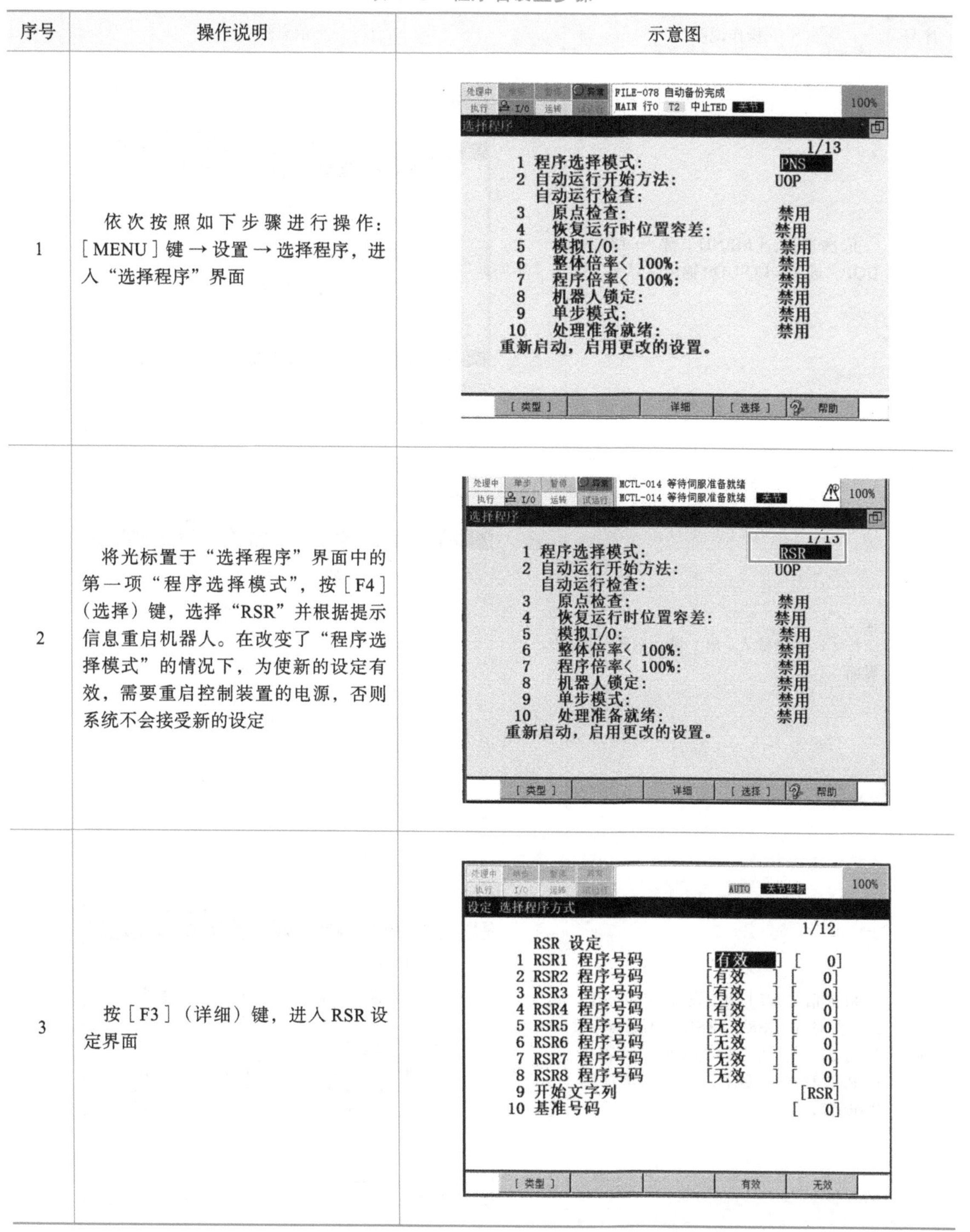

序号	操作说明	示意图
1	依次按照如下步骤进行操作：[MENU]键→设置→选择程序，进入“选择程序”界面	
2	将光标置于“选择程序”界面中的第一项“程序选择模式”，按[F4]（选择）键，选择“RSR”并根据提示信息重启机器人。在改变了“程序选择模式”的情况下，为使新的设定有效，需要重启控制装置的电源，否则系统不会接受新的设定	
3	按[F3]（详细）键，进入RSR设定界面	

2）光标移动到记录编号处，输入相应的RSR记录编号，并将“无效”改为“有效”。

3）光标移到基准号码处，输入基准号码，例如输入100（可以为0）。

4）设置程序名为RSR0121后，当UI[10]为ON时，是否选择该程序，可以按照表1-4进行。

表 1-4 选择程序

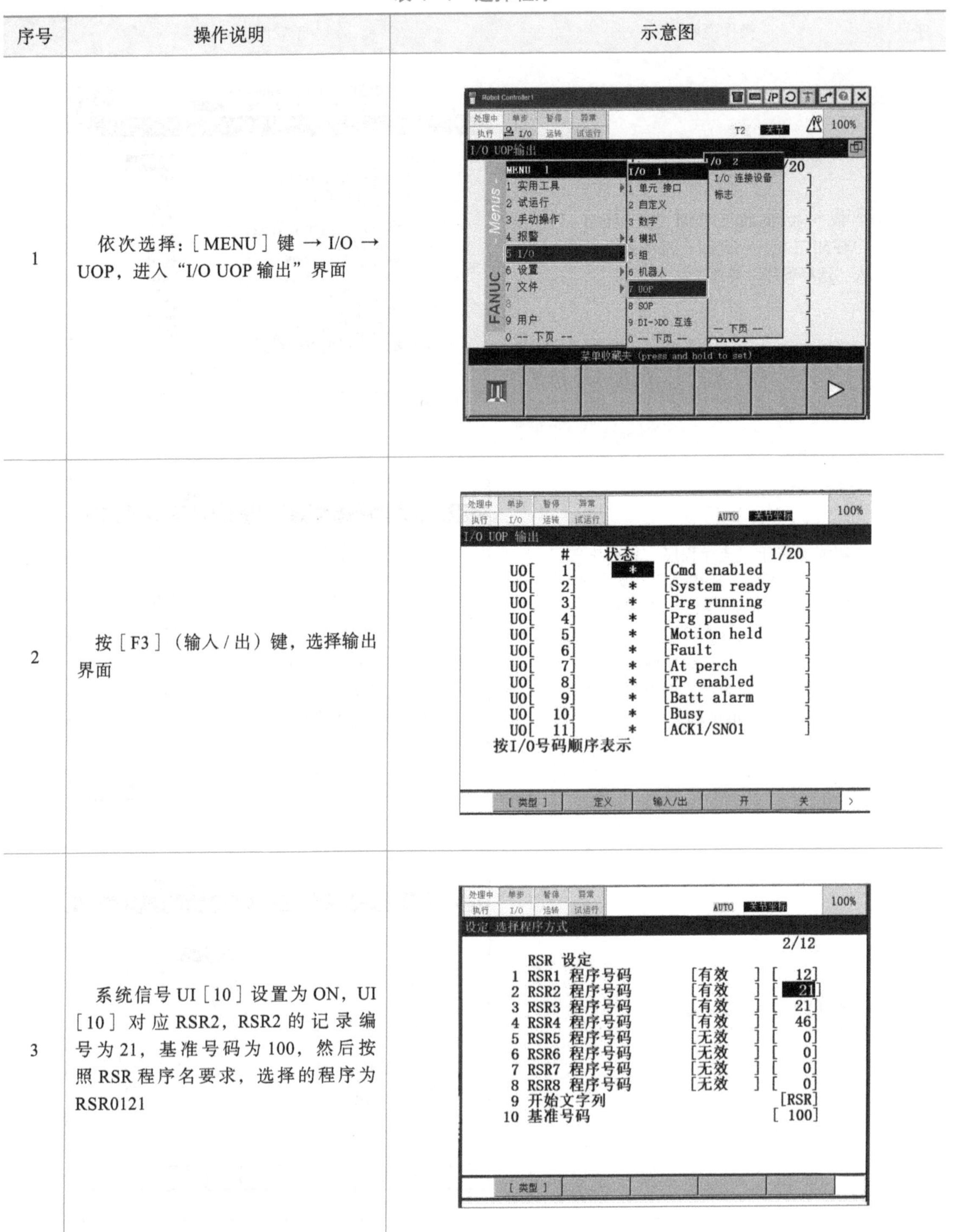

序号	操作说明	示意图
1	依次选择：[MENU] 键 → I/O → UOP，进入“I/O UOP 输出”界面	
2	按 [F3]（输入 / 出）键，选择输出界面	
3	系统信号 UI [10] 设置为 ON，UI [10] 对应 RSR2，RSR2 的记录编号为 21，基准号码为 100，然后按照 RSR 程序名要求，选择的程序为 RSR0121	

2. RSR 方式的时序要求

在遥控条件成立的情况下，即 CMDENBL 为 ON，机器人收到 RSR1 请求信号，机器人在 32ms 内做出应答，发出 ACK1（UO [11]）信号，当 ACK1 信号发出 35ms 后，程序启动，发出 PROGRUN 信号（UO［3］）。即使在 RSR 输入和 ACK 输出时，机器人也可以接受其他 RSR。RSR 程序启动时序图如图 1-11 所示。

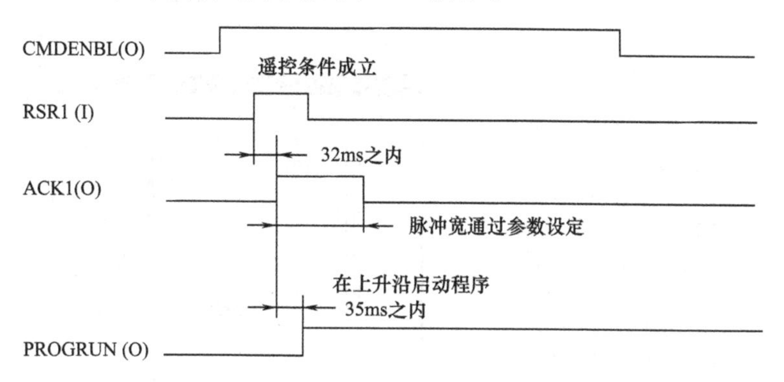

图 1-11　RSR 程序启动时序图

3. PNS 设置步骤（见表 1-5）

表 1-5　PNS 设置步骤

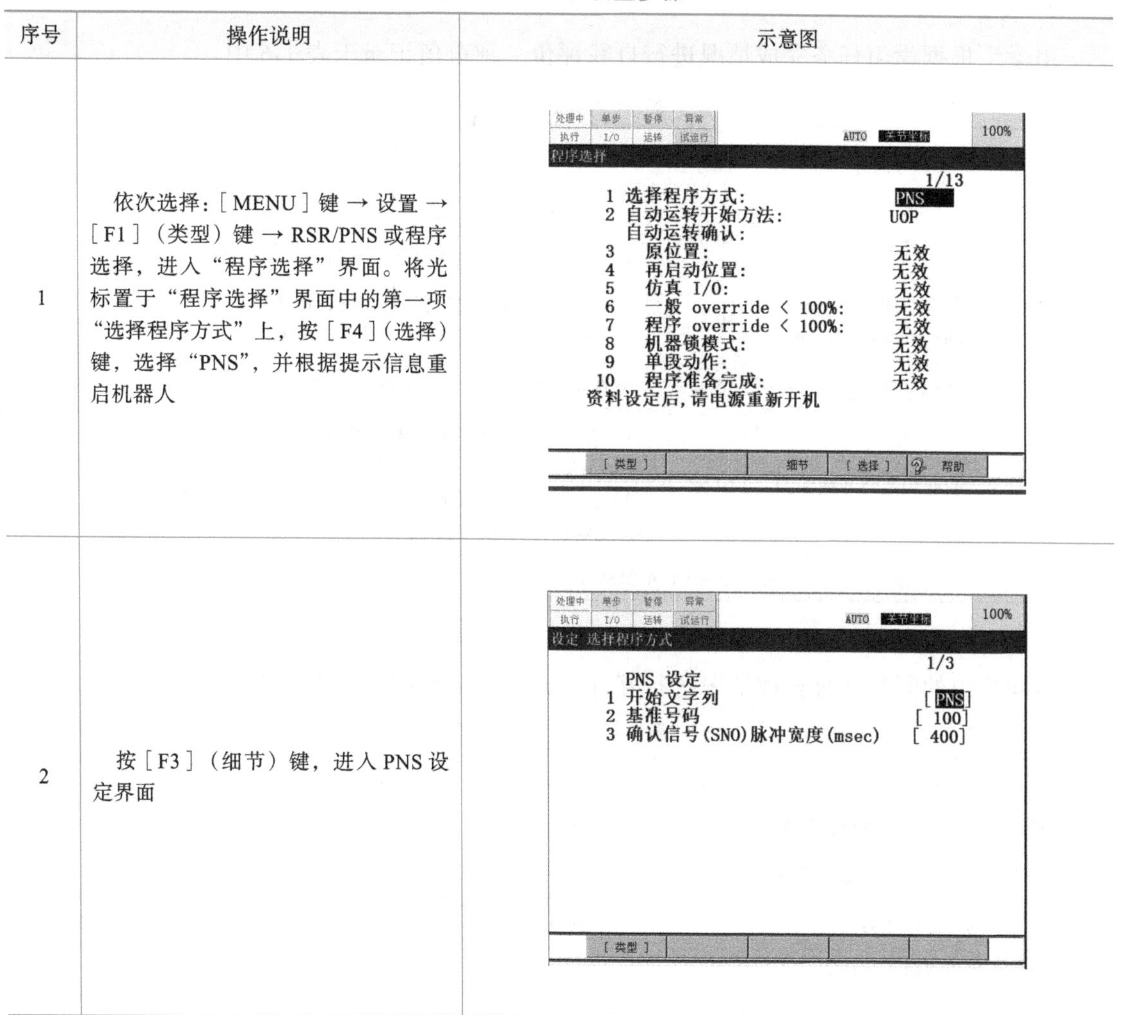

序号	操作说明	示意图
1	依次选择：［MENU］键 → 设置 →［F1］（类型）键 → RSR/PNS 或程序选择，进入“程序选择”界面。将光标置于“程序选择”界面中的第一项“选择程序方式”上，按［F4］(选择) 键，选择“PNS”，并根据提示信息重启机器人	程序选择 1/13 1 选择程序方式: PNS 2 自动运转开始方法: UOP 自动运转确认: 3 原位置: 无效 4 再启动位置: 无效 5 仿真 I/O: 无效 6 一般 override < 100%: 无效 7 程序 override < 100%: 无效 8 机器锁模式: 无效 9 单段动作: 无效 10 程序准备完成: 无效 资料设定后，请电源重新开机 [类型] 细节 [选择] 帮助
2	按［F3］（细节）键，进入 PNS 设定界面	设定 选择程序方式 1/3 PNS 设定 1 开始文字列 [PNS] 2 基准号码 [100] 3 确认信号(SNO)脉冲宽度(msec) [400] [类型]

（续）

序号	操作说明	示意图
3	将光标移动到基准号码处，输入基准号码 100（可以为 0） 假设要选择 PNS0138 程序，只要将 PNS2、PNS3、PNS8 设置为 ON。现在依次选择：［MENU］键 → I/O → UOP，并通过［F3］（输入 / 出）键选择输入界面，系统信号 UI［10］设置为 ON，UI［11］设置为 ON，UI［16］设置为 ON，分别对应 PNS2、PNS3、PNS8，基准号码为 100，则选择的就是 PNS0138 程序	处理中 单步 暂停 异常 执行 I/O 运转 试运行 AUTO 100% I/O UOP 输入 # 状态 18/18 UI[8] * [Enable] UI[9] * [RSR1/PNS1/STYLE1] UI[10] * [RSR2/PNS2/STYLE2] UI[11] * [RSR3/PNS3/STYLE3] UI[12] * [RSR4/PNS4/STYLE4] UI[13] * [RSR5/PNS5/STYLE5] UI[14] * [RSR6/PNS6/STYLE6] UI[15] * [RSR7/PNS7/STYLE7] UI[16] * [RSR8/PNS8/STYLE8] UI[17] * [PNS strobe] UI[18] * [Prod start] [类型] I/O顺序 注解顺序 细节 帮助 >

任务评价

1. 自我评价

由学生根据学习任务完成情况进行自我评价，评分值记录于表 1-6 中。

表 1-6　自我评价表

学习任务	学习内容	配分	评分标准	扣分	得分
任务 1	1. 安全意识	10 分	1）不遵守相关安全规范操作，酌情扣 2~5 分 2）有其他违反安全操作规范的行为，扣 2 分		
	2. 根据工作任务要求，完成机器人自动运行设置	50 分	1）没有完成 RSR 自动运行设置，每步扣 2 分 2）没有完成 PNS 自动运行设置，每步扣 2 分		
	3. 观察记录	30 分	没有完成自动运行方式记录表，每步扣 2 分		
	4. 职业规范与环境保护	10 分	1）在工作过程中工具和器材摆放凌乱，扣 3 分 2）不爱护设备、工具，不节约材料，扣 3 分 3）完成工作后不清理现场，工作中产生的废弃物不按规定进行处理，各扣 2 分		
总评分 =（1~4 项总分）× 40%					

2. 小组评价

由同小组的同学结合自评情况进行互评，并将评分值记录于表 1-7 中。

表 1-7　小组评价表

评价内容	配分	评分
1. 实训过程记录与自我评价情况	10 分	
2. 工业机器人程序自动运行设置	50 分	
3. 相互帮助与协作能力	20 分	
4. 安全、质量意识与责任心	20 分	
总评分 =（1~4 项总分）× 30%		

3. 教师评价

由指导教师结合自评与互评结果进行综合评价，并将意见与评分值记录于表 1-8 中。

表 1-8 教师评价表

教师总体评价意见：	
教师评分（30 分）	
总评分 = 自我评分 + 小组评分 + 教师评分	

任务 2 使用多任务方式编制程序

学习目标

1. 了解多任务方式编制程序的特点。
2. 了解多任务程序的启动方法。
3. 了解母程序与子程序的相关调用功能。

知识准备

一、多任务功能的概念

多任务功能是指同时执行多个程序的功能。任务是指执行中的程序。例如，若使用多任务功能，机器人可同时执行控制机器人的程序以及控制外部设备和（多组）附加轴的程序进行作业。并行执行各程序，可缩短循环时间，机器人动作时对输入信号等状态进行监控。

二、编制程序时的注意事项

程序编制时应注意以下几点：

1）信号控制程序和数据读取专用程序不使用动作组，所以务必设定为不使用动作组。程序详细界面中的组任务设定为 [*，*，*，*，*，*，*]。

2）使用相同动作组的程序不能同时并行执行。

3）可同时执行不同动作组的程序。

三、多任务的启动方法

可从某一程序中使用 RUN（执行）指令作为启动多任务的其他程序。此时，启动其他程序的程序称作母程序，被启动的程序称作子程序。RUN 指令应用如图 1-12 所示。

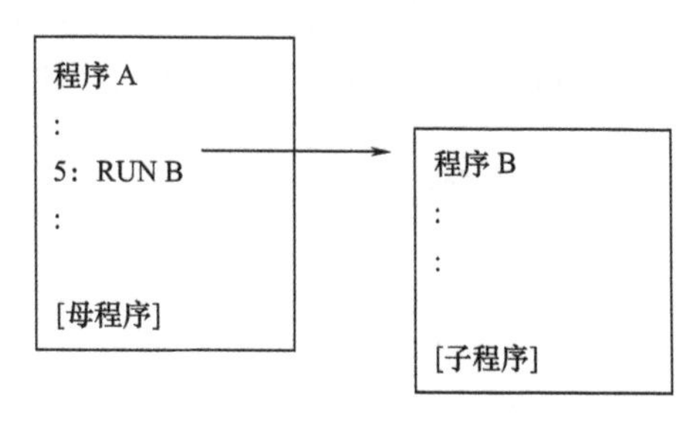

图 1-12 RUN 指令应用

上述示例中，从程序 A 中，通过 RUN（执行）指令启动程序 B，程序 A 和程序 B 同时执行。此时，程序 A 为程序 B 的母程序，程序 B 为程序 A 的子程序。

当程序 B 已执行或暂停时，若通过 RUN（执行）指令执行程序 B，则机器人发出报警，程序 A 的执行被中断。此时，在执行程序 A 之前，必须先退出程序 B。

四、母程序与子程序相关的动作

1. 母程序与子程序暂停时

1）若选择母程序再执行，也将再执行子程序。

2）若选择子程序再执行，则只再执行子程序。

3）若选择母程序后执行后退，则子程序也执行后退。

4）选择子程序后执行后退，则仅子程序执行后退。

2. 母程序正在执行而子程序暂停时

1）因为母程序正在执行中，所以不能选择母程序（前进、后退）。

2）若选择子程序再执行，则只再执行子程序。

3）若选择子程序后执行后退，则仅子程序执行后退。

3. 母程序暂停而子程序正在执行时

1）若选择母程序再执行，将再执行母程序，子程序将继续当前的执行。

2）若选择子程序再执行，子程序将继续当前的执行，不能再执行母程序。

3）若选择母程序后执行后退，则母程序执行后退，子程序继续当前的执行。

4）即使选择了子程序执行后退，子程序也不执行后退，继续当前的执行，母程序也不执行后退。

4. 执行单步骤

1）若通过单步骤执行母程序，子程序也通过单步骤执行。

2）若选择子程序单步骤执行，则只单步骤执行子程序。

五、程序执行中断、强制结束

1）当程序执行中断、强制结束时，母程序和子程序之间不联动。

2）即使中断、强制结束母程序，也不影响子程序的执行。

3）母程序的后退执行。

① 当母程序执行后退时，若出现 RUN（执行）指令，母程序不再执行后退。

② 当母程序需通过 RUN（执行）指令来执行后退时，将光标移动至执行指令的前一行。

4）使用执行指令启动子程序时的注意事项如下。

① 若母程序执行前进 / 后退，子程序也务必执行前进 / 后退。

② 当仅母程序需执行前进 / 后退时，结束子程序后，机器人执行前进 / 后退。

③ 当仅子程序需执行前进 / 后退时，选择子程序后，机器人执行前进 / 后退，无须结束母程序。

④ 执行后退时，仅执行动作语句。在母程序与子程序之间使用寄存器同步执行时，在后退执行中不同步，母程序和子程序单独执行后退。

任务实施

1）按人员分组，每组新建一个程序，任务为实现电机的装配功能，通过多任务功能的学习与创建过程，完成整个流程。

2）新建一个主程序，并且建立三个子程序，分别为抓取电机的转子、抓取电动机的盖子、抓取装配好的电动机至固定位置。

3）将电机装配的整个过程进行记录。

任务评价

1. 自我评价

由学生根据学习任务完成情况进行自我评价，评分值记录于表1-9中。

表1-9　自我评价表

学习任务	学习内容	配分	评分标准	扣分	得分
任务2	1. 安全意识	10分	1）不遵守相关安全规范操作，酌情扣2~5分 2）有其他违反安全操作规范的行为，扣2分		
	2. 根据工作任务要求，完成机器人多任务程序的编制	50分	1）没有完成多任务程序的编制，每步扣2分 2）没有完成母程序与子程序的创建，每步扣2分 3）没有完成多任务程序的启动，扣2分 4）没有完成程序的连续与单步运行，每步扣2分		
	3. 观察记录	30分	没有完成多任务程序的记录，每步扣1分		
	4. 职业规范与环境保护	10分	1）在工作过程中工具和器材摆放凌乱，扣3分 2）不爱护设备、工具，不节约材料，扣3分 3）完成工作后不清理现场，工作中产生的废弃物不按规定进行处理，各扣2分		
总评分=（1~4项总分）×40%					

2. 小组评价

由同小组的同学结合自评情况进行互评，并将评分值记录于表1-10中。

表1-10　小组评价表

评价内容	配分	评分
1. 实训过程记录与自我评价情况	10分	
2. 工业机器人多任务程序的编制	50分	
3. 相互帮助与协作能力	20分	
4. 安全、质量意识与责任心	20分	
总评分=（1~4项总分）×30%		

3. 教师评价

由指导教师结合自评与互评结果进行综合评价，并将意见与评分值记录于表1-11中。

表1-11　教师评价表

教师总体评价意见：	
教师评分（30分）	
总评分=自我评分+小组评分+教师评分	

任务3 工业机器人与PLC外部控制系统的应用编程

学习目标

1. 了解工业机器人外部设备的含义。
2. 掌握工业机器人外部设备的功能。
3. 掌握工业机器人外部设备名称及其作用。

知识准备

一、工业机器人及其外部设备

1. 工业机器人与自动化生产的关系

先进装备制造业离不开工业机器人，图1-13所示为汽车生产线中的工业机器人。工业机器人和外部设备的规格都是随着生产线自动化程度变化的。一般情况下，灵活性高的工业机器人的价格也高，但外部设备较为简单，并能适应产品型号的变化。灵活性低的工业机器人，其外部设备较为复杂，当产品型号改变时，需要高额的投资。

图1-13 汽车生产线中的工业机器人

2. 工业机器人和外部设备的选择

若要决定生产线自动化的程度，就必须确定工业机器人和外部设备的规格。对于工业机器人而言，首先必须确定的是选用市场出售的工业机器人还是选用特殊制造的工业机器人。通常，除生产一定数量的同类工业机器人外，从市场上选择适合该系统使用的工业机器人，既经济可靠，又便于维护保养。

因工业机器人作业对象不同，其规格也多种多样。机器人的作业内容大致可分为装卸与搬运、喷涂与焊接两种基本类型（后者持有喷枪、焊枪）。当工业机器人进行作业时，喷涂设备、焊接设备等作业装置都是很重要的外部设备。当这些作业装置用于工业机器人时，必须要对其进行改造。工业机器人的作业内容与外部设备的种类见表 1-12。

表 1-12　工业机器人的作业内容与外部设备的种类

作业内容	工业机器人的种类	主要外部设备
压力机上的装卸作业	固定程序式	输送带，滑槽，供料装置，送料器，提升装置，定位装置，取件装置，真空装置，修边压力装置
切削加工的装卸作业	可变程序式、示教再现式、数字控制式	输送带，上、下料装置，送料器，提升装置，定位装置，取件装置，反转装置，随行夹具
压铸加工的装卸作业	固定程序式、示教再现式	浇铸装置，冷却装置，修边压力机，脱模剂喷涂装置，工件检测装置
喷涂作业	示教再现式（CP 的动作）	输送带，工件探测装置，喷涂装置，喷枪
点焊作业	示教再现式	焊接电源，时间继电器，次级电缆，焊枪，异常电流检测装置，工具修整装置，焊透性检验装置，车型判别装置，焊接夹具，输送带，夹紧装置
电弧焊作业	示教再现式	弧焊装置，焊丝进给装置，焊炬，气体检测装置，焊丝检测装置，焊丝修整装置，焊接夹具，位置控制器，焊接条件选择装置
搬运作业	固定程序式、示教再现式	托盘，提升装置，定位装置，夹具，上、下料装置，搬运小车

二、工业机器人的外部设备

工业机器人外部设备是指可以附加到机器人系统中并用来加强机器人功能的设备。灵活性高的工业机器人，外部设备一般比较简单，可适应产品型号的变化。灵活性低的工业机器人，其外部设备一般比较复杂，如果更换外部设备，需要付出高额的代价。

例如，对于具有视觉检测功能的工业机器人来说，其外部设备是视觉检测相关的硬件设备，且视觉检测设备必须安装定位在工业机器人手臂的合理位置，要能够与工业机器人控制系统相互通信，从而对后续动作作出判断。图 1-14 所示为集成视觉系统的工业机器人。

图 1-14　集成视觉系统的工业机器人

一般情况下，在工业生产线中的工业机器人，其外部设备和机器人之间必须在功能上相协调，主要包括定位方式、夹紧方式、动作速度和网络通信等。

三、常见的工业机器人外部设备

1. 定位装置

机器人工作台上工件的位置对于工业机器人来说非常重要。因为多数工业机器人没有检测操作位置的功能，而是以坐标系来定位。定位装置最重要的参数是定位精度，定位精度要求与任务相适应。图 1-15 所示为焊接机器人的定位装置。

2. 传感器

对于工业机器人的传感器这一外部设备，其选择标准较为严格，主要从安装位置、大小、精度、功能等方面考虑，如图 1-16 所示。

3. 执行末端

工业机器人的执行末端种类较多，如弧焊焊枪、点焊焊枪等，如图 1-17 所示。

图 1-15 焊接机器人的定位装置

图 1-16 应用于工业机器人的传感器

图 1-17 工业机器人的执行末端

任务实施

1. 项目学习准备

1）指导教师事先了解教学工业机器人实训平台的周边环境等，做好预案（观察路线、学生分组等）。

2）指导教师对操作的安全规范作出要求。

2. 认识工业机器人外部设备

组织课堂学习，认识各种类型的外部设备。

3. 观察外部设备电气连接

以组为单位，在指导教师的带领下，观察实训平台中工业机器人外部设备电气连接情况。理清工业机器人外部设备通信和工作原理，并记录于表 1-13 中。

表 1-13 工业机器人外部设备认知学习记录表

序号	外部设备名称	主要功能	电气连接情况
1			
2			
3			
4			

4. 实训总结

学生分组，每个人口述所观察的工业机器人外部设备。要求做到能说出外部设备的主要作用、功能特点及电气连接原理。再交换角色，重复进行。

任务评价

1. 自我评价

由学生根据学习任务完成情况进行自我评价，评分值记录于表 1-14 中。

表 1–14 自我评价表

学习任务	学习内容	配分	评分标准	扣分	得分
任务3	1. 工业机器人外部设备及其应用	10分	1）不能清楚表述外部设备应用场景，酌情扣2~5分 2）不能理解外部设备选择方法，扣2分		
	2. 根据工作任务要求，完成工业机器人外部设备认知	50分	1）未能清晰列出外部设备的分类，每步扣5分 2）未能清晰列举具体外部设备，每步扣5分		
	3. 观察记录	30分	未能完成外部设备记录表，每步扣1分		
	4. 职业规范与环境保护	10分	1）在工作过程中工具和器材摆放凌乱，扣3分 2）不爱护设备、工具，不节约材料，扣3分 3）完成工作后不清理现场，工作中产生的废弃物不按规定进行处理，各扣2分		
总评分 =（1~4项总分）× 40%					

2. 小组评价

由同小组的同学结合自评情况进行互评，并将评分值记录于表1-15中。

表 1–15 小组评价表

评价内容	配分	评分
1. 实训过程记录与自我评价情况	30分	
2. 工业机器人外部设备认知	30分	
3. 相互帮助与协作能力	20分	
4. 安全、质量意识与责任心	20分	
总评分 =（1~4项总分）× 30%		

3. 教师评价

由指导教师结合自评与互评结果进行综合评价，并将意见与评分值记录于表1-16中。

表 1–16 教师评价表

教师总体评价意见：	
教师评分（30分）	
总评分 = 自我评分 + 小组评分 + 教师评分	

任务 4 机器人与 PLC 通信配置

学习目标

1. 掌握发那科机器人的通信方式。
2. 掌握西门子 S7-1200 的通信编程。
3. 学习 Modbus TCP 通信方式。
4. 学习 Modbus TCP 通信协议，机器人与 PLC 的通信。

知识准备

以太网是一种基带局域网技术，以太网通信是一种使用同轴电缆作为网络媒体，采用载波多路访问和冲突检测机制的通信方式，数据传输速率达到 1Gbit/s，可满足非持续性网络数据传输的需要。

通用的以太网通信协议是 TCP/IP，TCP/IP 与开放互联模型 OSI 相比，采用了更加开放的方式，并被广泛应用于实际工程。TCP/IP 可以用在各种各样的信道和底层协议（如 T1、X.25 以及 RS-232 串行接口）上。确切地说，TCP/IP 是包括 TCP、IP、UDP（User Datagram Protocol）、ICMP（Internet Control Message Protocol）和其他协议的协议组。

TCP/IP 并不完全符合 OSI 的七层参考模型。传统的开放式系统互联参考模型是一种通信协议的七层抽象参考模型，其中每一层都执行某一特定任务。该模型的目的是使各种硬件在相同的层次上相互通信。而 TCP/IP 通信协议采用了四层结构，每一层都通过呼叫它的下一层所提供的网络来完成自己的需求。这四层分别为：

（1）应用层　应用程序间沟通的层，如简单邮件传输协议（SMTP）、文件传输协议（FTP）和远程终端协议（Telnet）等。

（2）传输层　提供节点间的数据传送服务，如传输控制协议（TCP）、用户数据包协议（UDP）等。TCP 和 UDP 给数据包加入传输数据并把它传输到下一层中，这一层负责传输数据，并且确定数据已被送达并接收。

（3）网络层　负责提供基本的数据包传送功能，让每一块数据包都能够到达目的主机（但不检查是否被正确接收），如网际互联协议（IP）。

（4）接口层　对实际的网络媒体的管理，定义如何使用实际网络（如以太网、Serial Line 等）来传送数据。

任务实施

1. 以太网通信模块配置

使用以太网前，需要使用通信参数配置软件配置其 IP 地址及其端口号。在系统中，已知其 IP 地址为 192.168.8.99。若模块 IP 地址未知，则需要先恢复出厂设置后重新配置，以太网通信模块配置步骤见表 1-17。

机器人 IP 地址的修改

表 1–17　以太网通信模块配置步骤

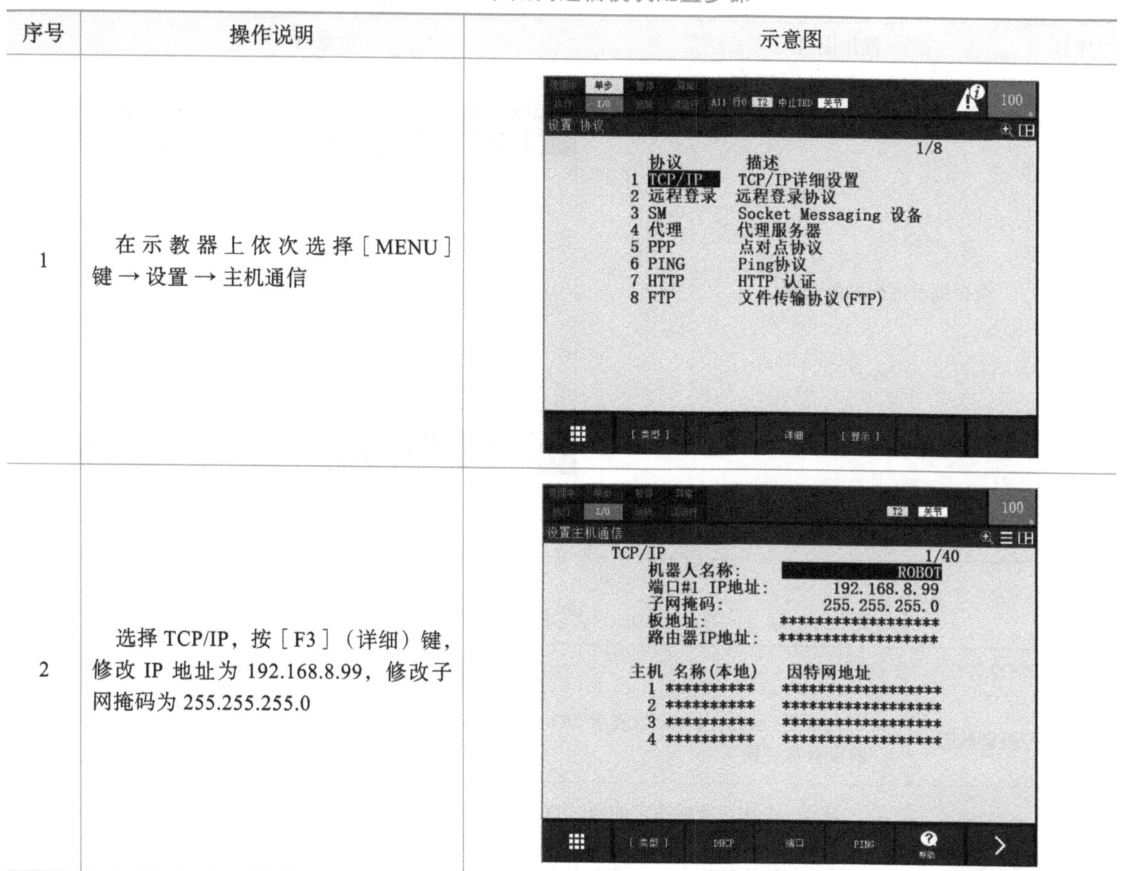

序号	操作说明	示意图
1	在示教器上依次选择［MENU］键→设置→主机通信	设置 协议 1/8 协议　描述 1 TCP/IP　TCP/IP详细设置 2 远程登录　远程登录协议 3 SM　Socket Messaging 设备 4 代理　代理服务器 5 PPP　点对点协议 6 PING　Ping协议 7 HTTP　HTTP 认证 8 FTP　文件传输协议(FTP)
2	选择 TCP/IP，按［F3］（详细）键，修改 IP 地址为 192.168.8.99，修改子网掩码为 255.255.255.0	设置主机通信 TCP/IP 1/40 机器人名称:　ROBOT 端口#1 IP地址:　192.168.8.99 子网掩码:　255.255.255.0 板地址:　****************** 路由器IP地址:　****************** 主机 名称(本地)　因特网地址 1 **********　****************** 2 **********　****************** 3 **********　****************** 4 **********　******************

2. 设置 Modbus TCP（机器人侧）

设置 Modbus TCP（机器人侧）见表 1-18，Modbus TCP 从控设备设定界面见表 1-19。

设置 Modbus TCP
（机器人侧）

表 1–18　设置 Modbus TCP（机器人侧）

序号	操作说明	示意图
1	按［MENU］键，选择 I/O，按［F1］（类型）键，然后选择 Modbus TCP	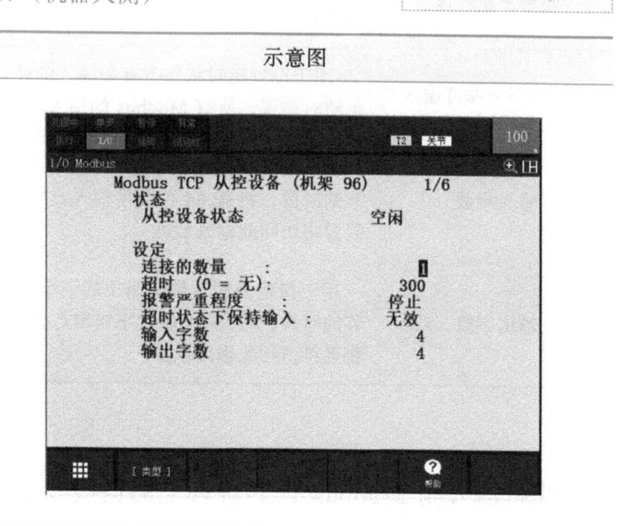

（续）

序号	操作说明	示意图
2	根据提示进行界面设定	I/O Modbus Modbus TCP 从控设备（机架 96） 1/6 状态 从控设备状态 空闲 设定 连接的数量 : 4 超时 (0 = 无): 1000 报警严重程度 : 停止 超时状态下保持输入 : 无效 输入字数 32 输出字数 32 [类型]
3	重启控制器，使修改生效	

表 1–19　Modbus TCP 从控设备设定界面

字段名	描述
从控设备状态	包含运行和空闲。运行表示 I/O 正在与 Modbus TCP 主机进行交换，而空闲表示 I/O 当前没有被交换
连接的数量	表示一个用户能够指定的同时与从控设备连接的 Modbus TCP 连接数量。该参数可以设置为 0~4。0 表示将机器人 Modbus 从控设备完全设置为“无效”，4 是连接数量的最大值。如果有新的连接请求，但是所有连接都处于运行中状态时，最初的连接将会自动关闭，用来接收新的连接请求。这种情况最先发生时会出现 PRIO-494 Modbus 主动关闭报警
超时（0= 无）	用于定义处于空闲状态的 Modbus TCP 的连接持续时间（单位为 ms）。如果在设定的超时时间内没有接收到来自主机的应答，从控设备将会假设网络连接失败或者被终止，并且关闭该连接，发出超时报警。0 表示将超时设置为“无效”
报警严重程度	用于定义 Modbus TCP 报警的严重程度。用户可以按［F4］（选择）键，将此项目设置为“停止”“警告”或者“暂停”
超时状态下保持输入	用于设置超时状态下有关输入的处理。当此项目设置为“无效”（不保持）时，如果发生超时错误，所有 Modbus 的输入将被设置为 0。否则，将设置为其原有状态
输入字数	用于指定分配给数字输入的字节数。在此背景下，每一字节将由 16 位组成，所以 4 字节的时候，将有 64 位数字输入点分配给机架 96 和插槽 1。连接在从控设备上的所有主机装置将访问此输入数据
输出字数	用于指定分配给数字输出的字节数。在此背景下，每一字节将由 16 位组成，所以 4 字节的时候，将有 64 位数字输出点分配给机架 96 和插槽 1。连接在从控设备上的所有主机装置将访问此输出数据

3. 设置 Modbus TCP（PLC 侧）

当机器人侧 Modbus TCP 屏幕上的连接数量设置为 1 或更大时，工业机器人将准备接受 Modbus TCP 客户端连接。配置西门子 1200 PLC 过程见表 1-20，Connect 变量数据含义表见表 1-21。

表 1-20　配置西门子 1200 PLC 过程

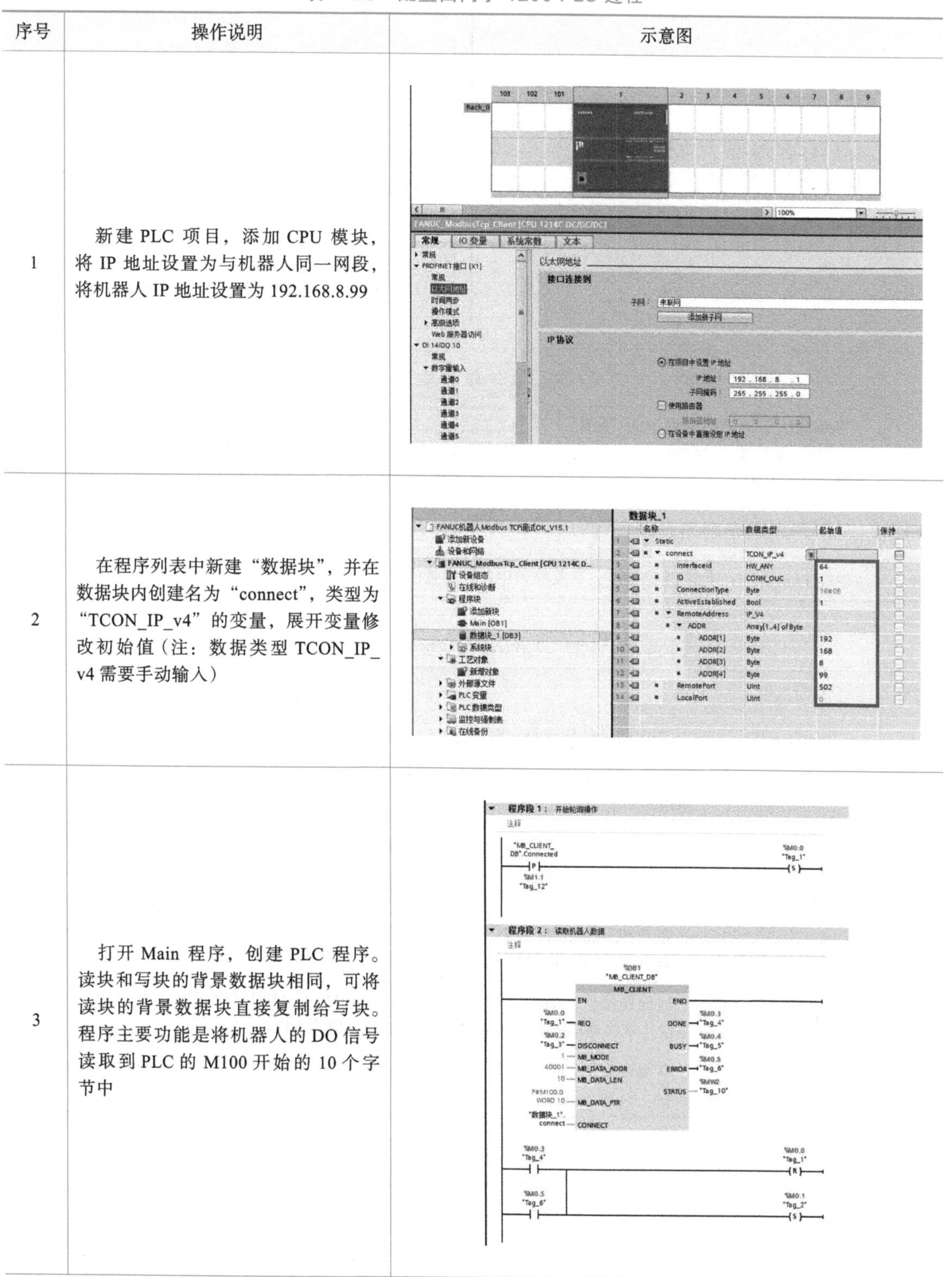

序号	操作说明	示意图
1	新建 PLC 项目，添加 CPU 模块，将 IP 地址设置为与机器人同一网段，将机器人 IP 地址设置为 192.168.8.99	
2	在程序列表中新建“数据块”，并在数据块内创建名为“connect”，类型为“TCON_IP_v4”的变量，展开变量修改初始值（注：数据类型 TCON_IP_v4 需要手动输入）	
3	打开 Main 程序，创建 PLC 程序。读块和写块的背景数据块相同，可将读块的背景数据块直接复制给写块。程序主要功能是将机器人的 DO 信号读取到 PLC 的 M100 开始的 10 个字节中	

（续）

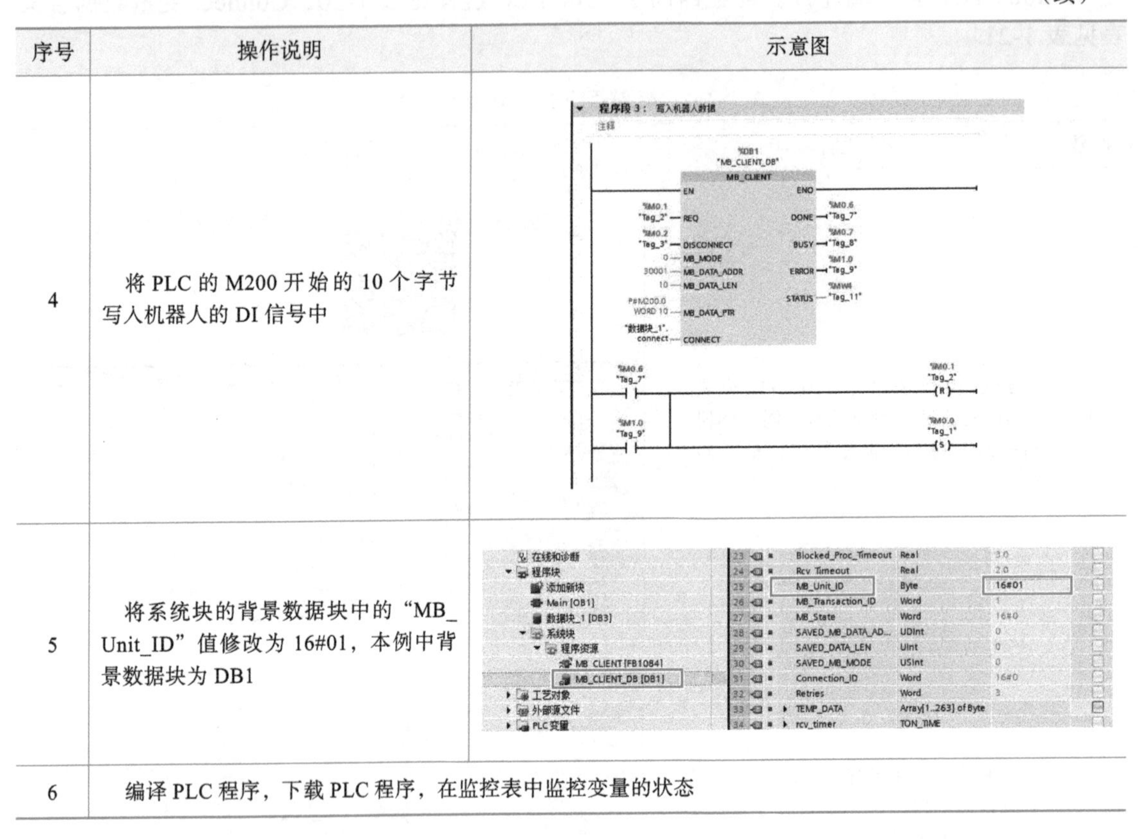

序号	操作说明	示意图
4	将 PLC 的 M200 开始的 10 个字节写入机器人的 DI 信号中	
5	将系统块的背景数据块中的“MB_Unit_ID”值修改为 16#01，本例中背景数据块为 DB1	
6	编译 PLC 程序，下载 PLC 程序，在监控表中监控变量的状态	

表 1-21　Connect 变量数据含义表

序号	变量数据	含义
1	Interface ID	CPU 的硬件标示符，默认为 64（十进制）
2	ID	连接 ID，和所要连接的服务器 ID 一致（指令“MB_CLIENT”的每个实例都必须使用唯一的 ID）
3	Connection Type	连接类型，默认的 16#0B 就是 Modbus TCP
4	Active Established	是否主动建立连接（服务器“0”表示不主动，客户机“1”表示主动）
5	Remote Address	客户机连接的服务器 IP 地址，注意：填写 16# 格式或者直接填写十进制数值（16#C0.16#A8.16#08.16#01 和 192.168.8.1 是一样的）
6	Remote Port	远程连接伙伴的端口号（取值范围：1~49151）。使用客户端通过 TCP/IP 与其建立连接并最终通信的服务器的 IP 端口号（默认值为 502）
7	Local Port	本地连接伙伴的端口号（取值范围：1~ 49151），如为任意端口，应将“0”用作端口号

任务评价

1. 自我评价

由学生根据学习任务完成情况进行自我评价，评分值记录于表 1-22 中。

表 1-22　自我评价表

学习任务	学习内容	配分	评分标准	扣分	得分
任务4	1. 安全意识	10 分	1）不遵守相关安全规范操作，酌情扣 2~5 分 2）有其他的违反安全操作规范的行为，扣 2 分		
	2. 根据工作任务要求，完成 PLC 外部控制立体库工件信息查询的操作过程	60 分	1）未完成以太网通信模块的配置，每步扣 5 分 2）未完成 Modbus TCP（机器人侧）的设置，每步扣 5 分 3）未完成 Modbus TCP（PLC 侧）的设置，每步扣 5 分		
	3. 观察记录	20 分	1）未正确使用 I/O 信号，每步扣 5 分 2）未能正确理解电动机及工作台的概念，每步扣 5 分		
	4. 职业规范与环境保护	10 分	1）在工作过程中工具和器材摆放凌乱，扣 3 分 2）不爱护设备、工具，不节约材料，扣 3 分 3）完成工作后不清理现场，工作中产生的废弃物不按规定进行处理，各扣 2 分		
总评分 =（1~4 项总分）× 40%					

2. 小组评价

由同小组的同学结合自评情况进行互评，并将评分值记录于表 1-23 中。

表 1-23　小组评价表

评价内容	配分	评分
1. 实训过程记录与自我评价情况	30 分	
2. 立体库工件信息查询	30 分	
3. 相互帮助与协作能力	20 分	
4. 安全、质量意识与责任心	20 分	
总评分 =（1~4 项总分）× 30%		

3. 教师评价

由指导教师结合自评与互评结果进行综合评价，并将意见与评分值记录于表 1-24 中。

表 1-24　教师评价表

教师总体评价意见：	
教师评分（30 分）	
总评分 = 自我评分 + 小组评分 + 教师评分	

任务 5 多工位旋转供料模块

学习目标

1. 了解步进电动机的原理。
2. 学会步进电动机的控制方法。
3. 熟悉步进电动机的应用。

知识准备

一、多工位旋转供料模块的准备

多工位旋转供料模块由旋转供料机、旋转台、固定底板等组成。

该模块适配外部控制器套件和标准电气接口套件。工业机器人通过 I/O 和以太网与 PLC 进行信息交互，PLC 最终根据工业机器人的命令将料盘旋转到指定工位。在实际应用中，该模块为电动机装配实例中放置转子的工位，将驱动电动机的驱动线连接至设备摄像头旁边的重载插头上，将设备上的绿色端子排与设备后面绿色端子排进行连接，使得设备上的点位与 PLC 建立连接。图 1-18 所示为旋转供料模块的实物图。

图 1-18　旋转供料模块的实物图
1—驱动电动机　2—原点传感器

二、步进电动机控制原理

步进电动机是一种将电脉冲信号转换成相应角位移或线位移的电动机。每输入一个脉冲信号，转子就转动一个角度或前进一步，其输出的角位移或线位移与输入的脉冲数成正比，转速与脉冲频率成正比。因此，步进电动机又称脉冲电动机，如图 1-19 所示。

图 1-19　步进电动机

1. 工作台转一圈需要的脉冲数

步进角是 1.8°，转 1 圈是 360°，所以脉冲数为 360/1.8=200（个）。

细分是 8，所以脉冲数为 200 × 8=1600（个）。

传动比是 180 ∶ 1，所以脉冲数为 1600 × 180=288000（个）。

最后得到工作台转 1 圈需要 288000 个脉冲，所以在使用 PLC 进行编程时，工作台返回至原点位置，发送 288000 个脉冲，工作台旋转 1 圈。

2. 细分的概念

对于步进角为 1.8° 的两相混合式步进电动机，如果驱动器的细分数设置为 4，那么电动机运转分辨率为每个脉冲 0.45°。

任务实施

1. 多工位旋转供料模块设置

该设备选用高精度旋转工作台，采用步进电机进行驱动。多工位旋转工作台设置表见表 1-25，根据细分来调节驱动器上的拨码开关，默认拨 1 和 2。

表 1-25　多工位旋转工作台设置表

序号	名称	参数
1	型号	ZXR100MA01
2	台面直径	100mm
3	传动比	180 : 1(电动机转 180 圈，转盘转 1 圈)
4	重复定位精度	<0.005°
5	标配电动机	42mm 步进（步进角为 1.8° ）
6	最大静转矩	0.4N·m
7	额定工作电流	1.7A
8	最大速度	25° /s
9	分辨率（8 细分）	0.00125°
10	中心通孔直径	$30^{+0.025}_{0}$mm/$46^{+0.025}_{0}$mm
11	标配零件	可装
12	中心最大负载	50kg
13	自重	1.54kg

2. 旋转供料模块的 I/O 信号设置

旋转供料模块对应机器人的 I/O 点位见表 1-26。

表 1-26　旋转供料模块对应机器人的 I/O 点位

序号	信号	信号功能
1	DO［145］	轴报警复位
2	DO［146］	轴寻原点
3	DO［147］	轴停止
4	DO［148］	轴运转到绝对位置 1
5	DO［149］	轴运转到绝对位置 2
6	DO［150］	轴运转到绝对位置 3
7	DO［151］	轴运转到绝对位置 4
8	DO［152］	轴到位信息清除
9	DO［137］	轴切换到下一位置
10	DI［145］	轴报警状态：0 无报警，1 发生报警
11	DI［146］	轴到原点状态：0 未回原点，1 回原点完成
12	DI［147］	轴运行状态：0 停止状态，1 运行中
13	DI［148］	轴位置 1 状态：0 不在此位置，1 到达此位置
14	DI［149］	轴位置 2 状态：0 不在此位置，1 到达此位置
15	DI［150］	轴位置 3 状态：0 不在此位置，1 到达此位置

（续）

序号	信号	信号功能
16	DI［151］	轴位置 4 状态：0 不在此位置，1 到达此位置
17	DI［152］	轴到位状态：0 未到位，1 到位

3. 多工位旋转供料模块 PLC 侧设置

多工位旋转供料模块操作演示

多工位旋转供料模块的控制包括设计转盘轴的回原点、暂停、机器人的报警复位、转盘的点动正转、转盘的点动反转、转盘去位置 1、2、3、4。当按下复位按钮或者工业机器人发出轴寻原点命令时，其转盘轴进行回原点操作。PLC 程序设置步骤见表 1-27。

表 1-27　PLC 程序设置步骤

序号	操作说明	示意图
1	转盘的点动正转、点动反转复位按钮和 HMI 上对应按钮发出指令，转盘进行相应的动作 当转盘去对应的四个位置，且机器人输出下一个轴的位置命令或者发出轴运动到绝对位置命令时，其转盘旋转到对应的位置 1，其他三个位置和位置 1 一样	

（续）

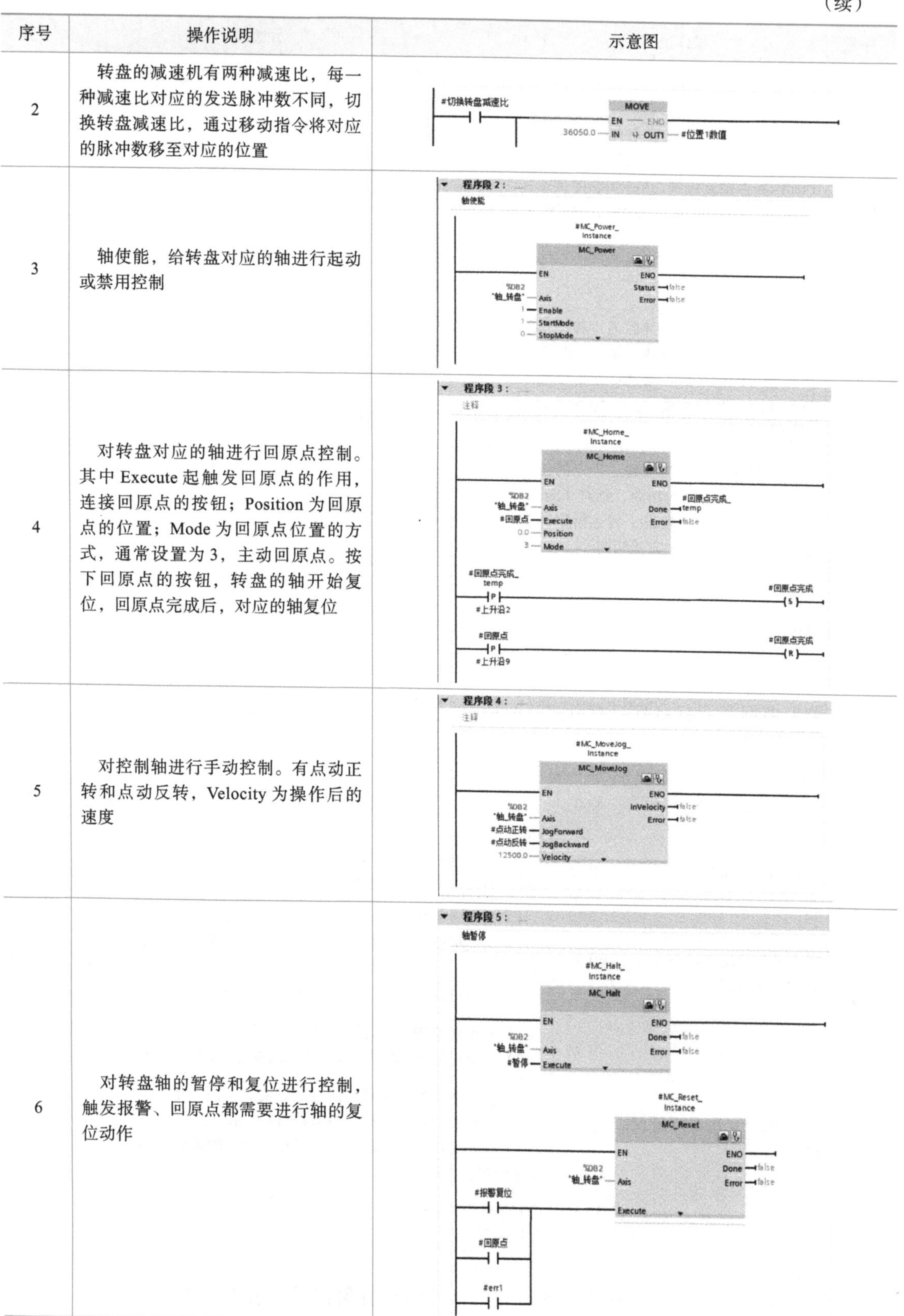

序号	操作说明	示意图
2	转盘的减速机有两种减速比，每一种减速比对应的发送脉冲数不同，切换转盘减速比，通过移动指令将对应的脉冲数移至对应的位置	
3	轴使能，给转盘对应的轴进行起动或禁用控制	
4	对转盘对应的轴进行回原点控制。其中Execute起触发回原点的作用，连接回原点的按钮；Position为回原点的位置；Mode为回原点位置的方式，通常设置为3，主动回原点。按下回原点的按钮，转盘的轴开始复位，回原点完成后，对应的轴复位	
5	对控制轴进行手动控制。有点动正转和点动反转，Velocity为操作后的速度	
6	对转盘轴的暂停和复位进行控制，触发报警、回原点都需要进行轴的复位动作	

（续）

序号	操作说明	示意图
7	转盘轴用绝对位置定位，Axis 对应轴的名称，Execute 触发绝对原位，Position 为指定位置，Velocity 为指定的速度，Error 代表发生错误，对应着 HMI 中的报警	
8	将减速比对应的脉冲数通过移动指令传给对应轴的控制块。例如，收到去位置 1 的信号后，通过移动指令把位置 1 对应的脉冲数传递给控制轴的函数块	
9	转盘位置到达。当轴到达指定的位置时，触发接通延时指令，延时 0.5s，时间到达后再进行输出，到达指定的位置。四个位置控制方式相同	

任务评价

1. 自我评价

由学生根据学习任务完成情况进行自我评价，评分值记录于表 1-28 中。

表 1-28　自我评价表

学习任务	学习内容	配分	评分标准	扣分	得分
任务 5	1. 安全意识	10 分	1）不遵守相关安全规范操作，酌情扣 2~5 分 2）有其他违反安全操作规范的行为，扣 2 分		
	2. 根据工作任务要求，完成多工位旋转供料单元的 PLC 侧配置	60 分	1）未完成模块的正确安装，每步扣 5 分 2）未完成驱动电动机的电源线和信号线连接，每步扣 5 分 3）未完成博图 V15.1 的相关轴配置，每步扣 5 分		
	3. 观察记录	20 分	1）未正确使用 I/O 信号，每步扣 5 分 2）未能正确理解电动机及工作台的概念，每步扣 5 分		
	4. 职业规范与环境保护	10 分	1）在工作过程中工具和器材摆放凌乱，扣 3 分 2）不爱护设备、工具，不节约材料，扣 3 分 3）完成工作后不清理现场，工作中产生的废弃物不按规定进行处理，各扣 2 分		
总评分 =（1~4 项总分）× 40%					

2. 小组评价

由同小组的同学结合自评情况进行互评，并将评分值记录于表 1-29 中。

表 1-29　小组评价表

评价内容	配分	评分
1. 实训过程记录与自我评价情况	10 分	
2. 多工位旋转供料模块的设置	50 分	
3. 相互帮助与协作能力	20 分	
4. 安全、质量意识与责任心	20 分	
总评分 =（1~4 项总分）× 30%		

3. 教师评价

由指导教师结合自评与互评结果进行综合评价，并将意见与评分值记录于表 1-30 中。

表 1-30　教师评价表

教师总体评价意见：	
教师评分（30 分）	
总评分 = 自我评分 + 小组评分 + 教师评分	

任务 6　电动机装配应用编程

学习目标

1. 了解电动机装配工作站的基本组成。
2. 针对电动机装配工作站在不同需求，能够转化工作站布局。

知识准备

一、电动机装配工作站的组成

电动机装配工作站有带行走轴和带变位机两种，在学习编程之前，应首先了解工作站的组成部分。

电动机装配工作站包含六轴工业机器人、伺服导轨、三套夹具、旋转供料模块、电动机装配模块、RFID 模块、立体库模块、行走轴、变位机模块等。这些模块可快速拆卸、组合和更换，根据训练任务的不同可单独使用，也可自由组合使用，从而达到装配训练的目的。本次选用的为一套完整的电动机装配模块、RFID 模块以及立体库模块。将所选用的模块在桌面的合适位置安装好，3 个手爪分别放入 1、2、4 号夹具库位内。图 1-20 所示为电动机装配工作站的组成。

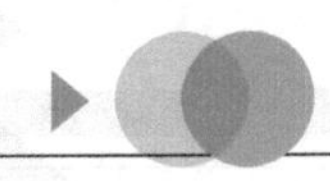

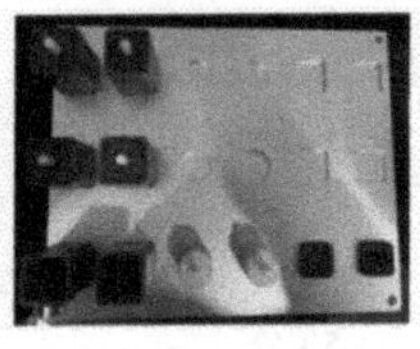

图 1-20　电动机装配工作站的组成

二、工业机器人电动机装配应用编程

带变位机的电动机装配程序分为主程序与 14 个子程序。

1）子程序 1：INITIALIZE（初始化程序数据）。
2）子程序 2：PICKTOOL4（抓取 4 号夹具）。
3）子程序 3：PICKDJZP（抓取电动机至变位机）。
4）子程序 4：PLACETOOL4（放置 4 号夹具）。
5）子程序 5：PICKTOOL1（抓取 1 号夹具）。
6）子程序 6：PICKZZ（抓取电动机转子）。
7）子程序 7：PLACETOOL1（放置 1 号夹具）。
8）子程序 8：PICKTOOL2（抓取 2 号夹具）。
9）子程序 9：PICKGZ（抓取电动机盖子）。
10）子程序 10：PLACETOOL2（放置 2 号夹具）。
11）子程序 11：PICKTOOL4（抓取 4 号夹具）。
12）子程序 12：PICKDJRK（电动机入库）。
13）子程序 13：PLACETOOL4（放置 4 号夹具）。
14）子程序 14：WAREHOUSE1（1 号库位子程序）。

任务实施

主程序与子程序编制见表 1-31。

表 1-31　主程序与子程序编制

主程序：RSR0001 程序名称	子程序 1：INITIALIZE（初始化程序数据）
[1] CALL INITIALIZE　调用初始化程序数据子程序 [2] CALL PICKTOOL4　调用抓取 4 号夹具子程序 [3] CALL PICKDJZP　调用抓取电动机至变位机子程序 [4] CALL PLACETOOL4　调用放置 4 号夹具子程序 [5] CALL PICKTOOL1　调用抓取 1 号夹具子程序 [6] CALL PICKZZ　调用抓取转子子程序 [7] CALL PLACETOOL1　调用放置 1 号夹具子程序 [8] CALL PICKTOOL2　调用抓取 2 号夹具子程序 [9] CALL PICKGZ　调用抓取电动机盖子子程序 [10] CALL PLACETOOL2　调用放置 2 号夹具子程序 [11] CALL PICKTOOL4　调用抓取 4 号夹具子程序 [12] CALL PICKDJRK　调用电动机入库子程序 [13] CALL PLACETOOL4；调用放置 4 号夹具子程序 [14] J PR [19] 100% FINE；机器人回到 HOME 点 [15] END　程序执行完毕	[1] DO [241：OFF] =OFF　复位装配气缸 [2] DO [164：OFF] =OFF　复位变位机 1 号位置 [3] DO [165：OFF] =OFF　复位变位机 2 号位置 [4] DO [166：OFF] =OFF　复位变位机 3 号位置 [5] DO [152：OFF] =OFF　清除转盘到位信号 [6] DO [137：OFF] =OFF　复位转盘起动信号 [7] DO [194：OFF] =OFF　复位 RFID 检测信号 [8] RO [1：OFF] =OFF　复位快换夹具信号 [9] RO [3：OFF] =OFF　复位手爪夹具信号 [10] J PR [19] 20% CNT100　机器人回到 HOME 点 [11] END　程序执行完毕

（续）

子程序 2：PICKTOOL4（抓取 4 号夹具）	子程序 5：PICKTOOL1（抓取 1 号夹具）
[1] J P [1] 20% CNT100　安全点位 [2] J P [2] 100% CNT100　中间点位 [3] L P [3] 50mm/sec FINE　抓取点位 [4] RO [1：OFF] =ON　吸取 4 号夹具 [5] WAIT 1.00 (sec)　等待 1s [6] L P [4] 50mm/sec FINE　抬起 4 号夹具 [7] L P [5] 100mm/sec FINE　移出 4 号夹具库 [8] L P [6] 100mm/sec FINE　抬起至安全位置 [9] L PR [19] 100mm/sec FINE　机器人回到 HOME 点 [10] END　程序结束	[1] J P [1] 20% CNT100　安全点位 [2] J P [2] 100% CNT100　中间点位 [3] L P [3] 50mm/sec FINE　抓取点位 [4] RO [1：OFF] =ON　吸取 1 号夹具 [5] WAIT 1.00 (sec)　等待 1s [6] L P [4] 50mm/sec FINE　抬起 1 号夹具 [7] L P [5] 100mm/sec FINE　移出 1 号夹具库 [8] L P [6] 100mm/sec　FINE　抬起至安全位置 [9] L PR [19] 100mm/sec FINE　机器人回到 HOME 点 [10] END　程序结束
子程序 3：PICKDJZP（抓取电动机至变位机）	子程序 6：PICKZZ（抓取电动机转子）
[1] DO [164：OFF] =ON　变位机去 1 号位置 [2] WAIT DI [164：OFF] =ON　等待变位机到达 1 号位置 [3] DO [164：OFF] =OFF　复位变位机 1 号位置 [4] J P [1] 20% CNT100　安全位置 [5] L P [2] 50mm/sec FINE　抓取位置 [6] RO [3：OFF] =ON　夹取 1 号电动机外壳 [7] WAIT 1.00 (sec)　等待 1s 夹紧 [8] L P [1] 100mm/sec FINE　提取至安全位置 [9] L P [3] 100mm/sec FINE　中间位置 [10] L P [4] 100mm/sec FINE　安全位置 [11] L P [5] 100mm/sec FINE　放置位置 [12] DO [241：OFF] =ON　装配气缸夹紧 [13] WAIT 1.00 (sec)　等待 1s [14] RO [3：OFF] =OFF　放置 1 号电动机外壳 [15] WAIT 1.00 (sec)　等待 1s [16] L P [4] 100mm/sec FINE　移至安全位置	[1] DO [165：OFF] =ON　变位机去 2 号位置 [2] WAIT DI [165：OFF] =ON　等待变位机位置到达 [3] DO [165：OFF] =OFF　复位变位机 2 号位置信号 [4] J P [1] 20% CNT100　安全位置 [5] L P [3] 100mm/sec FINE　安全位置 [6] L P [5] 100mm/sec FINE　抓取位置 [7] RO [3：OFF] =ON　抓取转子 [8] WAIT 1.00 (sec)　等待 1s [9] L P [3] 100mm/sec FINE　提取至安全位置 [10] L P [2] 100mm/sec FINE　放置中间位 [11] L P [4] 100mm/sec FINE　放置位置 [12] RO [3：OFF] =OFF　装配转子 [13] WAIT 1.00 (sec)　等待 1s [14] L P [2] 100mm/sec FINE　移至安全位置
子程序 4：PLACETOOL4（放置 4 号夹具）	子程序 7：PLACETOOL1（放置 1 号夹具）
[1] J P [1] 20% FINE　中间点位 [2] L P [2] 100mm/sec FINE　准备移至 4 号夹具位置 [3] L P [3] 100mm/sec FINE　进入 4 号夹具位置 [4] L P [4] 100mm/sec FINE　到达 4 号夹具位置 [5] RO [1：OFF] =OFF　放置 4 号夹具 [6] WAIT 1.00 (sec)　等待 1s [7] L P [5] 100mm/sec FINE　移至安全位置 [8] END　程序结束	[1] J P [1] 20% FINE　中间点位 [2] L P [2] 100mm/sec FINE　准备移至 1 号夹具位置 [3] L P [3] 100mm/sec FINE　进入 1 号夹具位置 [4] L P [4] 100mm/sec FINE　到达 1 号夹具位置 [5] RO [1：OFF] =OFF　放置 1 号夹具 [6] WAIT 1.00 (sec)　等待 1s [7] L P [5] 100mm/sec FINE　移至安全位置 [8] END　程序结束

（续）

子程序 8：PICKTOOL2（抓取 2 号夹具）	子程序 11：PICKTOOL4（抓取 4 号夹具）
[1] J P [1] 20% CNT100　安全点位 [2] J P [2] 100% CNT100　中间点位 [3] L P [3] 50mm/sec FINE　抓取点位 [4] RO [1：OFF] =ON　吸取 2 号夹具 [5] WAIT 1.00（sec）　等待 1s [6] L P [4] 50mm/sec FINE　抬起 2 号夹具 [7] L P [5] 100mm/sec FINE　移出 2 号夹具库 [8] L P [6] 100mm/sec FINE　抬起至安全位置 [9] L PR [19] 100mm/sec FINE　机器人回到 HOME 点 [10] END　程序结束	[1] J P [1] 20% CNT100　安全点位 [2] J P [2] 100% CNT100　中间点位 [3] L P [3] 50mm/sec FINE　抓取点位 [4] RO [1：OFF] =ON　吸取 4 号夹具 [5] WAIT 1.00（sec）　等待 1s [6] L P [4] 50mm/sec FINE　抬起 4 号夹具 [7] L P [5] 100mm/sec FINE　移出 4 号夹具库 [8] L P [6] 100mm/sec FINE　抬起至安全位置 [9] L PR [19] 100mm/sec FINE　机器人回到 HOME 点 [10] END　程序结束
子程序 9：PICKGZ（抓取电动机盖子）	子程序 12：PICKDJRK（电动机入库）
[1] J P [1] 20% CNT100　安全位置 [2] L P [3] 100mm/sec FINE　中间位置 [3] L P [5] 100mm/sec FINE　抓取位置 [4] RO [3：OFF] =ON　抓取电动机盖子 [5] WAIT 1.00（sec）　等待 1s [6] L P [3] 100mm/sec FINE　提取至安全位置 [7] L P [2] 100mm/sec FINE　放置中间位 [8] L P [4] 100mm/sec FINE　放置位置 [9] RO [3：OFF] =OFF　装配电子盖子 [10] WAIT 1.00（sec）　等待 1s [11] L P [2] 100mm/sec FINE　移至安全位置	[1] J P [1] 20% FINE　安全位置 [2] L P [3] 100mm/sec FINE　中间位置 [3] L P [5] 100mm/sec FINE　抓取位置 [4] RO [3：OFF] =ON　抓取电动机 [5] WAIT 1.00（sec）　等待 1s [6] DO [241：OFF] =OFF　气缸缩回 [7] WAIT DI [241：OFF] =ON　等待气缸缩回到位 [8] L P [3] 100mm/sec FINE　提取至安全位置 [9] L P [2] 100mm/sec FINE　检测中间位 [10] L P [4] 100mm/sec FINE　检测位置 [11] DO [194：OFF] =ON　开启 RFID 检测 [12] L P [7] 100mm/sec FINE　进行 RFID 检测（距离阅读器 2mm 高度处前后移动一下） [13] WAIT 2.00（sec）　等待 2s [14] L P [8] 100mm/sec FINE　检测完毕，移至安全位置 [15] IF GI [5] =1，CALL WAREHOUSE1　如果检测的结果为 DI105 为 ON，则入 1 号库（调用 1 号库位子程序） [16] J PR [19] 2% FINE　机器人回到 HOME 点
子程序 10：PLACETOOL2（放置 2 号夹具）	子程序 13：PLACETOOL4（放置 4 号夹具）
[1] J P [1] 20% FINE　中间点位 [2] L P [2] 100mm/sec FINE　准备移至 2 号夹具位置 [3] L P [3] 100mm/sec FINE　进入 2 号夹具位置 [4] L P [4] 100mm/sec FINE　到达 2 号夹具位置 [5] RO [1：OFF] =OFF　放置 2 号夹具 [6] WAIT 1.00（sec）　等待 1s [7] L P [5] 100mm/sec FINE　移至安全位置 [8] END　程序结束	[1] J P [1] 20% FINE　中间点位 [2] L P [2] 100mm/sec FINE　准备移至 4 号夹具位置 [3] L P [3] 100mm/sec FINE　进入 4 号夹具位置 [4] L P [4] 100mm/sec FINE　到达 4 号夹具位置 [5] RO [1：OFF] =OFF　放置 4 号夹具 [6] WAIT 1.00（sec）　等待 1s [7] L P [5] 100mm/sec FINE；移至安全位置 [8] END　程序结束

（续）

子程序 14：WAREHOUSE1（1 号库位子程序）	
[1] L P [1] 100mm/sec FINE　　安全位置 [2] L P [2] 100mm/sec FINE　　放置位置 [3] RO [3：OFF] =OFF　　放入 1 号库位 [4] WAIT 1.00（sec）　　等待 1s [5] L P [3] 100mm/sec FINE　　退出 1 号库位 [6] L PR [19] 100mm/sec FINE　　机器人回到 HOME 点 [7] DO [194：OFF] =OFF　　关闭 RFID 检测	

任务评价

1. 自我评价

由学生根据学习任务完成情况进行自我评价，评分值记录于表 1-32 中。

表 1-32　自我评价表

学习任务	学习内容	配分	评分标准	扣分	得分
任务6	1. 安全意识	10 分	1）不遵守相关安全规范操作，酌情扣 2~5 分 2）有其他的违反安全操作规范的行为，扣 2 分		
	2. 根据工作任务要求，完成电动机装配工作站的应用程序编写	50 分	1）没有完成电动机装配主程序编写，每步扣 3 分 2）没有完成电动机装配子程序编写，每步扣 3 分		
	3. 电动机装配工作站应用程序的执行	30 分	1）没有实现电动机装配工作站的程序执行，每步扣 2 分 2）没有实现正确的电动机装配，每步扣 2 分 3）没有实现正确的夹爪取放，每步扣 2 分 4）没有实现正确的入库动作，每步扣 2 分		
	4. 职业规范与环境保护	10 分	1）在工作过程中工具和器材摆放凌乱，扣 3 分 2）不爱护设备、工具，不节约材料，扣 3 分 3）完成工作后不清理现场，工作中产生的废弃物不按规定进行处理，各扣 2 分		
总评分 =（1~4 项总分）× 40%					

2. 小组评价

由同小组的同学结合自评情况进行互评，并将评分值记录于表 1-33 中。

表 1-33　小组评价表

评价内容	配分	评分
1. 实训过程记录与自我评价情况	10 分	
2. 电动机装配工作站应用编程	50 分	
3. 相互帮助与协作能力	20 分	
4. 安全、质量意识与责任心	20 分	
总评分 =（1~4 项总分）× 30%		

3. 教师评价

由指导教师结合自评与互评结果进行综合评价，并将意见与评分值记录于表 1-34 中。

表 1-34　教师评价表

教师总体评价意见：	
教师评分（30 分）	
总评分 = 自我评分 + 小组评分 + 教师评分	

项目2

工业机器人视觉分拣应用编程

职业技能要求

工业机器人应用编程职业技能要求（中级）	
2.1.1	能够根据工作任务要求，利用扩展的数字量对供料、输送等典型单元进行机器人应用编程
2.1.2	能够根据工作任务要求，利用扩展的模拟量信号对输送、检测等典型单元进行机器人应用编程
2.3.2	能够根据工作任务要求，编制工业机器人结合机器视觉等智能传感器的应用程序

知识目标

1. 了解工业机器人视觉分拣的特点。
2. 掌握工业机器人视觉分拣应用的具体流程。
3. 掌握工业机器人视觉分拣工作站的基础设置与布局。
4. 掌握 FOR 循环、IF 判断等指令的应用。
5. 掌握 DI/DO 指令的应用。
6. 掌握机器人程序的调用指令。
7. 掌握 WAIT 等待指令的应用。

能力目标

1. 能够根据工作任务要求，完成视觉分拣工作站的基础设置。

2. 能够根据工作任务要求，运用工业机器人 I/O 信号设置电磁阀 I/O 参数，编制视觉分拣等装置的程序。

3. 能够根据工作任务要求，编制工业机器人视觉分拣应用程序。

4. 能够根据工艺流程调整要求及程序运行结果，优化工业机器人视觉分拣应用程序。

平台准备

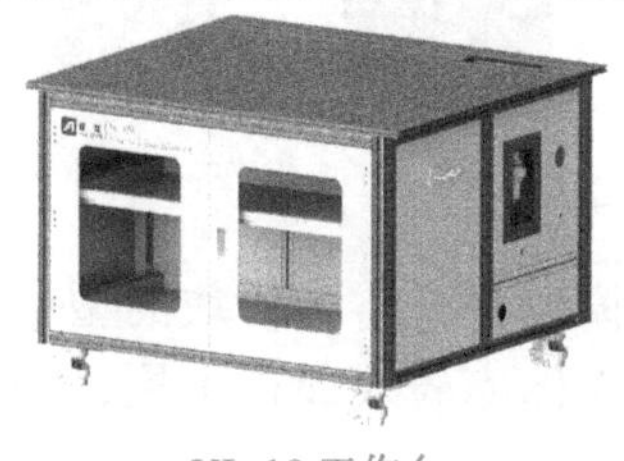	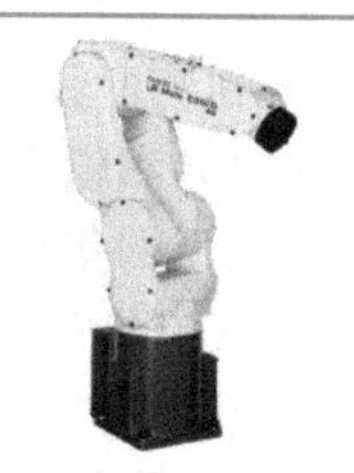	
YL-18 工作台	FANUC 工业机器人	快换模块

（续）

 输送模块	 井式供料模块	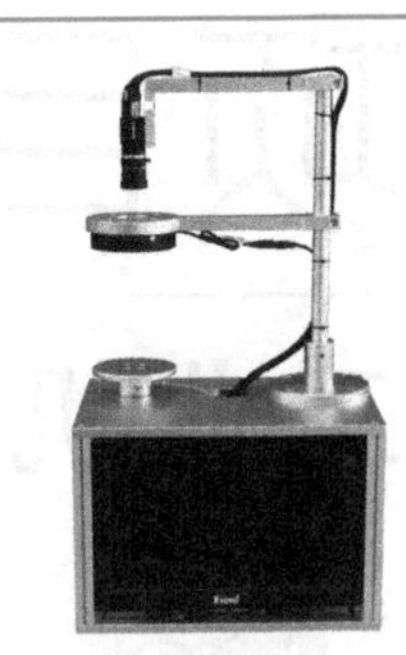 视觉检测模块
 立体库模块	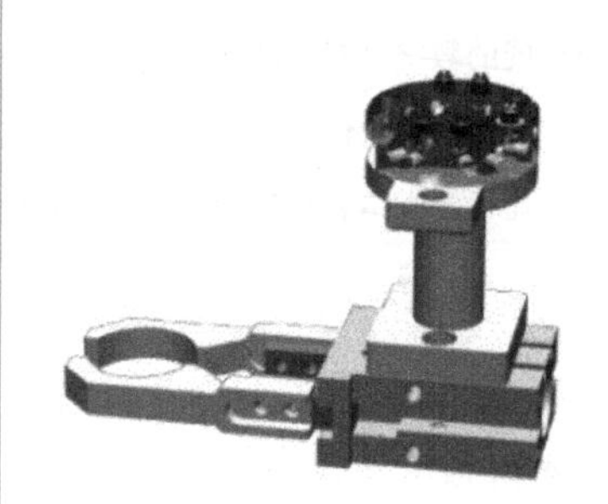 手爪工具	

任务 1 视觉分拣工作站的准备

学习目标

1. 了解视觉分拣工作站的基本组成部分。
2. 了解视觉分拣工作站的桌面布局形式。

知识准备

一、视觉分拣工作站组成

视觉分拣工作站包含六轴工业机器人、快换模块、井式供料模块、手爪工具、视觉检测模块、输送模块、立体库模块。这些模块可快速拆卸、组合和更换，模块根据训练任务的不同可单独使用，也可自由组合使用，从而达到装配训练的目的。本次选用的为井式供料模块（圆形黑白物料）和输送模块进行物料运输，然后由视觉检测模块进行分类入库的集成应用。将所选模块在桌面的合适位置安装好，将手爪工具放置在立体库模块中，将各模块的型号线缆连接对接好。检测黑白物料，为白色物料输出信号，放置在立体库模块库位上层，为黑色物料不输出信号，放置在库位下层。工作站物料如图 2-1 所示。

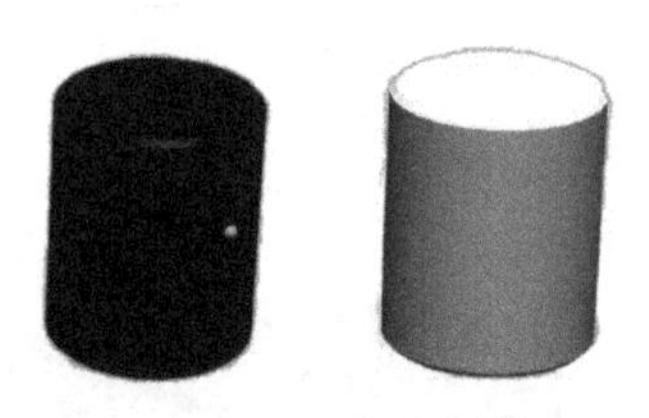

图 2-1　工作站物料

二、视觉分拣工作站桌面布局

视觉分拣工作站桌面布局如图 2-2 所示，也可以根据自己的想法进行桌面布局，模块不变，其编程原理不变。本任务按图 2-2 所示布局进行机器人的例行程序编写。

图 2-2　视觉分拣工作站桌面布局

任务实施

根据实训室或生产现场的影像记录，请每位同学将视觉分拣工作站设备的组成记录在表 2-1 中，并将每个工作设备的作用进行记录，并将实训室中的工作设备按照规定布局进行合理安装与检查。

表 2-1　视觉分拣工作站设备记录

序号	工作设备	设备作用
1		
2		
3		
4		
5		
6		
7		
8		
9		
10		

任务评价

1. 自我评价

由学生根据学习任务完成情况进行自我评价，评分值记录于表 2-2 中。

表 2-2　自我评价表

学习任务	学习内容	配分	评分标准	扣分	得分
任务1	1. 安全意识	10 分	1）不遵守相关安全规范操作，酌情扣 2~5 分 2）有其他的违反安全操作规范的行为，扣 2 分		
	2. 根据工作任务要求，完成视觉分拣工作站的认知与布局	40 分	1）没有完成工作站的观察，每步扣 2 分 2）没有完成工作站各模块的认知，每步扣 2 分		
	3. 观察记录	40 分	没有完成工作站的布局，每步扣 5 分		
	4. 职业规范与环境保护	10 分	1）在工作过程中工具和器材摆放凌乱，扣 3 分 2）不爱护设备、工具，不节约材料，扣 3 分 3）在完成工作后不清理现场，在工作中产生的废弃物不按规定进行处理，各扣 2 分		
总评分 =（1~4 项总分）×40%					

2. 小组评价

由同小组的同学结合自评情况进行互评，并将评分值记录于表 2-3 中。

表 2-3　小组评价表

评价内容	配分	评分
1. 实训过程记录与自我评价情况	30 分	
2. 工作站的配置情况	30 分	
3. 相互帮助与协作能力	20 分	
4. 安全、质量意识与责任心	20 分	
总评分 =（1~4 项总分）×30%		

3. 教师评价

由指导教师结合自评与互评结果进行综合评价，并将意见与评分值记录于表 2-4 中。

表 2-4　教师评价表

教师总体评价意见：	
教师评分（30 分）	
总评分 = 自我评分 + 小组评分 + 教师评分	

任务2 视觉检测模块的设置

学习目标

1. 掌握机器视觉的原理。
2. 掌握 PLC 模拟量的知识。
3. 掌握视觉的作用创建。
4. 掌握视觉的特征匹配。

知识准备

一、视觉检测模块的准备

视觉检测模块如图 2-3 所示，将视觉检测模块安装在桌面的合适位置，再将视觉显示器和视觉控制器插入插排上，使用配备的对接插头将信号线一头连接至模块上的绿色端子排，另一头连接至桌面的绿色端子排（桌面上有对应的标签，分别插入视觉显示器和称重传感器）。

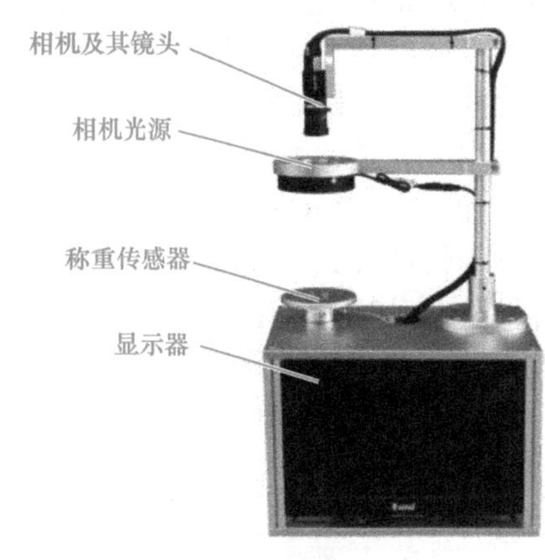

图 2-3 视觉检测模块

二、视觉检测模块的外部设置

1. 视觉检测模块涉及的外部控制和反馈 I/O 点位设置

视觉检测模块涉及的外部控制和反馈 I/O 点位设置见表 2-5。

表 2-5 视觉检测模块涉及的外部控制和反馈 I/O 点位设置

序号	信号（Signal）	信号功能
1	DI［242］	检测反馈信号 1
2	DI［243］	检测反馈信号 2
3	DI［244］	检测反馈信号 3
4	DI［245］	检测反馈信号 4

2. 视觉检测模块的使用方法

使用模块上已有的显示屏，通过外接一个鼠标对视觉进行控制和编程。将准备好的鼠标插入视觉检测模块的 USB 接口上，按下触摸屏的开机键打开触摸屏，模式选择为 PC，如图 2-4 所示。在显示器界面中，直接使用鼠标对视觉检测模块的光源和和相机进行控制，打开编程软件 VisionMaster，便可以进行逻辑编程（注意视觉软件需要插入加密狗才可使用，请保管好该加密狗），图 2-5 为视觉软件加密狗实物图。

图 2-4　视觉检测模块 PC 模式选择

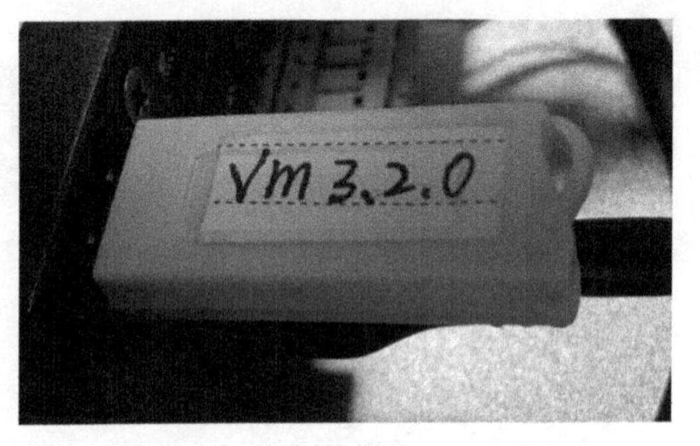

图 2-5　视觉软件加密狗实物图

将准备好的计算机和视觉检测模块进行网线连接，在计算机上使用远程桌面连接功能，连接时计算机名称输入 VisionBox（需要注意的是，大小写不可输入错误），用户名输入 administrator，密码输入 Operation666，即可进行连接。此时便可以直接使用计算机进行视觉检测模块的控制，如图 2-6 所示。

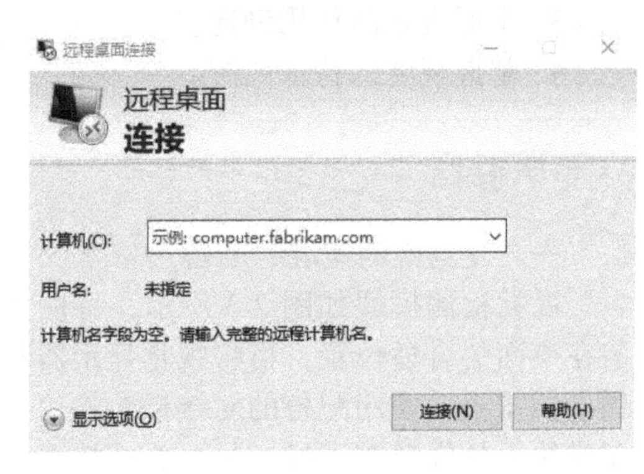

图 2-6　远程桌面连接

（1）视觉检测模块的光源调试　打开控制器的 C 盘，搜索 IOController，将该应用程序发送至桌面快捷方式，以便于下次直接打开使用，然后将该应用程序打开，如图 2-7 所示，串口号选择 Com1，然后单击“打开串口”，下方的“光源控制”区便会高亮显示，此时便可以对光源进行模式选择和亮度调节，具体调节的亮度根据实际情况进行选择，单击“应用”即可。

图 2-7　光源调试

（2）视觉检测模块的相机参数调节　将相机的 USB 插口连接至控制器上，拿掉相机的镜头盖子（注意需要将镜头盖子保存好，以防丢失），然后打开桌面的 MVS 软件，在本软件中单击“连接”，连接上相机，如图 2-8 所示，对相机的参数进行设置。

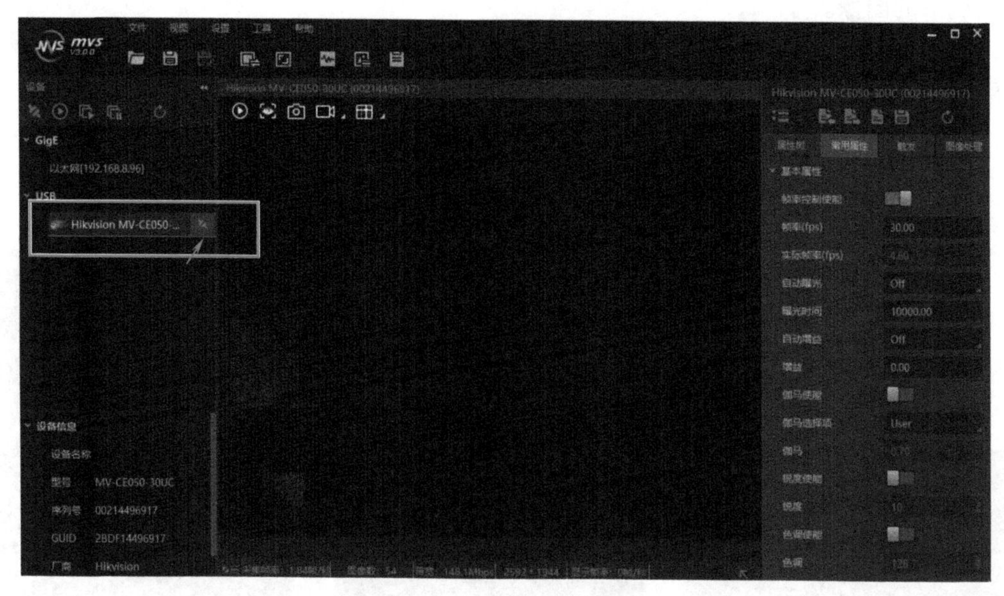

图 2-8　相机通信连接

当成功连接该相机时，单击“采集”按钮，可以对实时画面进行捕捉，在右侧的常用属性中，可以设置适当的相机的帧率，使采集的画面更顺畅。画面处理按钮如图 2-9 所示。

图 2-9　画面处理按钮

图 2-9 中所示按钮从左至右的含义见表 2-6。

表 2-6　按钮的含义

序号	图标	按钮的含义
1		开始采集：单击该按钮，相机会实时采集外部图像，再次单击可关闭该功能
2		停止预览：单击该按钮，相机会立即停止图像输出，画面变成黑色
3		抓拍图像：单击该按钮，相机可以抓拍当前镜头下的图像，并进行保存
4		录像：单击该按钮，相机可以进行实时画面的录像功能，并进行文件保存
5		显示十字辅助线：单击该按钮，相机可以显示出中心辅助线，便于物料找准画面中心，再次单击取消显示

在常用属性中，可以对相机的参数进行设置，如图 2-10 所示。

1）基本属性。在基本属性中，主要可以调节相机的帧率、曝光时间、增益、伽马等，如图 2-11 所示。当画面很暗时，除了可以调整光源的强度，也可以使用增大曝光率来调整画面的亮度，当相机处于很黑暗的环境中时，可以打开伽马使能功能，这样便可以清晰地看到相机下的图像。

2）水印信息。在水印信息中，选择某项功能，在捕捉图像时，便可以在图像上显示出该功能的信息，如图 2-12 所示。

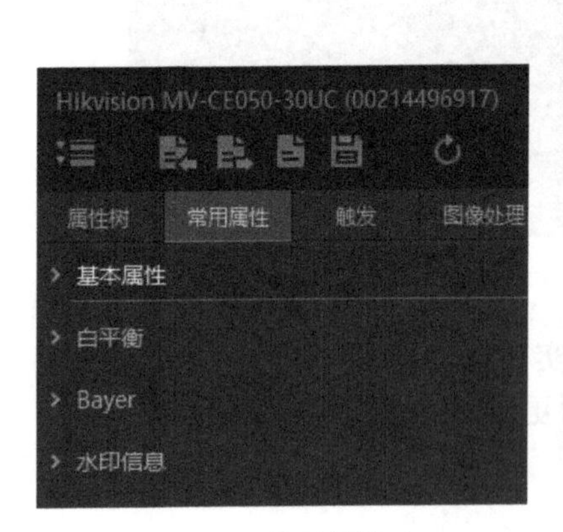

图 2-10　常用属性窗口

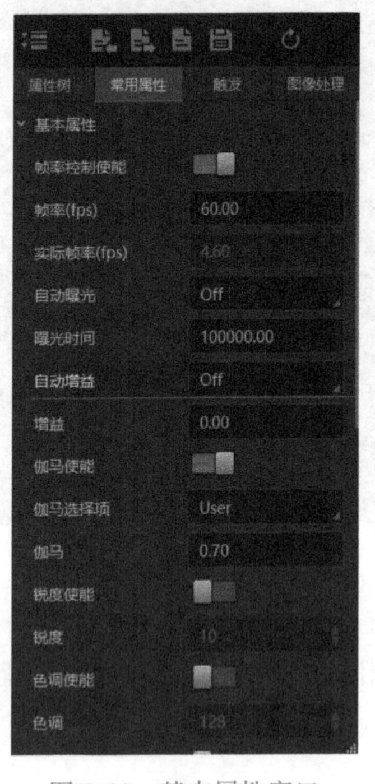

图 2-11　基本属性窗口

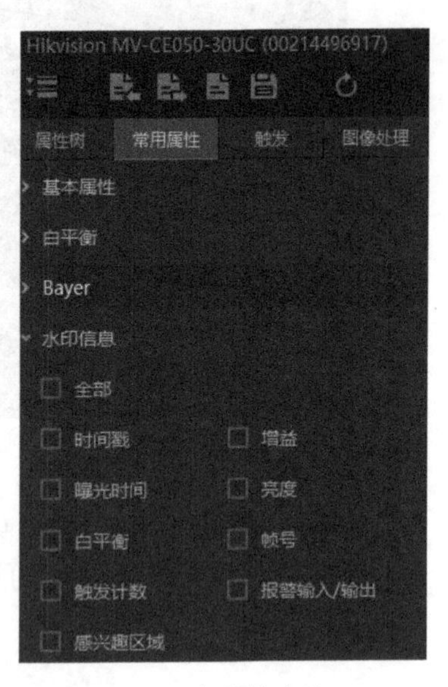

图 2-12　水印信息窗口

3）采集控制。使用相机时，需要设置该相机的触发方式，触发方式有软件手动触发和外部 I/O 触发两种。如图 2-13 所示，当触发模式处于 Off 时，模式为软件手动触发；当触发模式为 On、触发源为 LINE0 时，为外部 I/O 触发，此时软件手动无法触发，如需触发就需将触发模式更改为 Off。

图 2-13　触发模式窗口

任务实施

视觉检测模块的具体配置步骤如下：

1）在控制器上插上 U 盘（加密狗）后，打开桌面上的 VisionMaster 软件，该软件也可以安装在计算机上，使用时，可以将加密狗插在计算机上，相机的软件也可以安装在计算机上使用，相机也可以直接用 USB 连接至计算机。

2）配置好相机参数后，保存数据并断开相机连接，回到 VisionMaster 软件中进行项目的创建。视觉检测模块的具体配置步骤见表 2-7。

表 2–7　视觉检测模块的具体配置步骤

序号	操作说明	示意图
1	打开“VisionMaster 3.2.0”软件	
2	选择“通用方案”	
3	添加“相机图像”（此处以本地图像代替，效果相同，实际项目中请选择“相机图像”）	
4	添加“快速特征匹配”，并与“本地图像”模块相连	
5	为“快速特征匹配”创建模板，并进行参数设置	

（续）

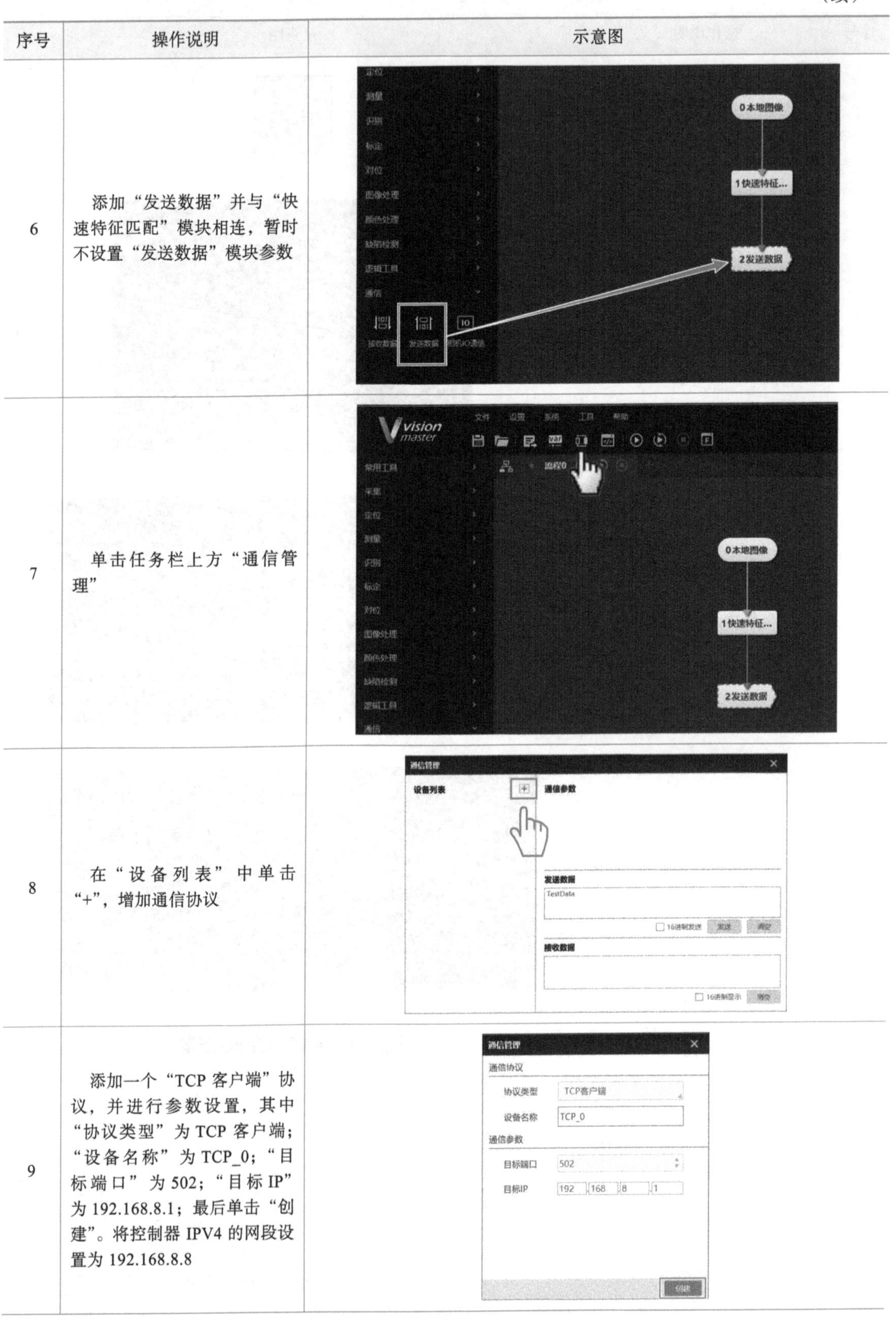

序号	操作说明	示意图
6	添加“发送数据”并与“快速特征匹配”模块相连，暂时不设置“发送数据”模块参数	
7	单击任务栏上方“通信管理”	
8	在“设备列表”中单击“+”，增加通信协议	
9	添加一个“TCP 客户端”协议，并进行参数设置，其中“协议类型”为 TCP 客户端；“设备名称”为 TCP_0；“目标端口”为 502；“目标 IP”为 192.168.8.1；最后单击“创建”。将控制器 IPV4 的网段设置为 192.168.8.8	

（续）

序号	操作说明	示意图
10	单击“设备列表”的“+”。	
11	添加一个“Modbus”协议，并进行参数设置，其中“协议类型”为Modbus；“设备名称”为Modbus_0；“通信设备”为TCP_0；“超时时间”默认为50；最后单击“创建”	
12	右击“Modbus_0”，选择“添加地址”	
13	添加一个“Modbus 协议地址”，并进行参数设置，其中“设备名称”为write_0；“功能码”为0x10：写多个寄存器；“主从模式”为主机；“协议选择”为RTU；“设备地址”为2；“寄存器地址”为0；“寄存器个数”为4，最后单击“创建”并关闭“通信管理”界面	

（续）

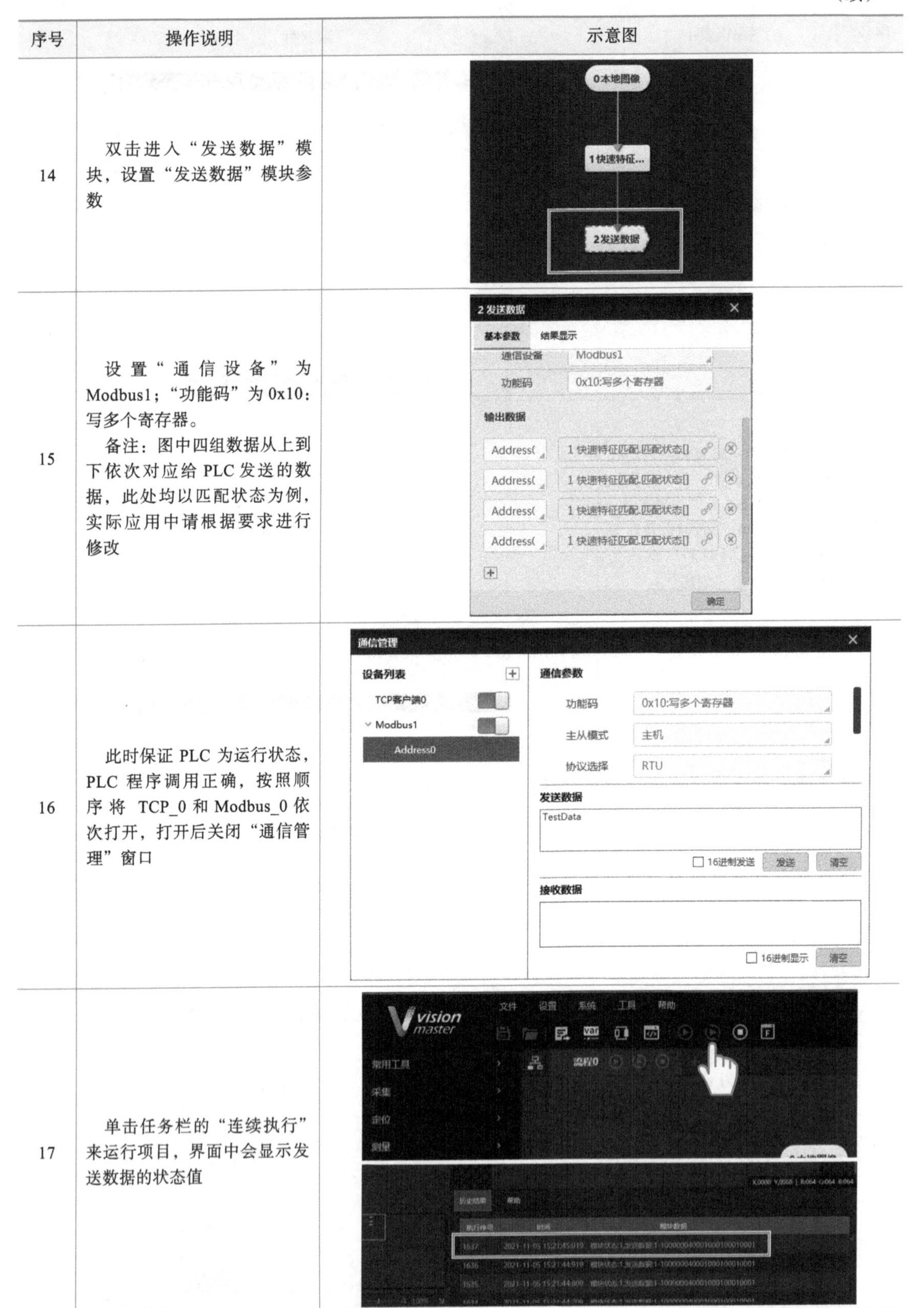

序号	操作说明	示意图
14	双击进入“发送数据”模块，设置“发送数据”模块参数	
15	设置“通信设备”为Modbus1；“功能码”为0x10：写多个寄存器。 备注：图中四组数据从上到下依次对应给PLC发送的数据，此处均以匹配状态为例，实际应用中请根据要求进行修改	
16	此时保证PLC为运行状态，PLC程序调用正确，按照顺序将TCP_0和Modbus_0依次打开，打开后关闭“通信管理”窗口	
17	单击任务栏的“连续执行”来运行项目，界面中会显示发送数据的状态值	

任务评价

1. 自我评价

由学生根据学习任务完成情况进行自我评价，评分值记录于表 2-8 中。

表 2-8　自我评价表

学习任务	学习内容	配分	评分标准	扣分	得分
任务2	1. 安全意识	10 分	1）不遵守相关安全规范操作，酌情扣 2~5 分 2）有其他的违反安全操作规范的行为，扣 2 分		
	2. 根据工作任务要求，完成视觉检测模块的认知与基础配置	40 分	1）未完成视觉检测模块的安装，每步扣 2 分 2）未完成视觉电源线的配置，每步扣 2 分 3）未完成光源的调节、镜头参数的调节，每步扣 2 分		
	3. 视觉检测模块的设置步骤	40 分	未完成视觉检测模块的具体配置步骤，每步扣 2 分		
	4. 职业规范与环境保护	10 分	1）在工作过程中工具和器材摆放凌乱，扣 3 分 2）不爱护设备、工具，不节约材料，扣 3 分 3）在完成工作后不清理现场，在工作中产生的废弃物不按规定进行处理，各扣 2 分		
总评分 =（1~4 项总分）× 40%					

2. 小组评价

由同小组的同学结合自评情况进行互评，并将评分值记录于表 2-9 中。

表 2-9　小组评价表

评价内容	配分	评分
1. 实训过程记录与自我评价情况	10 分	
2. 视觉检测模块的配置情况	50 分	
3. 相互帮助与协作能力	20 分	
4. 安全、质量意识与责任心	20 分	
总评分 =（1~4 项总分）× 30%		

3. 教师评价

由指导教师结合自评与互评结果进行综合评价，并将意见与评分值记录于表 2-10 中。

表 2-10　教师评价表

教师总体评价意见：	
教师评分（30 分）	
总评分 = 自我评分 + 小组评分 + 教师评分	

任务3 输送模块的配置

学习目标

1. 了解什么是调速器。
2. 学会调速器的使用方法。
3. 掌握调速器的应用。

知识准备

输送机上安装光电传感器与阻挡装置，用以检测与阻挡工件。调速电动机驱动输送带，运输多种不同的零件（圆形或矩形），输送带有起停和调速功能。输送模块适配标准电气接口套件和轨迹跟随套件，工业机器人通过数字量和模拟量对输送带进行起停和调速控制，配合轨迹跟随套件完成对样件的跟随抓取。使用时，将该模块安装在桌面合适位置，配合圆形供料站或者矩形供料站使用，将驱动器的电源插在摄像头旁边的重载插头上，将绿色端子排连接至设备的另一端，通过面板式调速器设置好电动机的参数即可。图2-14所示为输送模块实物图。

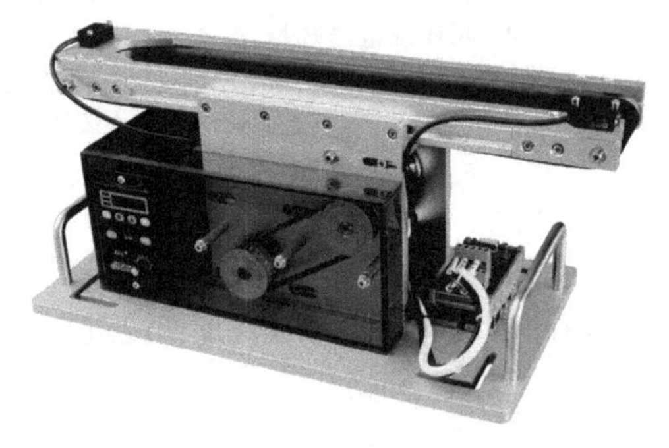

图2-14　输送模块实物图

任务实施

1. 输送模块输入输出信号设置

输送模块I/O点位设置见表2-11。

表2-11　输送模块I/O点位设置

信号（signal）	信号功能
DO［209］	推料气缸控制：0为气缸回原位，1为气缸推出
DO［210］	顶料气缸控制：0为气缸回原位，1为气缸推出
DO［211］	输送带运行状态：0为停止状态，1为运行状态
DI［209］	推料气缸状态：0为气缸不在原位，1为气缸在原位
DI［210］	顶料气缸状态：0为气缸不在原位，1为气缸在原位
DI［211］	输送带运行状态：0为停止状态，1为运行状态
DI［212］	输送带前段物料检测：0为未到位，1为到位
DI［213］	输送带末段物料检测：0为未到位，1为到位
DI［214］	料仓物料有无：0为无，1为有

2. 输送模块的具体配置步骤

（1）SF 系列面板式调速器接线　SF 系列面板式调速器接线如图 2-15 所示。

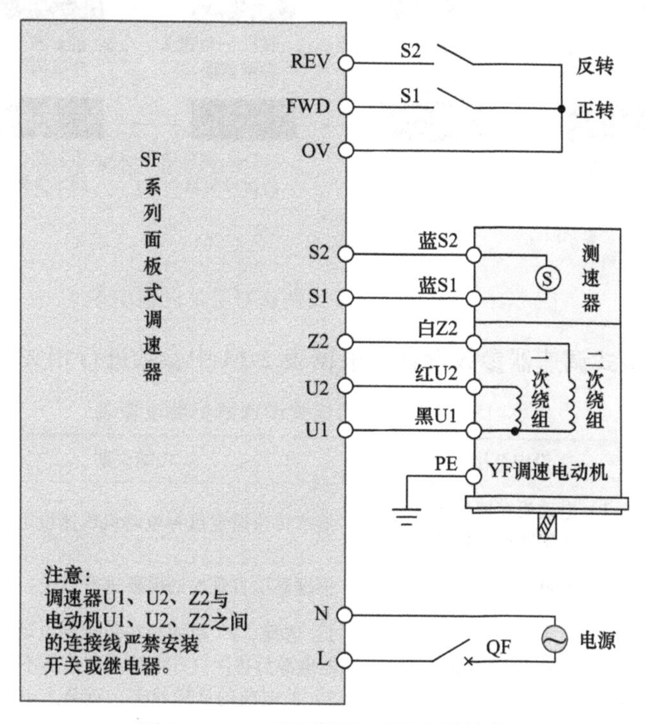

图 2-15　SF 系列面板式调速器接线

1）操作面板按钮控制电动机运转。

① 无须安装 S1、S2 开关。

② 菜单设置：运转控制方式 F-Q3 选择“1”或“4”操作面板按钮控制。

2）外接开关 S1、S2 控制电动机运转。

① 必须安装 S1、S2 开关。

② 菜单设置：运转控制方式 F-Q3 选择“2”或者“3”外接开关控制。

3）YF 调速电动机的功率必须与调速器适用电动机功率一致。需注意核对调速器型号标签功率是否与电动机功率一致。

4）电源电压必须与调速器电源电压一致。QF 为断路器，在发生短路时保护调速器和调速电动机，QF 断路器电流规格见表 2-12。

表 2–12　QF 断路器电流规格

序号	电源电压 /V	电动机功率 /W	QF 电流规格 /A
1	220	6~90	1
2	220	120~200	2
3	110	6~90	3
4	110	120~200	4

（2）SF 系列面板式调速器菜单修改　为保证安全，F-05、F-29 参数修改必须在电动机停止状态下进行，否则无法设置，屏幕显示为 Err。SF 系列面板式调速器菜单设置步骤如

图 2-16 所示。

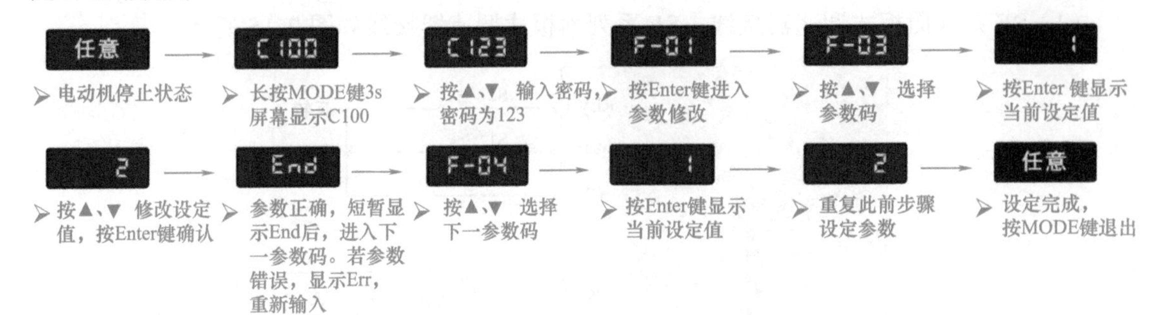

图 2-16　SF 系列面板式调速器菜单设置步骤

（3）SF 系列面板式调速器参数设置　根据表 2-13 中参数进行相关设置。

表 2–13　SF 系列面板式调速器参数设置表

参数码	参数功能	设定范围	功能说明	出厂设定值
F-01	显示内容	1）电动机转速设定值 2）倍率转速设定值	倍率转速设定值 = 电动机转速设定值 / 倍率	1
F-02	倍率设定	1.0~999.9	根据显示直观性的需要进行设定，显示目标值	1.0
F-03	运转控制方式	1）操作面板按钮控制，无记忆 2）外接开关控制，面板 STOP 键无效 3）外接开关控制，面板 STOP 键有效 4）操作面板按钮控制，有记忆	1）选择“1”由面板按钮控制电动机，关闭调速器电源后再次打开电源，调速器不记忆 2）关电前的运转状态，重新上电后，电动机为停止状态 3）选择“4”调速器记忆关电前的运转状态，重新上电后，电动机为上次关电前的状态 4）若关电前电动机正转，再次上电后，电动机立即正转，选择此功能，请注意安全 5）选择外接开关控制时，由 FWD、REV 外接开关 S1、S2 控制电动机	1
F-04	旋转方式	1）允许正反转 2）允许正转，禁止反转 3）允许反转，禁止正转	限制电动机旋转方向，防止设备故障或发生事故	1
F-05	旋转方向	1）不取反 2）取反	无须改变电动机接线，可轻而易举改变电动机转向，使之与习惯或要求一致	1
F-06	速度调整方式	1）面板▲▼按钮 2）面板旋钮	1）按▲▼按钮，在最低至最高转速范围内调整速度 2）调整电动机转速面板旋钮自动匹配零至最高转速	1
F-07	最高转速	500~3000rad/min	限制电动机最高转速，可防止超速，发生损坏或事故。50Hz 电源最高转速 1400rad/min，60Hz 电源最高转速 1600rad/min。若最高转速超过以上值，电动机将发热、振动	1400
F-08	最低转速	90~1000rad/min	限制电动机最低转速，可防止电动机由于低速运行导致速度不稳定、过热、过载	90
F-09	正转起动加速时间	0.1~10.0s	时间长，电动机起动平缓，起动时间长； 时间短，电动机起动快猛，起动时间短	1.0

（续）

参数码	参数功能	设定范围	功能说明	出厂设定值
F-10	正转停止方式	1）自由减速停止 2）缓慢减速停止	当选择自由减速停止时，若电动机停止较快，可选择缓慢减速停止，改变 F-11 设定值，可改变缓慢减速停止的快慢	1
F-11	正转停止时缓慢减速时间	0.1~10.0s	F-10 选择 2 时，菜单有效	1.0
F-12	反转起动加速时间	0.1~10.0s	时间长，电动机起动平缓，起动时间长； 时间短，电动机起动快猛，起动时间短	1.0
F-13	反转停止方式	1）自由减速停止 2）缓慢减速停止	当选择自由减速停止时，若电动机停止较快，可选择缓慢减速停止，改变 F-14 设定值，可改变缓慢减速停止的快慢	1
F-14	反转停止时缓慢减速时间	0.1~10.0s	F-13 选择 2 时，菜单有效	1.0
F-29	恢复出厂设定	1）不恢复 2）恢复出厂设定		1
F-20	程序版本	代码 + 版本		01.**
故障报警：Err：1）过载堵转 2）调速器与电动机的连续异常			故障处理方法：1）检查、排除故障 2）重新上电解除报警	

任务评价

1. 自我评价

由学生根据学习任务完成情况进行自我评价，评分值记录于表 2-14 中。

表 2-14　自我评价表

学习任务	学习内容	配分	评分标准	扣分	得分
任务3	1. 安全意识	10 分	1）不遵守相关安全规范操作，酌情扣 2~5 分 2）有其他的违反安全操作规范的行为，扣 2 分		
	2. 根据工作任务要求，完成输送模块的基础配置	40 分	1）未完成输送模块的安装，每步扣 2 分 2）未完成 SF 调速器的配置，每步扣 2 分 3）未完成电动机电源线和信号线的连接，每步扣 2 分		
	3. 输送模块的设置步骤	40 分	未完成输送模块的具体配置步骤，每步扣 2 分		
	4. 职业规范与环境保护	10 分	1）在工作过程中工具和器材摆放凌乱，扣 3 分 2）不爱护设备、工具，不节约材料，扣 3 分 3）在完成工作后不清理现场，在工作中产生的废弃物不按规定进行处理，各扣 2 分		
总评分 =（1~4 项总分）× 40%					

2. 小组评价

由同小组的同学结合自评情况进行互评，并将评分值记录于表 2-15 中。

表 2-15　小组评价表

评价内容	配分	评分
1. 实训过程记录与自我评价情况	10 分	
2. 输送模块的配置情况	50 分	
3. 相互帮助与协作能力	20 分	
4. 安全、质量意识与责任心	20 分	
总评分 =（1~4 项总分）× 30%		

3. 教师评价

由指导教师结合自评与互评结果进行综合评价，并将意见与评分值记录于表 2-16 中。

表 2-16　教师评价表

教师总体评价意见：	
教师评分（30 分）	
总评分 = 自我评分 + 小组评分 + 教师评分	

任务 4　视觉分拣工作站的编程应用

学习目标

1. 掌握视觉分拣工作站的相关编程指令的应用。
2. 掌握工作站输入输出信号的配置。
3. 熟悉大型工作站程序编制的方法与过程。

知识准备

涉及的相关编程指令介绍如下。

1. 线性运动指令 L

线性运动指令 L 用于将工具从开始点沿直线移动至目标点，如图 2-17 所示。当 TCP 保持固定时，该指令亦可用于调整工具方位。

2. 关节运动指令 J

关节运动指令 J 用于将机械臂迅速地从开始点移动至目标点。机械臂和外轴沿非线性路径运动，所有轴均同时达到目标位置，如图 2-18 所示。

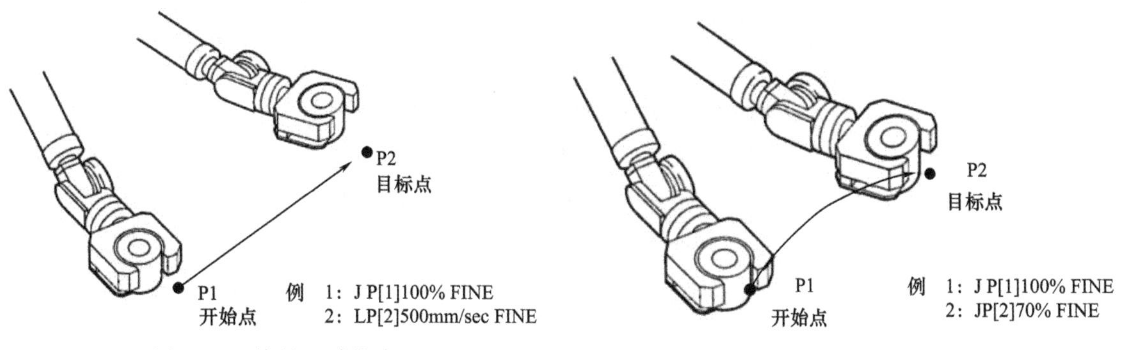

图 2-17　线性运动指令　　　　图 2-18　关节运动指令

3. 圆弧运动指令 C

圆弧运动指令 C 用于圆弧运动方式，需要示教 2 个点位，即圆弧上经过点以及目标点，如图 2-19 所示。

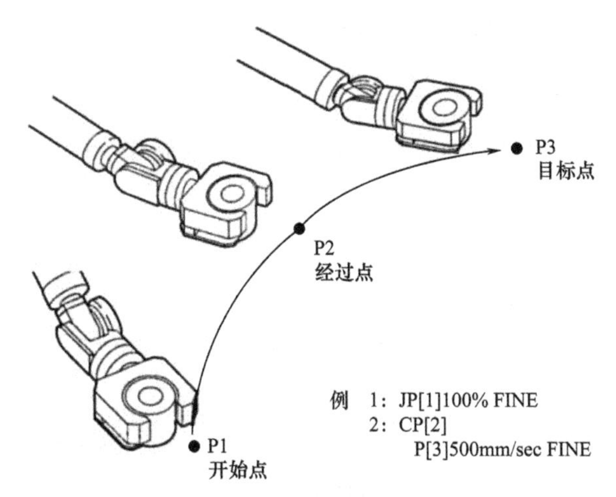

图 2-19　圆弧运动指令

4. 机器人 I/O 指令

RO［1］=ON/OFF：用于置位和复位机器人专用 I/O 信号。

5. 数字 I/O 指令

数字输入（DI）和数字输出（DO）是用户可以控制的输入 / 输出信号。

1）R［i］= DI［i］：将数字输入的状态（ON = 1、OFF = 0）存储到寄存器中。

如，R［1］= DI［1］指将数字输入 DI［1］的状态存储在 R［1］寄存器中。

2）DO［i］= ON/OFF：接通或断开所指定的数字输出信号。

如，DO［115］=ON 用于接通数字输出 DO［115］信号。

6. 程序调用指令

CALL（程序名）：机器人程序调用指令。

7. 等待指令

WAIT：等待指令。可等待时间，如 WAIT 1 sec；也可等待信号，如 WAIT DI［1］。

8. 条件比较指令

IF：条件比较指令。若条件满足，则转移到所指定的跳跃指令或子程序调用指令；若条件不满足，则执行下一条指令。

IF(变量)	(运算符)	(值)，	(行为)
R[i]	> >=	常数	JMP LBL[i]
I/O	= <=	R[i]	Call(子程序)
	< <>	ON	
		OFF	

如，IF R［1］<3，JMP LBL［1］表示如果满足 R［1］的值小于 3，则跳转到标签 1 处。

9. 跳转指令

JMP LBL［i］：跳转指令，转移到所指定的标签号处。一般情况下，JMP LBL［i］须与 LBL［i］配合使用。

如，JMP LBL［i］ //［i］标签号码（1~32767）

……

LBL［i］

表示当满足某条件时，程序在 JMP LBL［i］处将跳转至 LBL［i］标签处。

任务实施

1. 工作站输入输出信号配置

视觉分拣工作站中输入输出信号的配置如表 2-17 所示。

表 2-17　工作站 I/O 点位配置

序号	信号	信号功能
1	DO［209］	推料气缸控制
2	DO［210］	顶料气缸控制
3	DO［211］	输送带起停控制
4	DI［209］	推料气缸后限位
5	DI［210］	顶料气缸后限位
6	DI［211］	输送带运行状态
7	DI［212］	输送带前段检测
8	DI［213］	输送带后端检测
9	DI［214］	料仓物料检测
10	DI［242］	视觉信号反馈（白色输出、黑色不输出）
11	RO［1］	机器人快换夹具信号
12	RO［3］	机器人手爪夹具信号

2. 工作站程序编制

工作站的具体程序分为主程序与六个子程序，工作站的具体程序编制见表 2-18。

表 2-18　工作站的具体程序编制

主程序 RSR0001 程序名称

[1] CALL INITIALIZE　调用初始化程序子程序
[2] CALL PICKTOOL1　调用抓取 1 号夹具子程序
[3] CALL PICKWLJJ　调用抓取电动机外壳进行装配子程序
[4] CALL BSWL　调用白色物料入库子程序
[5] CALL HSWL　调用黑色物料入库子程序
[6] CALL PLACETOOL1　调用放置 1 号夹具子程序
[7] J PR [19] 100% FINE　机器人回到 HOME 点
[8] END　程序执行完毕

子程序 1： INITIALIZE（初始化程序）

[1] R [1] =0　清除 RR [1] 的值
[2] R [2] =0　清除 RR [2] 的值
[3] DO [209：OFF] =OFF　复位推料
[4] DO [210：OFF] =OFF　复位顶料气缸
[5] DO [211：OFF] =OFF　复位输送带开启信号
[6] DO [242：OFF] =OFF　复位拍照信号
[7] RO [1：OFF] =OFF　复位快换夹具信号
[8] RO [3：OFF] =OFF　复位手爪夹具信号
[9] J PR [19] 20% CNT100　机器人回到 HOME 点
[10] END　程序执行完毕

子程序 2：PICKTOOL1（抓取 1 号夹具程序）

[1] J P [1] 20% CNT100　安全点位
[2] J P [2] 100% CNT100　中间点位
[3] L P [3] 50mm/sec FINE　抓取点位
[4] RO [1：OFF] =ON　吸取 1 号夹具
[5] WAIT 1.00 (sec)　等待 1s
[6] L P [4] 50mm/sec FINE　抬起 1 号夹具
[7] L P [5] 100mm/sec FINE　移出 1 号夹具库
[8] L P [6] 100mm/sec FINE　抬起至安全位置
[9] L PR [19] 100mm/sec FINE　机器人回到 HOME 点
[10] END　程序结束

子程序 3：PICKWLJJ（抓取电动机外壳进行装配程序）

[1] FOR R [1] =0 TO 5　循环 6 次
[2] WAIT DI [214：OFF] =ON　等待料仓物料到位
[3] DO [210：OFF] =ON　顶料气缸顶料
[4] WAIT 0.50 (sec)　等待 0.5s
[5] DO [209：OFF] =ON　推料气缸推出物料
[6] WAIT DI [212：OFF] =ON　等待物料推出到位
[7] DO [211：OFF] =ON　输送带进行物料运输
[8] DO [209：OFF] =OFF　推料气缸缩回
[9] WAIT DI [209：OFF] =ON　等待推料气缸缩回到位
[10] DO [210：OFF] =OFF　顶料气缸缩回
[11] WAIT DI [213：OFF] =ON　等待物料运输到位
[12] J P [1] 20% CNT100　安全位置
[13] L P [2] 50mm/sec FINE　抓取位置
[14] RO [3：OFF] =ON　夹取 1 号物料
[15] WAIT 1.00 (sec)　等待 1s 夹紧
[16] L P [1] 100mm/sec FINE　提取至安全位置
[17] L P [3] 100mm/sec FINE　中间位置
[18] L P [4] 100mm/sec FINE　安全位置
[19] L P [5] 100mm/sec FINE　放置位置
[20] WAIT 1.00 (sec)　等待 1s
[21] RO [3：OFF] =OFF　放置 1 号物料
[22] WAIT 1.00 (sec)　等待 1s
[23] L P [4] 100mm/sec FINE　移动至安全位置
[24] DO [242：OFF] =ON　视觉开始拍照
[25] WAIT 2.00 (sec)　等待拍照完成
[26] DO [242：OFF] =OFF　复位视觉拍照信号
[27] J P [6] 20% CNT100　安全位置
[28] L P [5] 50mm/sec FINE　抓取位置
[29] RO [3：OFF] =ON　夹取 1 号物料
[30] WAIT 1.00 (sec)　等待 1s 夹紧
[31] L P [1] 100mm/sec FINE　提取至安全位置
[32] L P [3] 100mm/sec FINE　中间位置
[33] IF DI [242：OFF] =ON，THEN　判断信号有无输出，无则输出黑色物料，有则输出白色物料
[34] CALL BSWL　调用白色物料程序
[35] ELASE　条件不满足时
[36] CALL HSWL　调用黑色物料程序
[37] ENDIF　判断结束
[38] ENDFOR　循环结束
[39] END　程序运行结束

（续）

子程序 4：（BSWL 白色物料入库程序）	子程序 5：HSWL（黑色物料入库程序）
[1] IF R[2]=0，JMP LBL[1]　判断第几次物料入库，等于 0 入第一个库 [2] IF R[2]=1，JMP LBL[2]　等于 1 入第二个库位 [3] IF R[2]=2，JMP LBL[3]　等于 2 入第三个库位 [4] LBL[1]　第一次入上层第一个库位 [5] L P[1] 100mm/sec FINE　安全位置 [6] L P[2] 100mm/sec FINE　中间位置 [7] L P[3] 100mm/sec FINE　放置位置 [8] RO[3]=OFF　放置物料 [9] WAIT 1.00 (sec)　等待物料放置到位 [10] L P[4] 100mm/sec FINE　退出库位 [11] L P[5] 100mm/sec FINE　回到安全位置 [12] JMP LBL[4]　跳转至标签 4 [13] LBL[2]　第二次入上层第二个库位 [14] L P[6] 100mm/sec FINE　安全位置 [15] L P[7] 100mm/sec FINE　中间位置 [16] L P[8] 100mm/sec FINE　放置位置 [17] RO[3]=OFF　放置物料 [18] WAIT 1.00 (sec)　等待物料放置到位 [19] L P[9] 100mm/sec FINE　退出库位 [20] L P[10] 100mm/sec FINE　回到安全位置 [21] JMP LBL[4]　跳转至标签 4 [22] LBL[3]　第三次入上层第三个库位 [23] L P[11] 100mm/sec FINE　安全位置 [24] L P[12] 100mm/sec FINE　中间位置 [25] L P[13] 100mm/sec FINE　放置位置 [26] RO[3]=OFF　放置物料 [27] WAIT 1.00 (sec)　等待物料放置到位 [28] L P[14] 100mm/sec FINE　退出库位 [29] L P[15] 100mm/sec FINE　回到安全位置 [30] JMP LBL[4]　跳转至标签 4 [31] LBL[4]　标签 4 [32] ENDIF [33] R[2]=R[2]+1　运行一次 R[2] 自加 1 [34] END　结束指令	[1] IF R[3]=0，JMP LBL[1]　判断第几次物料入库，等于 0 入第一个库 [2] IF R[3]=1，JMP LBL[2]　等于 1 入第一个库 [3] IF R[3]=2，JMP LBL[3]　等于 2 入第二个库 [4] LBL[1]　第一次入下层第一个库 [5] L P[1] 100mm/sec FINE　安全位置 [6] L P[2] 100mm/sec FINE　中间位置 [7] L P[3] 100mm/sec FINE　放置位置 [8] RO[3]=OFF　放置物料 [9] WAIT 1.00 (sec)　等待物料放置到位 [10] L P[4] 100mm/sec FINE　退出库位 [11] L P[5] 100mm/sec FINE　回到安全位置 [12] JMP LBL[4]　跳转至标签 4 [13] LBL[2]　第二次入下层第二个库位 [14] L P[6] 100mm/sec FINE　安全位置 [15] L P[7] 100mm/sec FINE　中间位置 [16] L P[8] 100mm/sec FINE　放置位置 [17] RO[3]=OFF　放置物料 [18] WAIT 1.00 (sec)　等待物料放置到位 [19] 10：L P[9] 100mm/sec FINE　退出库位 [20] 11：L P[10] 100mm/sec FINE　回到安全位置 [21] JMP LBL[4]　跳转至标签 4 [22] LBL[3]　第三次入下层第三个库位 [23] L P[11] 100mm/sec FINE　安全位置 [24] L P[12] 100mm/sec FINE　中间位置 [25] L P[13] 100mm/sec FINE　放置位置 [26] RO[3]=OFF　放置物料 [27] WAIT 1.00 (sec)　等待物料放置到位 [28] L P[14] 100mm/sec FINE　退出库位 [29] L P[15] 100mm/sec FINE　回到安全位置 [30] JMP LBL[4]　跳转至标签 4 [31] LBL[4]　标签 4 [32] R[3]=R[3]+1　运行一次 R[3] 自加 1 [33] END　程序运行结束

（续）

子程序 6：PLACETOOL1（放置 1 号夹具）	
[1] J P [1] 20% FINE　中间点位 [2] L P [2] 100mm/sec FINE　准备移至 1 号夹具位置 [3] L P [3] 100mm/sec FINE　进入 1 号夹具位置 [4] L P [4] 100mm/sec FINE　到达 1 号夹具位置 [5] RO [1：OFF] =OFF　放置 1 号夹具 [6] WAIT 1.00（sec）　等待 1s [7] L P [5] 100mm/sec FINE　移至安全位置 [8] END　程序结束	

任务评价

1. 自我评价

由学生根据学习任务完成情况进行自我评价，评分值记录于表 2-19 中。

表 2-19　自我评价表

学习任务	学习内容	配分	评分标准	扣分	得分
任务 4	1 安全意识	10 分	1）不遵守相关安全规范操作，酌情扣 2~5 分 2）有其他的违反安全操作规范的行为，扣 2 分		
	2. 根据工作任务要求，完成视觉分拣工作站的安装与配置过程	40 分	1）未完成工作站整体的安装，每步扣 2 分 2）未完成视觉分拣工作站具体配置步骤，每步扣 2 分		
	3. 视觉分拣工作站的程序编制实施	40 分	未完成视觉分拣工作站的程序的编制，每步扣 2 分		
	4. 职业规范与环境保护	10 分	1）在工作过程中工具和器材摆放凌乱，扣 3 分 2）不爱护设备、工具，不节约材料，扣 3 分 3）在完成工作后不清理现场，在工作中产生的废弃物不按规定进行处理，各扣 2 分		
总评分 =（1~4 项总分）× 40%					

2. 小组评价

由同小组的同学结合自评情况进行互评，并将评分值记录于表 2-20 中。

表 2-20　小组评价表

评价内容	配分	评分
1. 实训过程记录与自我评价情况	10 分	
2. 视觉分拣工作站的配置情况	50 分	
3. 相互帮助与协作能力	20 分	
4. 安全、质量意识与责任心	20 分	
总评分 =（1~4 项总分）× 30%		

3. 教师评价

由指导教师结合自评与互评结果进行综合评价，并将意见与评分值记录于表 2-21 中。

表 2-21　教师评价表

教师总体评价意见：	
教师评分（30 分）	
总评分 = 自我评分 + 小组评分 + 教师评分	

项目3

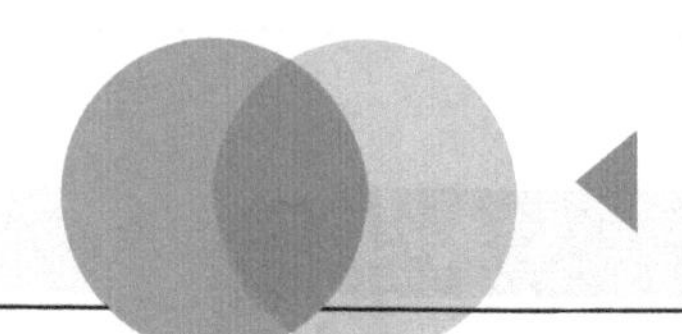

工业机器人 RFID 应用编程

职业技能要求

工业机器人应用编程职业技能要求（中级）	
1.1.2	能够根据工作任务要求设置、编辑 IO 参数
2.3.3	能够根据产品定制及追溯要求，编制 RFID 应用程序
2.3.4	能够根据工作任务要求，编制基于工业机器人的智能仓储应用程序
2.4.2	能够根据工作任务要求，编制多种工艺流程组成的工业机器人系统的综合应用程序

知识目标

1. 掌握工业机器人外围设备的名称及其功能。
2. 掌握工业机器人一般视觉系统组成及工作原理。
3. 理解工业机器人 RFID 系统组成及工作原理。
4. 掌握工业机器人智能仓储工作任务内容及基本编程方法。
5. 掌握用博图软件编写工业机器人单元人机界面的基本方法。

能力目标

1. 能够根据工作任务要求，编制工业机器人与 PLC 等外部控制系统的应用程序。
2. 能够根据工作任务要求，编制工业机器人结合机器视觉等智能传感器的应用程序。
3. 能够根据产品定制及追溯要求，编制 RFID 应用程序。
4. 能够根据工作任务要求，编制基于工业机器人的智能仓储应用程序。
5. 能够根据工作任务要求，编制工业机器人单元人机界面程序。

平台准备

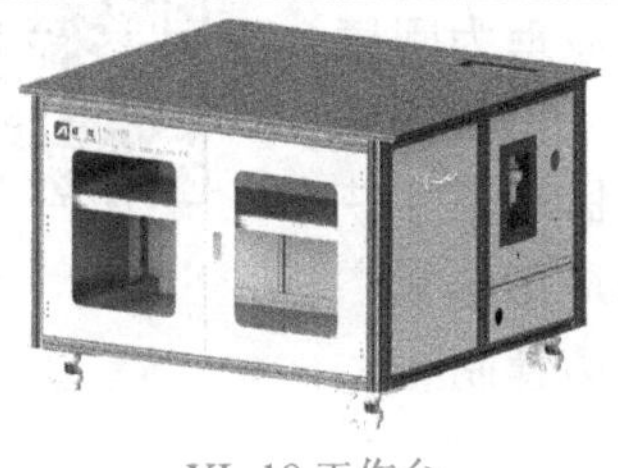	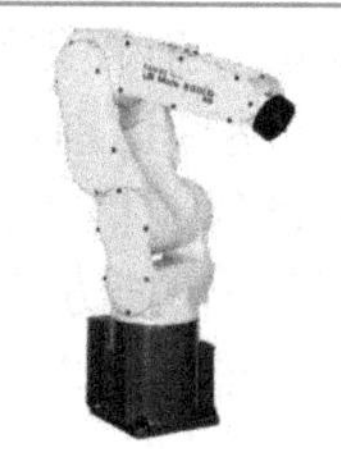	
YL-18 工作台	FANUC 工业机器人	快换模块

（续）

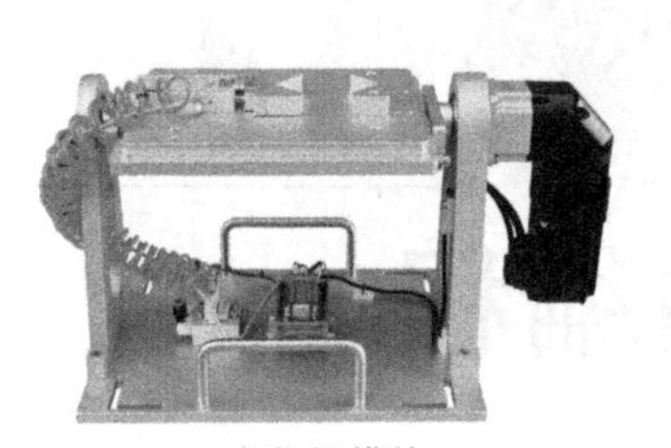 变位机模块	 旋转供料模块	 立体库模块
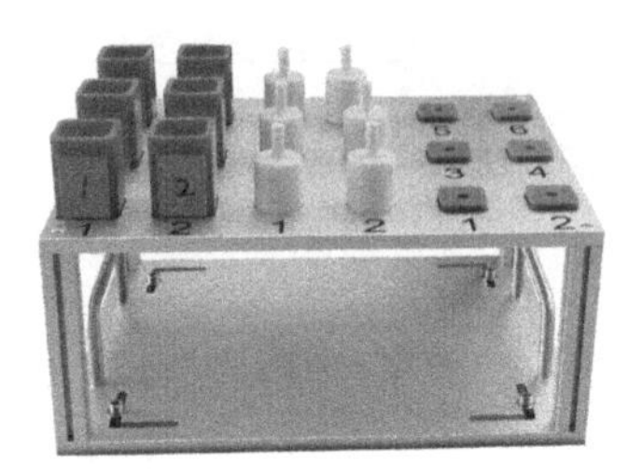 电动机装配模块	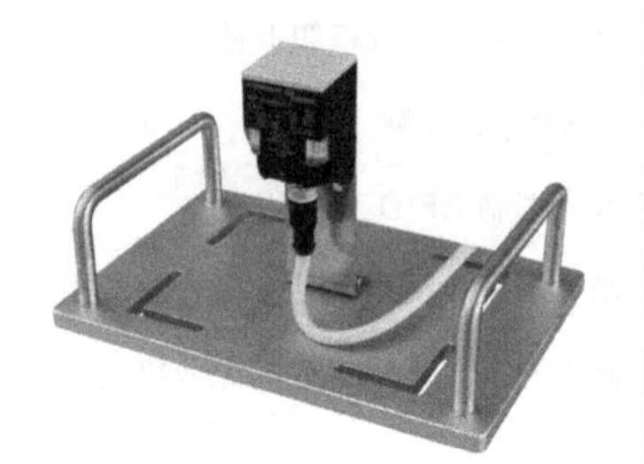 RFID 模块	 手爪工具

任务 1　RFID 模块的安装测试

学习目标

1. 掌握工业机器人 RFID 基本硬件组成和工作原理。
2. 掌握工业机器人 PLC 和 RFID 系统的通信方法。
3. 掌握 RFID 的组态流程。
4. 能够进行电子标签 RFID 的读写编程。

知识准备

一、RFID 系统简介

1. RFID 技术

RFID 介绍

RFID（Radio Frequency Identification，射频识别）技术的原理为阅读器与标签之间进行非接触式的数据通信，达到识别目标的目的。RFID 技术是一种非接触式的自动识别技术，它通过射频信号自动识别目标对象并获取相关数据，识别工作无须人工干预，操作快捷方便。RFID 的应用非常广泛，主要应用在动物晶片、汽车晶片防盗器、门禁管制、停车场管制、生产线自动化、物料管理等生产生活技术领域。

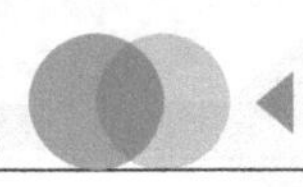

一般的RFID系统带有集成天线的阅读器（亦称读写头）和电子标签（亦称载码体），电子标签一般安装于被识别物体上，如图3-1所示。阅读器配有一个RS-232接口，带有3964传送程序，与PC系统、S7-1200、三菱等其他控制器连接。

a）阅读器

b）电子标签

图3-1　RFID系统硬件组成

RFID系统可以安装在实训台或生产线的环形输送单元处，电子标签埋在工件内部，当工件到达检测范围内时，RFID阅读器可以准确地读取工件内的标签信息，如编号、颜色、高度等信息，该信息再通过工业现场数据总线传输给PLC，用来实现工件的分拣操作。

本任务基于图尔克TN-CK40-H1147射频阅读器介绍RFID与机器人系统通信编程的相关知识。图尔克TN-CK40-H1147射频阅读器是一款高性能、高频电子标签一体机，结合专有的高效信号处理算法，在保持高识读率的同时，实现对电子标签的快速读写处理，广泛应用于物流、门禁及生产过程控制等领域。其主要参数特点见表3-1。

表3-1　图尔克TN-CK40-H1147射频读写器主要参数特点

类型	参数及特点
电源和通信	仅通过接插件连接到BLIDENT接口模块
安装方式	非平齐，可平齐安装
环境温度	-23~+70℃
工作电压	DC10~30V
直流额定工作电流	≤ 80mA
尺寸	65mm × 40mm × 40mm
外壳材料	塑料PBT-GF30-V0，黄
感应面材料	塑料PA，黄
防护等级	IP67

RFID阅读器引脚功能见表3-2。

表 3-2　RFID 阅读器引脚功能

序号	颜色	功能
1	棕	24V “+”
2	白	RS 485 “–”
3	蓝	24V “–”
4	黑	RS 485 “+”
5	屏蔽层	外壳屏蔽线

2. 电子标签

电子标签又称射频标签、应答器、数据载体。电子标签是 RFID 技术的载体。电子标签与阅读器之间通过耦合元件实现射频信号的空间（无接触）耦合，在耦合通道内，根据时序关系，实现能量的传递和数据交换。

实际生产应用中，阅读器读取电子标签中存储的数据信息，通过串行接口与 PLC 进行信息交换。同一品牌的某一特定型号的 RFID 阅读器，可以通过系统设置阅读器的参数，以读取不用型号电子标签的数据信息。

3. RFID 工作原理

RFID 的基本工作原理：电子标签进入阅读器后，接收阅读器发出的射频信号，凭借感应电流获得的能量发送出存储在芯片中的产品信息（Passive Tag，无源标签或被动标签），或者由电子标签主动发送某一频率的信号（Active Tag，有源标签或主动标签），阅读器读取信息并解码后，送至中央信息系统进行有关数据处理。

根据使用的结构和技术不同，阅读器可以是读或读 / 写装置，是 RFID 系统信息控制和处理中心。阅读器通常由耦合模块、收发模块、控制模块和接口单元组成。阅读器和电子标签之间一般采用半双工通信方式进行信息交换，同时阅读器通过耦合模块给无源标签提供能量和时序。在实际应用中，可进一步通过 Ethernet 或 WLAN 等实现对物体识别信息的采集、处理及远程传送等管理功能。

4. RFID 分类

射频识别技术依据其电子标签的供电方式可分为三类，即无源 RFID、有源 RFID 与半有源 RFID。

（1）无源 RFID　无源 RFID 中，电子标签通过接受射频识别阅读器传输来的微波信号，以及通过电磁感应线圈获取能量来对自身短暂供电，从而完成此次信息交换。因为省去了供电系统，所以无源 RFID 产品的体积可以达到厘米量级甚至更小，而且自身结构简单、成本低、故障率低、使用寿命较长。但作为代价，无源 RFID 的有效识别距离通常较短，一般用于近距离的接触式识别。无源 RFID 主要工作在较低频段，如 125kHz、13.56MHz 等，其典型应用包括公交卡、二代身份证、食堂餐卡等。

（2）有源 RFID　有源 RFID 通过外接电源供电，主动向射频识别阅读器发送信号。其体积相对较大，但也因此拥有了较长的传输距离与较高的传输速度。一个典型的有源 RFID 标签能在百米之外与射频识别阅读器建立联系，读取率可达 1700read/sec。有源 RFID 主要工作在 900MHz、2.45GHz、5.8GHz 等较高频段，且具有可以同时识别多个电子标签的功能。有源 RFID 的远距性、高效性使得它在一些需要高性能、大范围的射频识别应用场合里必不可少。典型应用为高速公路电子不停车收费系统。

（3）半有源 RFID　无源 RFID 自身不供电，有效识别距离太短。有源 RFID 识别距离足够长，但需外接电源，体积较大。而半有源 RFID 就是为这一矛盾而出现的产物。半有源 RFID 又称低频激活触发技术。在通常情况下，半有源 RFID 产品处于休眠状态，仅对电子标签中保持数据的部分进行供电，因此耗电量较小，可维持较长时间。当电子标签进入射频识别阅读器识别范围后，阅读器先以 125kHz 低频信号在小范围内精确激活电子标签，使之进入工作状态，再通过 2.4GHz 微波与其进行信息传递。也就是说，先利用低频信号精确定位，再利用高频信号快速传输数据。通常应用场景：在一个高频信号所能所覆盖的大范围中，在不同位置安置多个低频阅读器用于激活半有源 RFID 产品。这样既完成了定位，又实现了信息的采集与传递。

二、PLC 和阅读器之间的通信方式

1. RS485 通信命令说明

图尔克 TN-CK40-H1147 射频阅读器和 PLC 之间通信采用的是 RS-485 串口通信协议，而阅读器和 PLC 之间进行通信时，需遵循一定的通信命令格式。二者通信时，需提前设置通信参数。通信参数见表 3-3。

表 3–3　通信参数

序号	参数	设置值
1	比特率	115200bit/s
2	校验位	无校验
3	数据位	8 位
4	停止位	1 位

2. 通信命令格式

PLC 命令阅读器对电子标签进行读取和写入之前，需要保证阅读器和不同型号的电子标签之间能够正常进行信息识别，因此，需要提前匹配好阅读器和电子标签。具体的匹配方式是先获取电子标签的类型，然后通过调整阅读器设置来匹配正在使用的电子标签。其 PLC 通信指令格式如下：

字节	0	1	2	3	4	5~79	80	81
代码	SYNC	ADB	ADB	CC	CI	用户数据	CRC-16	CRC-16

其中各代码表示含义如下：

SYNC：数据报头 0xAA；ADB：数据报文包含校验位的总长度，以字节为单位的电报长度，包括 CRC；CC：命令代码；CI：命令索引，用户数据长度为 0~75 字节，由最多 64 字节的用户内存 +8 字节的 UID+1 字节的起始块号 +1 字节的块数 + 1 字节 CCC（用户命令代码）构成；CRC-16：校验位，共 2 字节。

1）PLC 识别电子标签类型，获取系统信息。

① 请求。

命令代码：0x70；

用户数据段：可以传输 0~8 字节的 UID 数据；

字节	0	1	2	3	4	5~12	13	14
代码	0xAA	0x0F	0x0F	0x70	0x10	LSB UID MSB	CRC-16	CRC-16

字节 5~12：请求标签信息的 UID；

LSB UID MSB：数据传输方式为小端传输，起始地址为最低位，最后地址为最高位，即传输数据方向为低地址 → 高地址。

② 应答。

命令代码：0x70；

用户数据：空。

③ 响应。

命令代码：0x70；

用户数据段：可以传输 0~13 字节的 UID 数据。

字节	0	1	2	3	4	5~17	18	19
代码	0xAA	0x14	0x14	0x70	CI	LSB 传输数据 MSB	CRC-16	CRC-16

字节 5~17 为传输数据，其信息见表 3-4。

表 3-4　字节 5~17 信息

字节	5	6~11	12	13	14	15	16	17
位信息	UID			DSFID	AFI	块号	字节 / 块	
位含义	最低有效位	用户数据	最高有效位（始终为 0xE0）	数据存储格式标识符	应用程序标识符	内存大小	内存大小：字节 / 块	IC 标识符

举例说明 PLC 与阅读器数据传输。

若发送数据为 AA 07 07 70 00 FB 42，则接收数据时，

应答：AA 07 07 70 89 32 5B；

响应：AA 14 14 70 8A 78 2A 82 20 00 01 04 E0 00 00 1B 03 01 36 88（读取 12 字节数据 78 2A 82 20 00 01 04 E0 00 00 1B 03）。

2）调整阅读器设置来匹配正在使用的电子标签，设置参数（收发器的参数化）。

① 请求。

命令代码：0x61

用户数据段：可以传输 2 字节的数据。

字节	0	1	2	3	4	5	6	7	8
代码	0xAA	0x09	0x09	0x61	0x00	参数 1	参数 2	CRC-16	CRC-16

② 应答。

无

③ 响应。

命令代码：0x61；

用户数据：无。

举例说明 PLC 与阅读器参数化数据传输：

若发送数据为 AA 09 09 61 00 1B 03 53 32，则接收数据时，

响应：AA 07 07 61 0A E8 61（不读取数据）。

3）PLC 向阅读器发送读取命令。

当 PLC 和阅读器完成上述识别匹配的工作后，即可进行正常的读写任务。当 PLC 向阅读器发送读取命令时，其命令格式如下：

读取数据 – 读取多个块（读取多个块，当前收发器限制：64 字节）

① 请求。

命令代码：0x68；

用户数据段：可以传输 2~11 字节的数据，至少传输起始块号 + 读取块数 2 字节；至多传输 11 字节的数据：1 字节起始块号 + 1 字节读取块数 + 8 字节的 UID + 1 字节的用户命令代码（当命令索引字节的第 5 位被置位时，则第 15 字节将为用户命令代码）。

字节	0	1	2	3	4	5	6	7~14	15	16
代码	0xAA	0x11	0x11	0x68	0x10	0x00	0x07	LSB UID MSB	CRC-16	CRC-16

② 应答。

命令代码：0x68；

用户数据：空。

③ 响应。

命令代码：0x68；

用户数据段：可以传输 1~64 字节的数据，用户数据的长度依赖于请求命令中的起始块号与读取块数，当前收发器限制最多读取 64 字节的用户数据。

字节	0	1	2	3	4	5~36	37	38
代码	0xAA	0x27	0x27	0x68	CI	用户数据	CRC-16	CRC-16

本文命令中起始块号为 0x00，读取块数为 0x07，即从第 0 块开始读取后面 8 块的数据，所以返回的是 32 字节用户数据。

举例说明 PLC 向阅读器发送读取命令：

若发送数据为 AA 09 09 68 00 00 00 92 88（从第 0 块开始读取后面 1 块数据，即 4 字节的数据），则接收数据时，

应答：AA 07 07 68 09 6B 84

响应：AA 0B 0B 68 0A 31 32 33 34 A4 D5（读取 4 字节数据 31 32 33 34）

4）PLC 向阅读器发送写入命令。

当 PLC 向阅读器发送写入命令时，其命令格式如下：

写入数据 - 写入多个块（写入多个块，当前收发器限制：64 字节）。

① 请求。

命令代码：0x69；

用户数据段：可以传输 0~64 字节的数据（用户数据长度取决于第 5 字节的起始块号与第 6 字节的读取块数）。

字节	0	1	2	3	4	5	6	7~38	39~46	47	48
代码	0xAA	0x49	0x49	0x69	0x10	0x00	0x07	用户数据	UID	CRC	CRC

② 应答。

命令代码：0x69；

用户数据：空。

③ 响应。

命令代码：0x69；

用户数据：无。

举例说明 PLC 向阅读器发送写入命令：

发送数据为 AA 15 15 69 00 00 02 11 22 33 44 11 22 33 44 11 22 33 44 72 1A，则接收数据时，

AA 07 07 69 09 B3 9D；

AA 07 07 69 09 B3 9D；

AA 07 07 69 0A 28 AF。

（已设置 4 字节 / 块，从第 0 个块写入 3 个块数据，即从第 0 字节开始，写入 12 字节 11 22 33 44 11 22 33 44 11 22 33 44）。

注意：阅读器第一次上电不能够直接读取电子标签上的数据，需要对阅读器写入电子标签的类型，阅读器才能读取到电子标签的数据。即，阅读器的读取数据流程是先对其设置电子标签类型，然后再读取数据。

三、RFID 相关指令介绍

RFID 与 PLC 之间通过 RS485 通信进行数据交互，所以在 PLC 中需要用到 SEND_PTP、RCV_PTP、RCV_RST 指令对数据进行发送或接收操作。

1. SEND_RST 指令

图 3-2 所示为 SEND_RST 指令，SEND_RST 模块引脚说明见表 3-5。

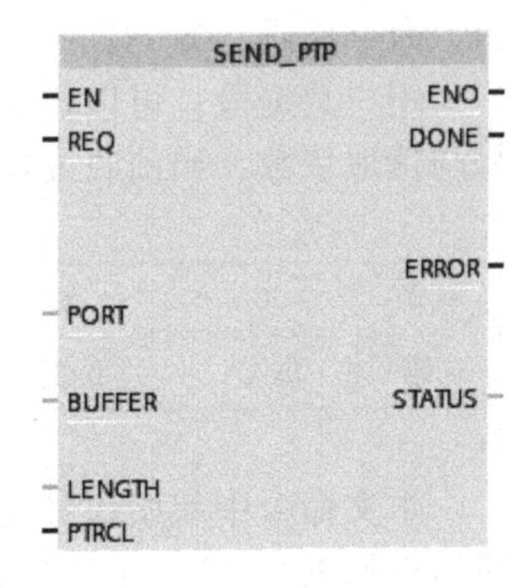

图 3-2　SEND_PTP 指令

表 3-5　SEND_RST 模块引脚说明

序号	引脚	说明
1	EN	使能引脚，高电平有效
2	REQ	在上升沿激活接收缓冲区的删除操作
3	PORT	标识通信端口
4	BUFFER	发送缓冲区的地址

（续）

序号	引脚	说明
5	LENGTH	发送数据的长度
6	PTRCL	判断协议时西门子专用还是通用的
7	ENO	程序执行后的逻辑结果输出
8	DONE	状态参数 0：作业尚未启动或仍在执行 1：作业已执行，且无任何错误
9	ERROR	状态参数 0：无错误 1：出现错误
10	STATUS	指令的状态

2. RCV_PTP 指令

使用“RCV_PTP”指令启动数据传输。“RCV_PTP”指令不执行数据的实际传输，只发送缓冲区中的数据到相关点对点通信模块（CM），由通信模块（CM）来执行实际传输。图 3-3 所示为 RCV_PTP 指令模块，RCV_PTP 模块引脚说明见表 3-6。

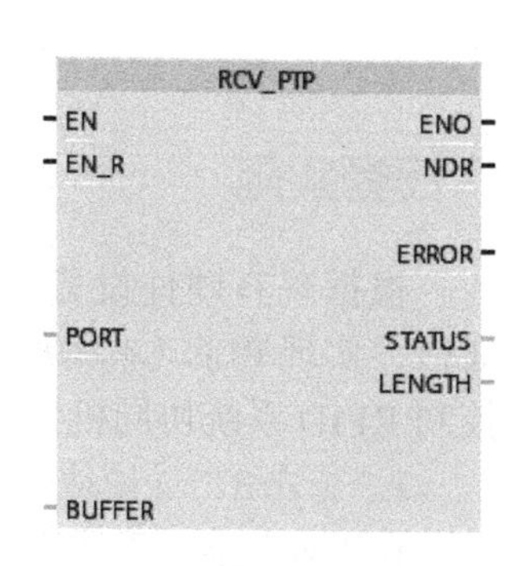

图 3-3　RCV_PTP 指令

表 3-6　RCV_PTP 模块引脚说明

序号	引脚	说明
1	EN	使能引脚，高电平有效
2	EN_R	在上升沿启用接收
3	PORT	标识通信端口
4	BUFFER	发送缓冲区的地址
5	ENO	程序执行后的逻辑结果输出
6	NDR	状态参数 0：作业尚未启动或仍在执行 1：作业已执行，且无任何错误
7	ERROR	状态参数 0：无错误 1：出现错误
8	STATUS	指令的状态
9	LENGTH	发送数据的长度

3. RCV_RST 指令

图 3-4 所示为 RCV_RST 指令，RCV_RST 模块引脚说明见表 3-7。

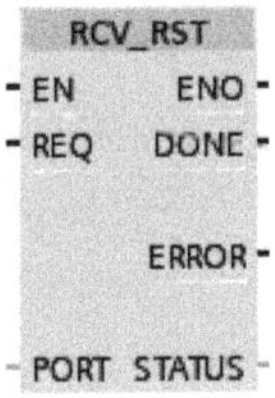

表 3-7　RCV_RST 模块引脚说明

序号	引脚	说明
1	EN	在上升沿启用接收
2	REQ	在上升沿激活接收缓冲区的删除操作
3	PORT	标识通信端口
4	ENO	程序执行后的逻辑结果输出
5	DONE	状态参数 0：作业尚未启动或仍在执行 1：作业已执行，且无任何错误
6	ERROR	状态参数 0：无错误 1：出现错误
7	STATUS	指令的状态

RCV_RST
EN　ENO
REQ　DONE
ERROR
PORT　STATUS

图 3-4　RCV_RST 指令

任务实施

根据现有硬件设备及 RFID 系统，安装 RFID 模块后，通过 PLC 和 RFID 系统的串行通信，实现 PLC（本案例中采用的是西门子 S7-1200PLC）控制 RFID 读写程序编制，用以控制 RFID 系统协同机器人完成规定工作目标。

1. 安装 RFID 模块

在工业机器人应用编程实训平台中，RFID 信号通过端子排和 PLC 侧通信模块进行连接，建立信号通信。将 RFID 模块放置到实训平台面向工业机器人正前方一侧位置，并将模块固定在平台上，RFID 模块安装步骤见表 3-8。

表 3-8　RFID 模块安装步骤

序号	操作说明	示意图
1	将 RFID 阅读器按照接线图进行正确接线	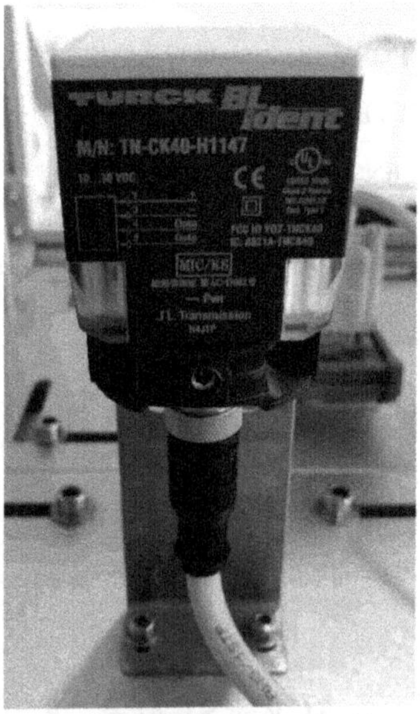

（续）

序号	操作说明	示意图
2	连接 RFID 模块与端子排，按照图中所示电气连接方式进行接线	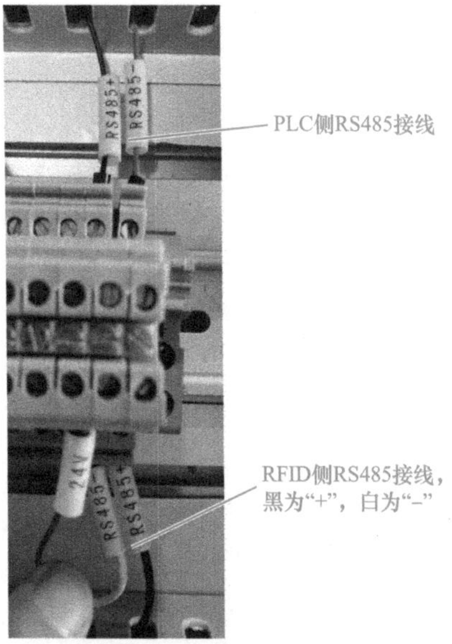 PLC侧RS485接线 RFID侧RS485接线，黑为"+"，白为"–"
3	将 PLC 串口与 RFID 模块的串口进行连接	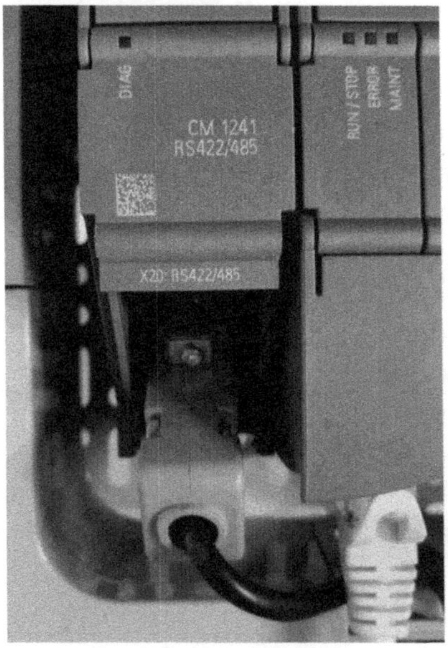

2. 组态 RFID 模块

在工业机器人应用编程实训平台中，RFID 相关设备及组态清单见表 3-9。

表 3–9　RFID 相关设备及组态清单

序号	产品名称	IP 地址分配
1	SIMATIC S7-1200 PLC	192.168.8.1
2	TP700 精智面板	192.168.0.2
3	CM 1241（RS-422/485）	

基于设备组态，系统设备组态的具体操作步骤见表 3-10。

表 3-10 系统设备组态的具体操作步骤

序号	操作说明	示意图
1	打开 PLC 编程软件，完成 PLC 与 HMI 的组态	 FANUC_PLC CPU 1214C FANUC_HMI TP700 精智面板 PN/IE_FANUC
2	在“硬件目录”中依次选择“通信模块”→“点到点”→“CM 1241（RS-422/485）”，选择订货号为“6ES7 241-1CH32-0XB0”的通信模块	 AI/AQ 通信模块 Industrial Remote Communication PROFIBUS 点到点 CM 1241 (RS232) CM 1241 (RS485) CM 1241 (RS422/485) 6ES7 241-1CH31-0XB0 6ES7 241-1CH32-0XB0 标识系统 AS-i 接口 工艺模块
3	将 CM 1241（RS-422/485）模块添加到 PLC 左侧的槽位中	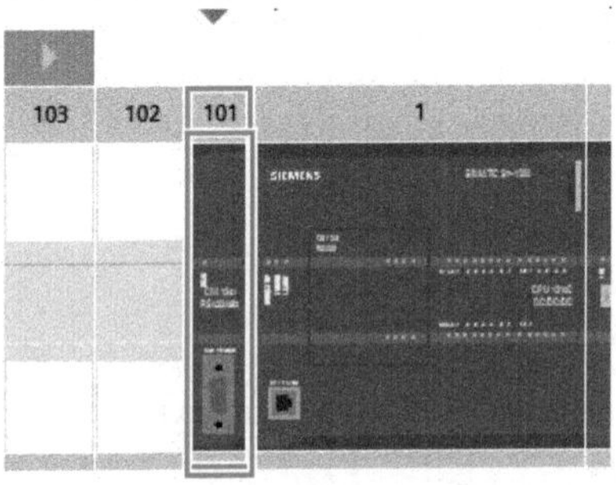 103 102 101 1 SIEMENS
4	双击 CM 1241（RS-422/485）模块进入该模块的属性界面中，将“协议”设置为“自由口”，“操作模式”设置为“半双工（RS-485）2 线制模式”	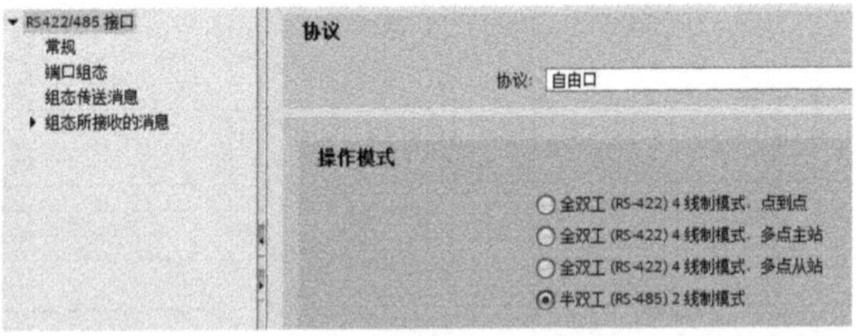 RS422/485 接口 常规 端口组态 组态传送消息 组态所接收的消息 协议 协议: 自由口 操作模式 全双工 (RS-422) 4 线制模式，点到点 全双工 (RS-422) 4 线制模式，多点主站 全双工 (RS-422) 4 线制模式，多点从站 半双工 (RS-485) 2 线制模式
5	在“断路”选项卡下进行设置 比特率：115.2kbit/s 奇偶校验：无 数据位：8 位字符 停止位：1	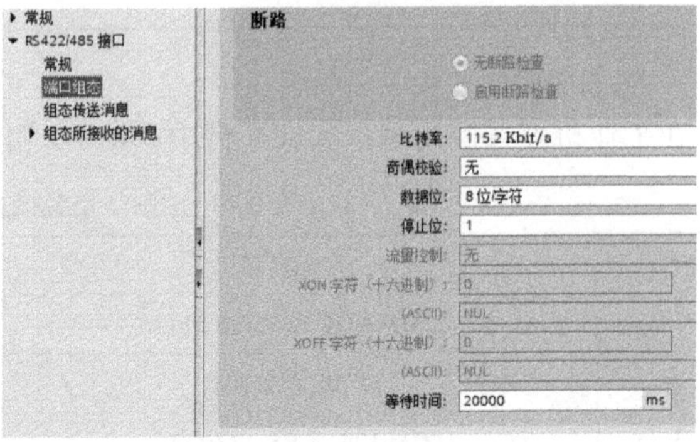 常规 RS422/485 接口 常规 端口组态 组态传送消息 组态所接收的消息 断路 无断路检查 启用断路检查 比特率: 115.2 Kbit/s 奇偶校验: 无 数据位: 8 位字符 停止位: 1 流量控制: 无 XON 字符（十六进制）: 0 (ASCII): NUL XOFF 字符（十六进制）: 0 (ASCII): NUL 等待时间: 20000 ms

3. 建立 RFID 与 PLC 的通信

在 PLC 端编写 RFID 通信程序，实现对 RFID 模块的数据读写，并通过触摸屏中的按钮对 RFID 数据进行读取和写入，建立 RFID 与 PLC 的通信步骤见表 3-11。

表 3-11　建立 RFID 与 PLC 的通信步骤

序号	操作说明	示意图
1	创建“数据块”，存放 RFID 读写所需要的数据命令	
2	添加变量，用来存放 RFID 的读取和写入的数据命令	
3	添加新的“函数块”，命名为“RFID”	
4	在新建的函数块中创建“Input”和“Output”数据，用来为函数块输入和输出数据	

（续）

序号	操作说明	示意图
5	添加“静态变量”到函数块	RFID 名称 数据类型 Static SEND_PTP_LENGTH Uint SEND_PTP_Instance_2 SEND_PTP RCV_PTP_Instance_2 RCV_PTP i Int RCV_RST_Instance RCV_RST SEND_PTP_Instance SEND_PTP SEND_PTP_Instance_1 SEND_PTP RCV_PTP_Instance RCV_PTP RCV_PTP_Instance_1 RCV_PTP 读取数据_上升沿 R_TRIG 写入数据_上升沿 R_TRIG 设置载码体_上升沿 R_TRIG R_TRIG_Instance R_TRIG R_TRIG_Instance_1 R_TRIG 去掉多余数据_Instance "去掉多余数据" 载码体设置完成temp Bool P_1 Bool P_2 Bool P_3 Bool P_4 Bool P_5 Bool P_6 Bool P_7 Bool P_8 Bool P_9 Bool N_1 Bool RCV_RST_Instance_1 RCV_RST R_TRIG_Instance_2 R_TRIG 发送数据_开始 Bool 发送数据_完成 Bool 接收数据_开始 Bool 接收数据_完成 Bool 清除缓冲区_完成 Bool 清除缓冲区_开始 Bool 执行步骤 Int

6	插入“SCL”语句，用来得出载码体的设置语句或命令	(*===
		得出设置载码体命令B128
		===*)
		IF #设置载码体 THEN//有设置载码体命令
		FOR #i := 1 TO 20 DO
		"RFID数据"."485写_Array"[#i] := "RFID数据".设置载码体_命令码_B128[#i];//传输设置载码体命令
		END_FOR;
		#SEND_PTP_LENGTH := 17;//发出的设置载码体命令长度为17
		END_IF;

7	插入“SCL”语句，用来得出PLC写入到RFID的数据命令	(*=== 得出写入的数据命令 ===*) IF #数据写入 THEN//有写入数据命令 IF #"写入数据(1-6)" = 1 THEN//写入数据01 FOR #i := 1 TO 20 DO // "RFID数据"."485写_Array"[#i] := "RFID数据".写入数据01_命令码[#i]; END_FOR; #SEND_PTP_LENGTH := 13; END_IF; IF #"写入数据(1-6)" = 2 THEN//写入数据02 FOR #i := 1 TO 20 DO // "RFID数据"."485写_Array"[#i] := "RFID数据".写入数据02_命令码[#i]; END_FOR; #SEND_PTP_LENGTH := 13; END_IF; IF #"写入数据(1-6)" = 3 THEN//写入数据03 FOR #i := 1 TO 20 DO // "RFID数据"."485写_Array"[#i] := "RFID数据".写入数据03_命令码[#i]; END_FOR; #SEND_PTP_LENGTH := 13; END_IF; IF #"写入数据(1-6)" = 4 THEN//写入数据04 FOR #i := 1 TO 20 DO // "RFID数据"."485写_Array"[#i] := "RFID数据".写入数据04_命令码[#i]; END_FOR; #SEND_PTP_LENGTH := 13; END_IF; IF #"写入数据(1-6)" = 5 THEN//写入数据05 FOR #i := 1 TO 20 DO // "RFID数据"."485写_Array"[#i] := "RFID数据".写入数据05_命令码[#i]; END_FOR; #SEND_PTP_LENGTH := 13; END_IF; IF #"写入数据(1-6)" = 6 THEN//写入数据06 FOR #i := 1 TO 20 DO // "RFID数据"."485写_Array"[#i] := "RFID数据".写入数据06_命令码[#i]; END_FOR; #SEND_PTP_LENGTH := 13; END_IF; END_IF;

（续）

序号	操作说明	示意图

8	添加语句，得出发送给 RFID 的读取数据命令和清空接收存储区的数据	(*==
		得出读取数据命令
		==*)
		IF #数据读取 THEN//读取数据
		    FOR #i := 1 TO 20 DO
		        "RFID数据"."485写_Array"[#i] := "RFID数据".读取数据_命令码[#i];
		    END_FOR;
		    #SEND_PTP_LENGTH := 9;
		END_IF;
		(*==
		清空接收的数据
		==*)
		#R_TRIG_Instance_2(CLK:="HMI".RFID.清除缓冲区命令);
		
		IF #R_TRIG_Instance_2.Q THEN
		    FOR #i := 1 TO 100 DO
		        "RFID数据"."485读_Array(中间寄存)"[#i]:=0;
		    END_FOR;
		END_IF;

9	添加指令，触发清除缓冲区的操作	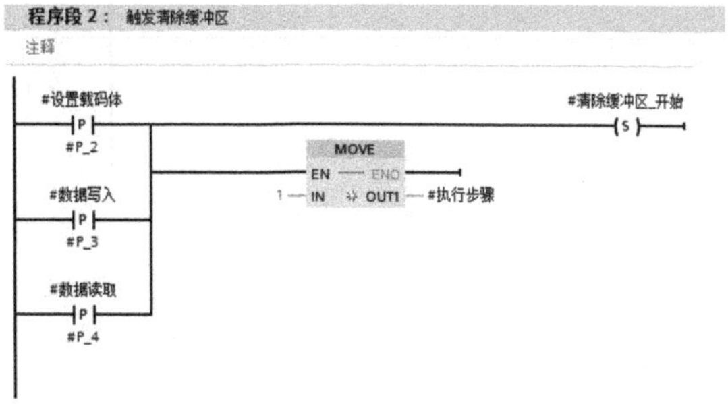 程序段 2： 触发清除缓冲区 注释 #设置载码体 P #P_2 #清除缓冲区_开始 S MOVE EN ENO 1 IN OUT1 #执行步骤 #数据写入 P #P_3 #数据读取 P #P_4
10	添加指令，执行清除缓冲区的命令	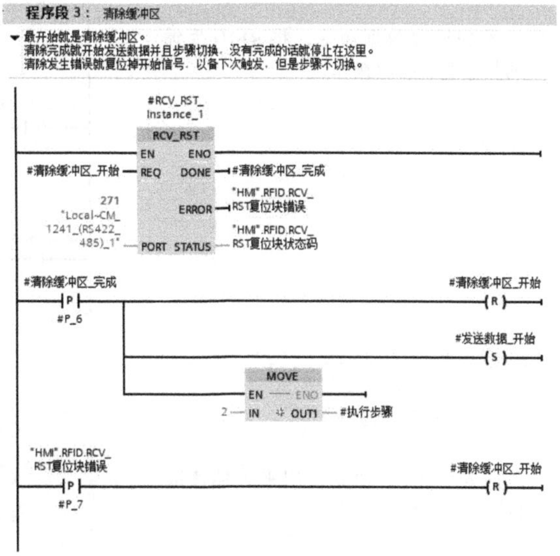 程序段 3： 清除缓冲区 最开始就是清除缓冲区。 清除完成就开始发送数据并且步骤切换，没有完成的话就停止在这里。 清除发生错误就复位掉开始信号，以备下次触发，但是步骤不切换。 #RCV_RST_ Instance_1 RCV_RST EN ENO #清除缓冲区_开始 REQ DONE #清除缓冲区_完成 271 "Local~CM_ 1241_(RS422_ 485)_1" PORT ERROR "HMI".RFID.RCV_ RST复位块错误 STATUS "HMI".RFID.RCV_ RST复位块状态码 #清除缓冲区_完成 P #P_6 #清除缓冲区_开始 R #发送数据_开始 S MOVE EN ENO 2 IN OUT1 #执行步骤 "HMI".RFID.RCV_ RST复位块错误 P #P_7 #清除缓冲区_开始 R

（续）

序号	操作说明	示意图
11	添加发送数据指令，将读取或写入命令发送给 RFID	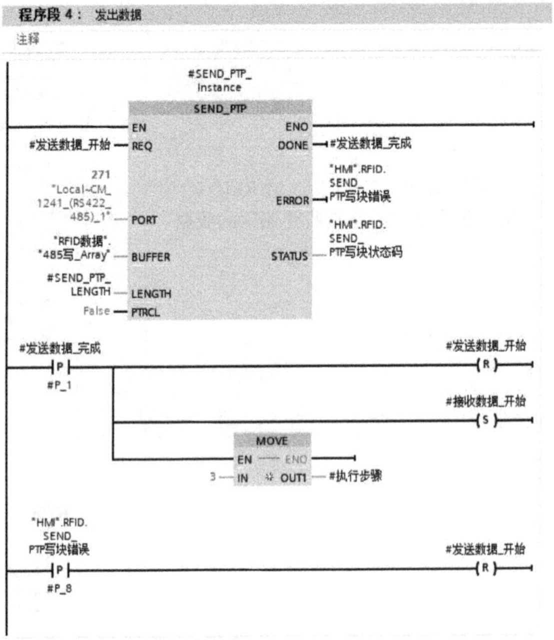 程序段 4： 发出数据 注释 #SEND_PTP_Instance SEND_PTP EN ENO #发送数据_开始 — REQ DONE — #发送数据_完成 271 "Local~CM_1241_(RS422_485)_1" — PORT ERROR — "HMI".RFID.SEND_PTP写块错误 "RFID数据"."485写_Array" — BUFFER STATUS — "HMI".RFID.SEND_PTP写块状态码 #SEND_PTP_LENGTH — LENGTH False — PTRCL #发送数据_完成 —P— #P_1 —(R)— #发送数据_开始 —(S)— #接收数据_开始 MOVE EN ENO; 3 — IN OUT1 — #执行步骤 "HMI".RFID.SEND_PTP写块错误 —P— #P_8 —(R)— #发送数据_开始
12	添加接收数据命令，将 RFID 反馈的数据进行接收操作	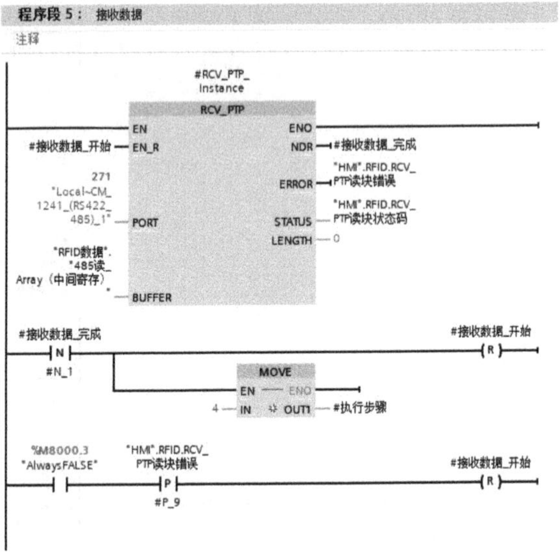 程序段 5： 接收数据 注释 #RCV_PTP_Instance RCV_PTP EN ENO #接收数据_开始 — EN_R NDR — #接收数据_完成 271 "Local~CM_1241_(RS422_485)_1" — PORT ERROR — "HMI".RFID.RCV_PTP读块错误 STATUS — "HMI".RFID.RCV_PTP读块状态码 LENGTH — 0 "RFID数据"."485读_Array（中间寄存）" — BUFFER #接收数据_完成 —N— #N_1 —(R)— #接收数据_开始 MOVE EN ENO; 4 — IN OUT1 — #执行步骤 %M8000.3 "AlwaysFALSE" — "HMI".RFID.RCV_PTP读块错误 —P— #P_9 —(R)— #接收数据_开始

13	插入“SCL”语句，用来去掉读取数据中包含的干扰信息	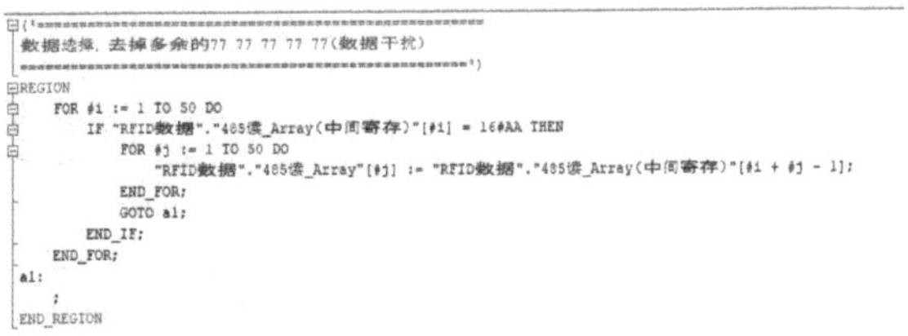 (*===
		数据选择，去掉多余的77 77 77 77 77(数据干扰)
		===*)
		REGION
		FOR #i := 1 TO 50 DO
		IF "RFID数据"."485读_Array(中间寄存)"[#i] = 16#AA THEN
		FOR #j := 1 TO 50 DO
		"RFID数据"."485读_Array"[#j] := "RFID数据"."485读_Array(中间寄存)"[#i + #j - 1];
		END_FOR;
		GOTO a1;
		END_IF;
		END_FOR;
		a1:
		;
		END_REGION

（续）

<table>
<tr><th>序号</th><th>操作说明</th><th>示意图</th></tr>
<tr><td>14</td><td>添加程序段，用来判断通信执行的当前状态</td><td>

程序段 6： 执行步骤分析

注释

<pre>
1 CASE #执行步骤 OF // 通过判断步骤的值把描述的字符串传送出来
2   0:
3   #执行步骤描述 := '0: InitialValue';
4   1:
5   #执行步骤描述 := '1: Start'; // 流程被触发
6   2:
7   #执行步骤描述 := '2: Rset'; // 清除执行完成
8   3:
9   #执行步骤描述 := '3: SendDone'; // 发送执行完成
10   4:
11   #执行步骤描述 := '4: ReceiveDone'; // 接收执行完成
12   ELSE
13   #执行步骤描述 := 'OtherValue'; // 意外值
14 END_CASE;
</pre>
</td></tr>
<tr><td>15</td><td>添加程序段，用来对读取成功后的数据进行分析</td><td>
<pre>
(*===
读取成功并分析数据
===*)
IF "RFID数据"."485读_Array"[4] = 16#68 AND "RFID错误代码bit1"
    AND "RFID错误代码bit0" = 0 AND "RFID数据"."485读_Array"[6] = 16#01 THEN
    #读取的数据 := 1;
ELSIF "RFID数据"."485读_Array"[4] = 16#68 AND "RFID错误代码bit1"
    AND "RFID错误代码bit0" = 0 AND "RFID数据"."485读_Array"[6] = 16#02 THEN
    #读取的数据 := 2;
ELSIF "RFID数据"."485读_Array"[4] = 16#68 AND "RFID错误代码bit1"
    AND "RFID错误代码bit0" = 0 AND "RFID数据"."485读_Array"[6] = 16#03 THEN
    #读取的数据 := 3;
ELSIF "RFID数据"."485读_Array"[4] = 16#68 AND "RFID错误代码bit1"
    AND "RFID错误代码bit0" = 0 AND "RFID数据"."485读_Array"[6] = 16#04 THEN
    #读取的数据 := 4;
ELSIF "RFID数据"."485读_Array"[4] = 16#68 AND "RFID错误代码bit1"
    AND "RFID错误代码bit0" = 0 AND "RFID数据"."485读_Array"[6] = 16#05 THEN
    #读取的数据 := 5;
ELSIF "RFID数据"."485读_Array"[4] = 16#68 AND "RFID错误代码bit1"
    AND "RFID错误代码bit0" = 0 AND "RFID数据"."485读_Array"[6] = 16#06 THEN
    #读取的数据 := 6;
ELSE
    #读取的数据 := 0;
END_IF;
</pre>
</td></tr>
<tr><td>16</td><td>添加程序段，用来判断载码体是否设置成功、是否在读取范围内</td><td>
<pre>
(*===
判断载码体是否设置成功(读取数据时判断)
===*)
IF #载码体设置完成temp THEN
    IF "RFID错误代码bit7_是否需初始化" THEN
        #载码体设置完成 := 0;
    ELSE
        #载码体设置完成 := 1;
    END_IF;
END_IF;
(*===
判断载码体是否到位(读取数据时判断)
===*)
IF "RFID错误代码bit3_是否到位" THEN
    #载码体到位 := 1;
ELSE
    #载码体到位 := 0;
END_IF;
</pre>
</td></tr>
<tr><td>17</td><td>添加程序段，通过读反馈数据，判断载码体是否设置成功、写入是否成功、读取是否成功</td><td>
<pre>
(*===
判断载码体是否设置成功
===*)
IF "RFID数据"."485读_Array"[4] = 16#60 AND "RFID错误代码bit1" AND "RFID错误代码bit0" = 0 THEN
    #载码体设置完成 := 1;
    #载码体设置完成temp := 1;
END_IF;
IF "FirstScan" THEN//上电清除完成信号
    #载码体设置完成 := 0;
    #载码体设置完成temp := 0;
END_IF;
(*===
判断写入是否成功
===*)
IF "RFID数据"."485读_Array"[4] = 16#69 AND "RFID错误代码bit1" AND "RFID错误代码bit0" = 0 THEN
    #写入成功 := 1;
ELSE
    #写入成功 := 0;
END_IF;
(*===
判断读取是否成功
===*)
IF "RFID数据"."485读_Array"[4] = 16#68 AND "RFID错误代码bit1" AND "RFID错误代码bit0" = 0 THEN
    #读取成功 := 1;
ELSE
    #读取成功 := 0;
END_IF;
</pre>
</td></tr>
</table>

（续）

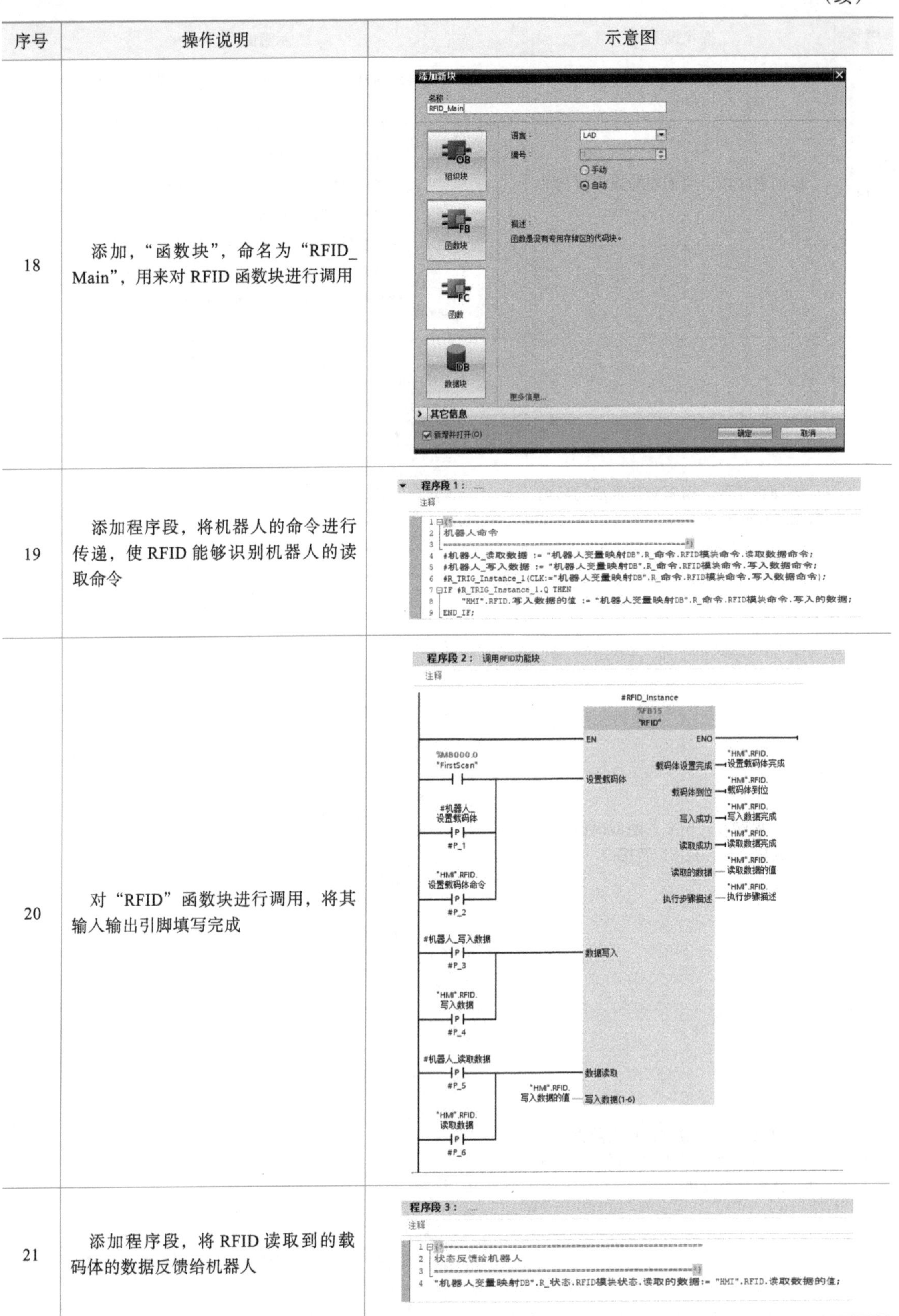

序号	操作说明	示意图
18	添加，“函数块”，命名为“RFID_Main”，用来对 RFID 函数块进行调用	
19	添加程序段，将机器人的命令进行传递，使 RFID 能够识别机器人的读取命令	
20	对“RFID”函数块进行调用，将其输入输出引脚填写完成	
21	添加程序段，将 RFID 读取到的载码体的数据反馈给机器人	

（续）

<table>
<tr><th>序号</th><th>操作说明</th><th>示意图</th></tr>
<tr><td>22</td><td>设置读取的数据反馈给机器人时使用到的相应变量</td><td>
<table>
<tr><th colspan="3">DB_PLC_STATUS</th></tr>
<tr><th>名称</th><th>数据类型</th><th>偏移量</th></tr>
<tr><td>Static</td><td></td><td></td></tr>
<tr><td>仓储快换模块状态</td><td>"仓储快换模块...</td><td>0.0</td></tr>
<tr><td>转盘模块状态</td><td>"轴状态"</td><td>2.0</td></tr>
<tr><td>变位机模块状态</td><td>"轴状态"</td><td>4.0</td></tr>
<tr><td>导轨模块状态</td><td>"轴状态"</td><td>6.0</td></tr>
<tr><td>RFID模块状态</td><td>"RFID模块状态"</td><td>8.0</td></tr>
<tr><td>预留_1</td><td>Bool</td><td>8.0</td></tr>
<tr><td>预留_2</td><td>Bool</td><td>8.1</td></tr>
<tr><td>预留_3</td><td>Bool</td><td>8.2</td></tr>
<tr><td>预留_4</td><td>Bool</td><td>8.3</td></tr>
<tr><td>预留_5</td><td>Bool</td><td>8.4</td></tr>
<tr><td>预留_6</td><td>Bool</td><td>8.5</td></tr>
<tr><td>预留_7</td><td>Bool</td><td>8.6</td></tr>
<tr><td>预留_8</td><td>Bool</td><td>8.7</td></tr>
<tr><td>读取的数据</td><td>Byte</td><td>9.0</td></tr>
<tr><td>井式供料模块状态</td><td>"井式供料模块状...</td><td>10.0</td></tr>
<tr><td>称重模块状态</td><td>Struct</td><td>12.0</td></tr>
<tr><td>装配与视觉模块状态</td><td>"装配与视觉模块...</td><td>14.0</td></tr>
<tr><td>FANUC_UOP</td><td>Struct</td><td>16.0</td></tr>
<tr><td>预留</td><td>Array[0..100] of D...</td><td>18.0</td></tr>
</table>
</td></tr>
<tr><td>23</td><td>设置机器人写入 RFID 命令时使用到的相应变量</td><td>
<table>
<tr><th colspan="3">DB_RB_CMD</th></tr>
<tr><th>名称</th><th>数据类型</th><th>偏移量</th></tr>
<tr><td>Static</td><td></td><td></td></tr>
<tr><td>仓储模块命令(占位...</td><td>Struct</td><td>0.0</td></tr>
<tr><td>转盘模块命令</td><td>"轴命令"</td><td>2.0</td></tr>
<tr><td>变位机模块命令</td><td>"轴命令"</td><td>4.0</td></tr>
<tr><td>导轨模块命令</td><td>"轴命令"</td><td>6.0</td></tr>
<tr><td>RFID模块命令</td><td>"RFID模块命令"</td><td>8.0</td></tr>
<tr><td>写入数据命令</td><td>Bool</td><td>8.0</td></tr>
<tr><td>读取数据命令</td><td>Bool</td><td>8.1</td></tr>
<tr><td>预留</td><td>Bool</td><td>8.2</td></tr>
<tr><td>预留_1</td><td>Bool</td><td>8.3</td></tr>
<tr><td>预留_2</td><td>Bool</td><td>8.4</td></tr>
<tr><td>预留_3</td><td>Bool</td><td>8.5</td></tr>
<tr><td>预留_4</td><td>Bool</td><td>8.6</td></tr>
<tr><td>预留_5</td><td>Bool</td><td>8.7</td></tr>
<tr><td>写入的数据</td><td>Byte</td><td>9.0</td></tr>
<tr><td>井式供料模块命令</td><td>"井式供料模块命...</td><td>10.0</td></tr>
<tr><td>称重模块(占位变量)</td><td>Word</td><td>12.0</td></tr>
<tr><td>装配与视觉模块命令</td><td>"装配与视觉模块...</td><td>14.0</td></tr>
<tr><td>FANUC_UOP</td><td>Struct</td><td>16.0</td></tr>
<tr><td>预留</td><td>Array[0..100] of D...</td><td>18.0</td></tr>
</table>
</td></tr>
</table>

此处，需要特别说明的是，在程序段内某一个具体的指令中，相关的程序指令可以包含多位数据信息。如，发送数据程序段 2 的“SEND_PTP”模块中，“P#DB5.DBX140.0BYTE9”读取命令实际是一种数据访问方式，“P#”指具体的数据访问地址。命令的整体含义是从“DB5”地址下的 140.0 开始访问，持续向后访问到 140.8，共 9 个字节的内容。DB5 数据块中的具体内容如图 3-5 所示。在 140.0 字节中，其起始值为“16#AA”，其中“16#”表示十六进制，“AA”为具体的数据值。因此，“P#DB5.DBX140.0BYTE9”读取命令完成后得到的具体值就是“AA 09 09 68 00 00 00 92 88”，此段字符在图尔克 RFID 系统通信中代表的含义就是 PLC 命令阅读器读取电子标签中的数据。读取数据的 PLC 程序段中响应的指令含义可由此推断得出。

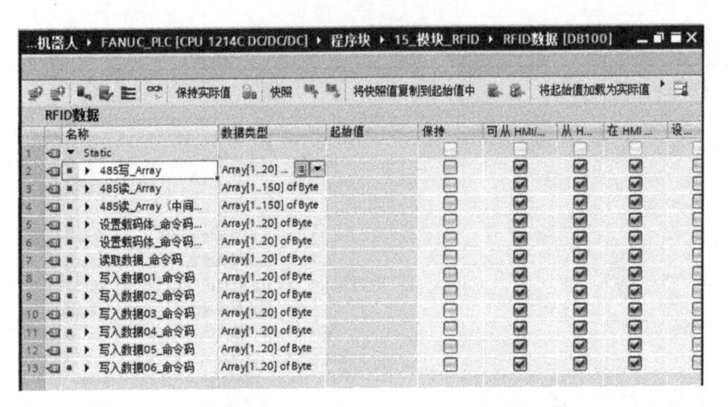

图 3-5　DB5 数据块中的具体内容

程序编写完成后，单击进入主程序 OB1，鼠标拖曳 RFID 功能块到主程序中，如图 3-6 所示。注意在 PLC 编程过程中要随时保存程序（Ctrl+S），防止程序数据丢失给任务完成带来不便。

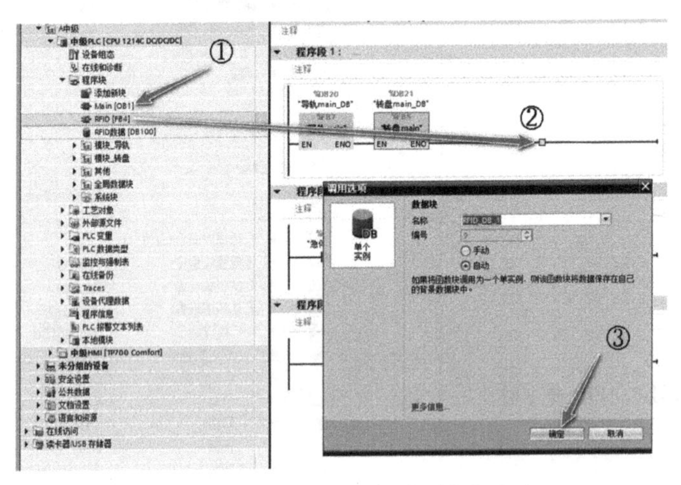

图 3-6　拖曳 RFID 功能块到主程序中

工业机器人通过其接口变量可对 RFID 对象进行相应的操作与状态反馈，RFID 模块相关命令变量说明见表 3-12。

表 3-12　RFID 模块相关命令变量说明

模块	名称	变量说明	机器人地址
05_RFID 模块	RFID 模块命令	Bit_1：写入数据（上升沿）	DO_193
		Bit_2：读取数据（上升沿）	DO_194
		Bit_3~Bit_8：预留	
		Byte_2：写入数据的值（0~255）	GO_5 组信号 地址 65~72
	RFID 模块状态	Byte_1：预留	
		Byte_2：读取数据的值（0~255）	GI_5 组信号 地址 65~72

任务评价

1. 自我评价

由学生根据学习任务完成情况进行自我评价，评分值记录于表 3-13 中。

表 3–13 自我评价表

学习任务	学习内容	配分	评分标准	扣分	得分
任务1	1. 安全意识	10 分	1）不遵守相关安全规范操作，酌情扣 2~5 分 2）有其他的违反安全操作规范的行为，扣 2 分		
	2. 掌握 RFID 的 PLC 控制程序编制	80 分	1）未能建立 PLC 函数块，每步扣 5 分 2）未能完成 RFID 的 PLC 梯形图编写，每步扣 5 分 3）未能完成 RFID 设置，每步扣 5 分		
	3. 职业规范与环境保护	10 分	1）在工作过程中工具和器材摆放凌乱，扣 3 分 2）不爱护设备、工具，不节约材料，扣 3 分 3）在完成工作后不清理现场，在工作中产生的废弃物不按规定进行处理，各扣 2 分		
总评分 =（1~3 项总分）× 40%					

2. 小组评价

由同小组的同学结合自评情况进行互评，并将评分值记录于表 3-14 中。

表 3–14 小组评价表

评价内容	配分	评分
1. 实训过程记录与自我评价情况	10 分	
2. 工业机器人 RFID 应用编程	50 分	
3. 相互帮助与协作能力	20 分	
4. 安全、质量意识与责任心	20 分	
总评分 =（1~4 项总分）× 30%		

3. 教师评价

由指导教师结合自评与互评结果进行综合评价，并将意见与评分值记录于表 3-15 中。

表 3–15 教师评价表

教师总体评价意见：	
教师评分（30 分）	
总评分 = 自我评分 + 小组评分 + 教师评分	

任务 2　变位机模块的安装测试

学习目标

1. 了解变位机模块中的电动机装配模块的组成。
2. 掌握变位机模块配置的步骤。

知识准备

变位机模块与电动机装配套件配合使用，可以将电动机放置在变位机的夹紧气缸上进行固定定位，然后再进行电动机的装配。在使用前，需要将变位机模块安装在合适位置，并连接上伺服电动机的电源线和编码器线，再将绿色端子排与设备上的端子排使用配套线缆连接起来。在使用变位机时特别要注意的是，初次上电必须手动旋转至原点位置，再进行寻原点操作，不可直接进行寻原点操作，使用时要注意防止缠绕管和信号线多次旋绕而折断，出现问题立即按下触摸屏上的停止按钮或者拍下急停按钮。使用 PLC 进行轴配置时，调试速度一定要放到最低，确保运行没有问题时，再将速度调节至合适位置。图 3-7 所示为变位机的实物。

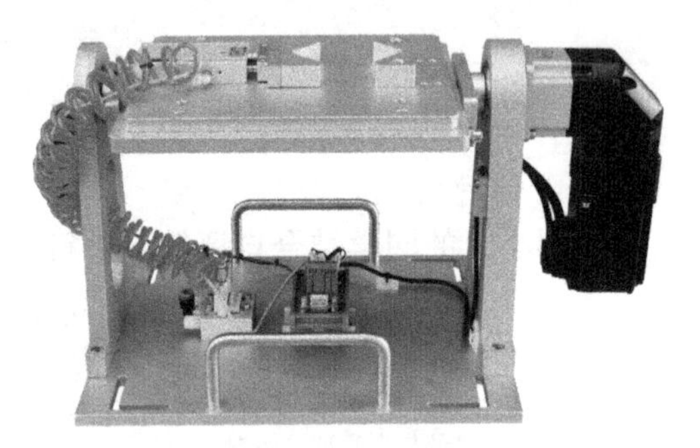

图 3-7　变位机的实物

一、Modbus 通信协议

Modbus 通信协议是应用于电子控制器上的一种通用语言。通过此协议，控制器之间、控制器经由网络（如以太网）和其他设备之间可以通信。它已经成为一种通用工业标准。此协议定义了一个控制器能认识使用的消息结构，而不管它们是经过何种网络进行通信的。

Modbus 通信协议是一种主从式异步双半工通信协议，采用主从式通信结构，可以使一个主站对应多个从站进行双向通信。它描述了一种控制器请求访问其他设备的过程，如何回应来自于其他设备的请求以及怎样侦测错误并记录，制定了消息域格局和内容的公共格式。

二、变位机模块对应机器人控制变量配置

变位机模块对应机器人的 I/O 点位见表 3-16。

表 3–16　变位机模块对应机器人的 I/O 点位

序号	信号	信号功能
1	DO［161］	轴报警复位
2	DO［162］	轴寻原点
3	DO［163］	轴停止

（续）

序号	信号	信号功能
4	DO［164］	轴运转到绝对位置 1
5	DO［165］	轴运转到绝对位置 2
6	DO［166］	轴运转到绝对位置 3
7	DI［161］	轴报警状态：0 为无报警，1 为发生报警
8	DI［162］	轴回原点状态：0 为未回原点，1 为回原点完成
9	DI［163］	轴运行状态：0 为停止状态，1 为运行中
10	DI［164］	轴位置 1 状态：0 为不在此位置，1 为到达此位置
11	DI［165］	轴位置 2 状态：0 为不在此位置，1 为到达此位置
12	DI［166］	轴位置 3 状态：0 为不在此位置，1 为到达此位置

任务实施

变位机模块配置

变位机模块配置步骤见表 3-17。

表 3-17　变位机模块配置步骤

序号	操作说明	示意图
1	使用博图 V15.1 软件，连接至 S7-1200 PLC，新建一个空的模板，进行在线上传。配置好 PLC 型号后，选择“运动控制”，选择轴并命名	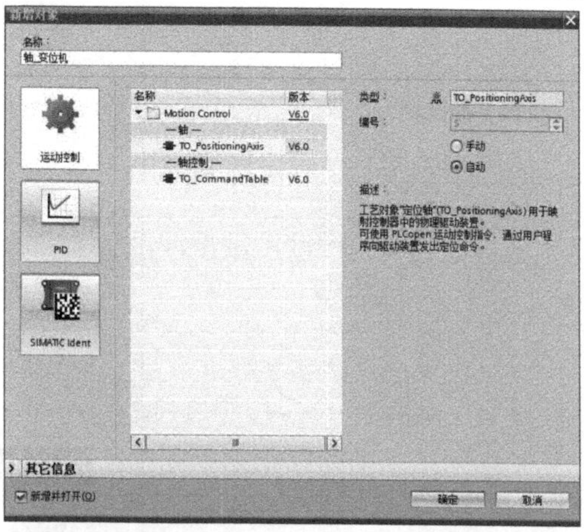
2	选择测量单位	

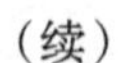
（续）

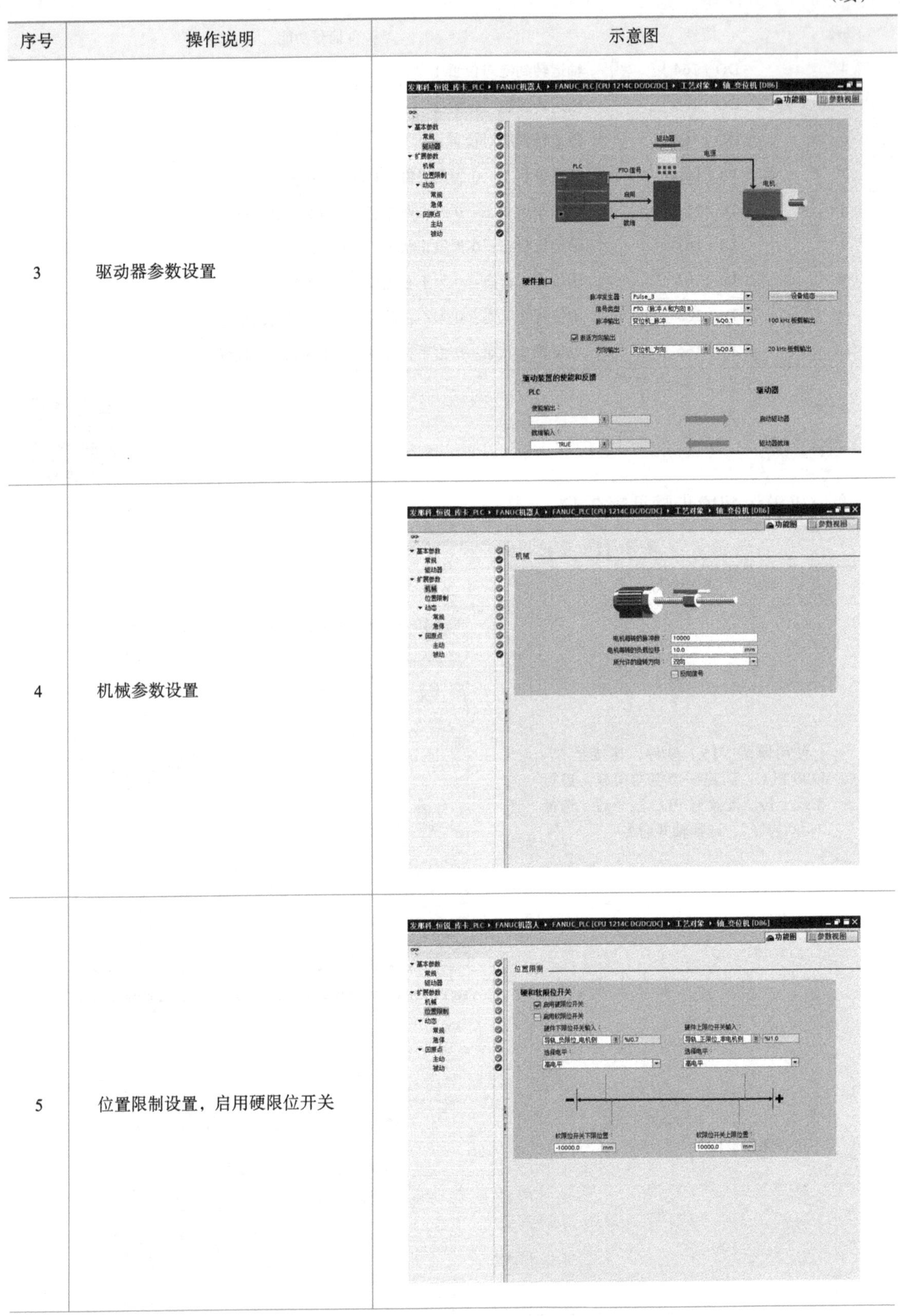

序号	操作说明	示意图
3	驱动器参数设置	
4	机械参数设置	
5	位置限制设置，启用硬限位开关	

（续）

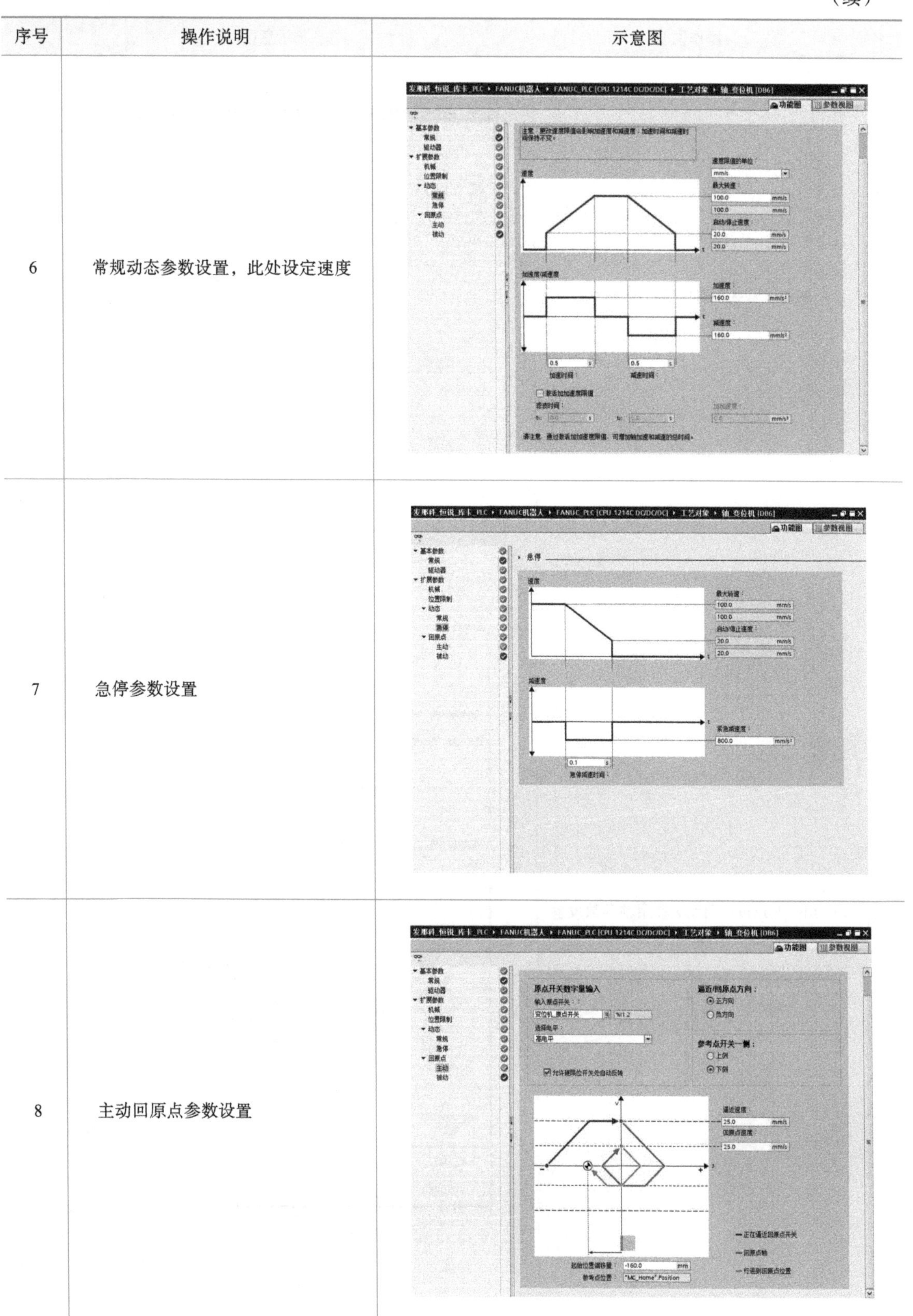

序号	操作说明	示意图
6	常规动态参数设置，此处设定速度	
7	急停参数设置	
8	主动回原点参数设置	

（续）

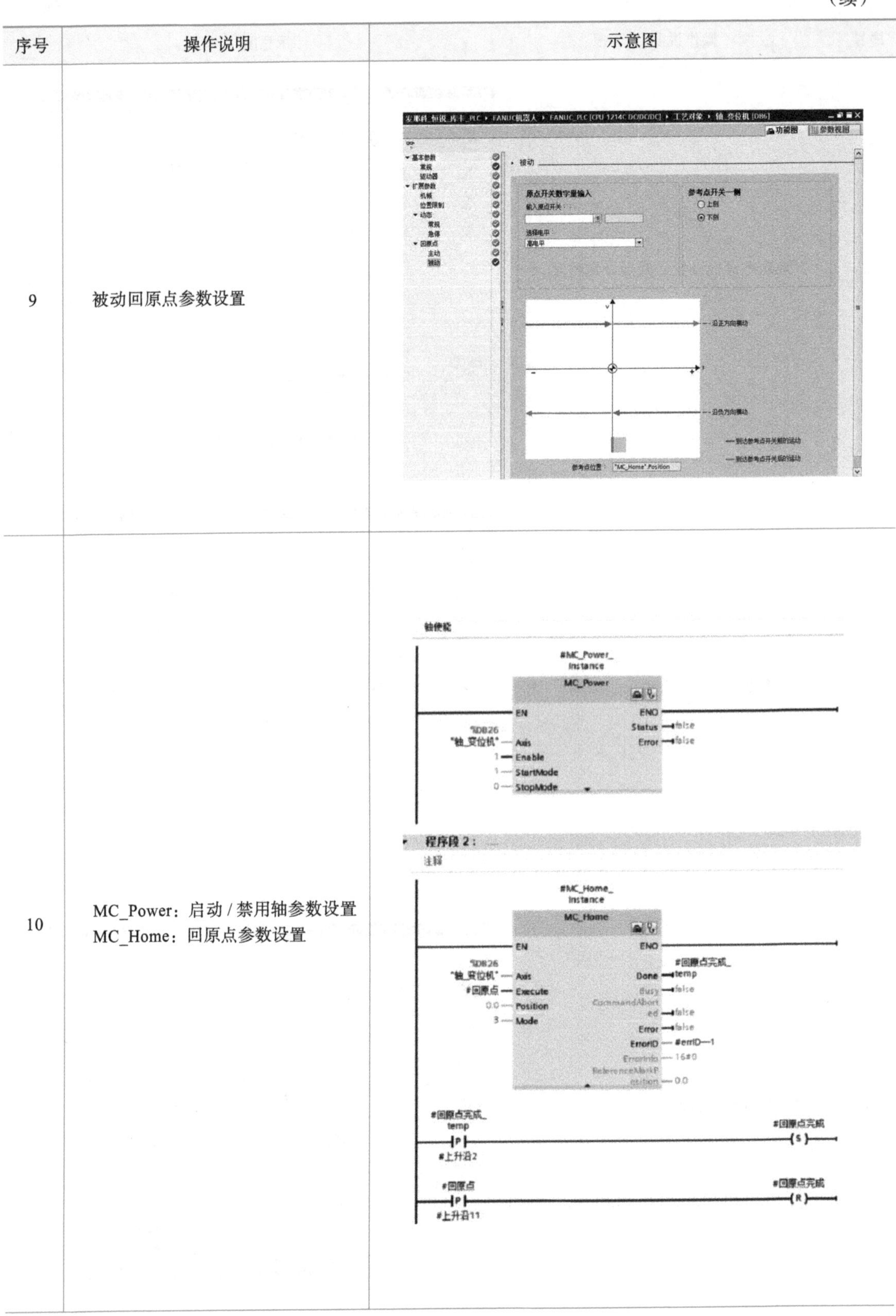

序号	操作说明	示意图
9	被动回原点参数设置	
10	MC_Power：启动 / 禁用轴参数设置 MC_Home：回原点参数设置	

（续）

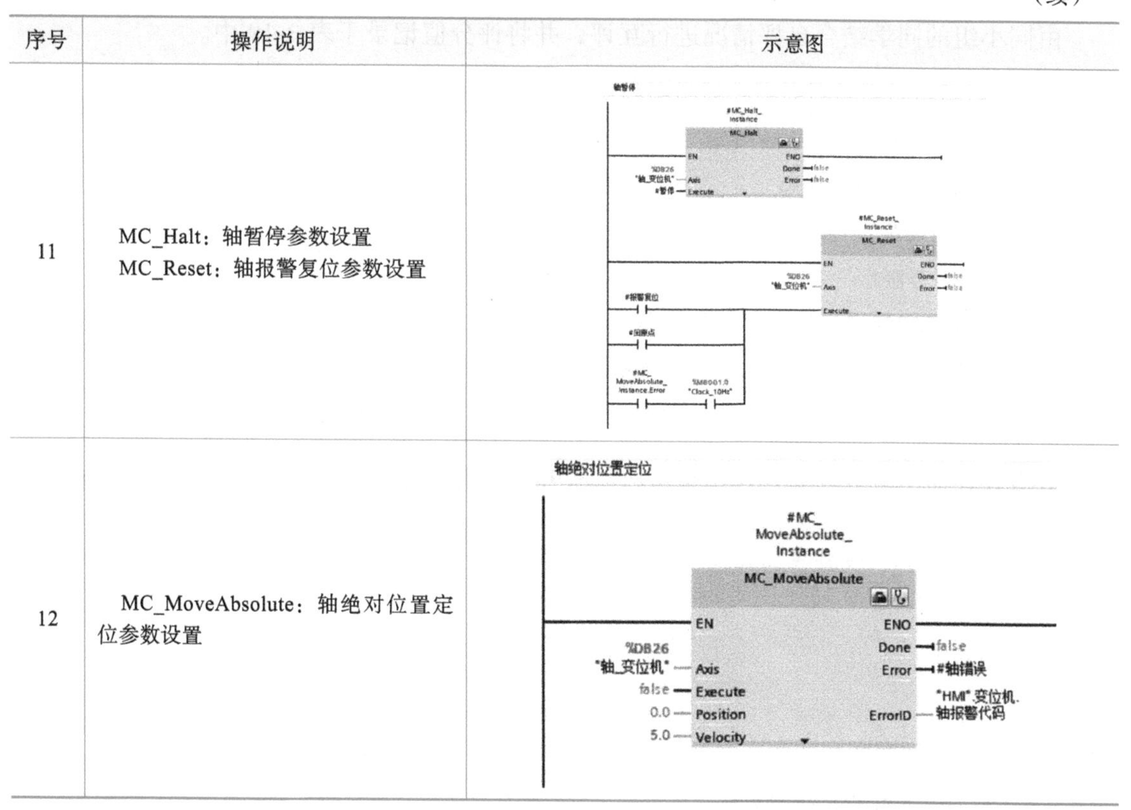

序号	操作说明	示意图
11	MC_Halt：轴暂停参数设置 MC_Reset：轴报警复位参数设置	
12	MC_MoveAbsolute：轴绝对位置定位参数设置	

任务评价

1. 自我评价

由学生根据学习任务完成情况进行自我评价，评分值记录于表 3-18 中。

表 3-18　自我评价表

学习任务	学习内容	配分	评分标准	扣分	得分
任务2	1. 安全意识	10 分	1）不遵守相关安全规范操作，酌情扣 2~5 分 2）有其他的违反安全操作规范的行为，扣 2 分		
	2. 熟悉变位机模块单元的配置	60 分	1）未完成变位机模块的正确安装，每步扣 5 分 2）未完成驱动电动机的电源线、编码器线和信号线的正确连接，每步扣 5 分 3）未完成博图 V15.1 的相关轴配置，每步扣 5 分		
	3. 正确配置 I/O 信号	20 分	未能正确使用 I/O 信号，每步扣 5 分		
	4. 职业规范与环境保护	10 分	1）在工作过程中工具和器材摆放凌乱，扣 3 分 2）不爱护设备、工具，不节约材料，扣 3 分 3）在完成工作后不清理现场，在工作中产生的废弃物不按规定进行处理，各扣 2 分		
总评分 =（1~4 项总分）× 40%					

2. 小组评价

由同小组的同学结合自评情况进行互评，并将评分值记录于表 3-19 中。

表 3-19　小组评价表

评价内容	配分	评分
1. 实训过程记录与自我评价情况	30 分	
2. 变位机模块的设置	30 分	
3. 相互帮助与协作能力	20 分	
4. 安全、质量意识与责任心	20 分	
总评分 =（1~4 项总分）× 30%		

3. 教师评价

由指导教师结合自评与互评结果进行综合评价，并将意见与评分值记录于表 3-20 中。

表 3-20　教师评价表

教师总体评价意见：	
教师评分（30 分）	
总评分 = 自我评分 + 小组评分 + 教师评分	

任务 3　基于 RFID 的电动机装配工作站应用编程

学习目标

1. 掌握机器人的 FOR 循环、IF 判断等指令。
2. 掌握机器人的点位示教。
3. 掌握机器人的 I/O 指令。
4. 掌握机器人程序的调用指令。
5. 掌握 RFID 在机器人中的应用。

知识准备

一、电动机装配工作站准备

1. 电动机装配工作站的组成

电动机装配工作站包含六轴工业机器人、变位机模块、三套夹具、旋转供料模块、电动机装配模块、RFID 模块、立体库模块等。这些模块可快速拆卸、组合和更换，根据训练任务的不同可单独使用，也可自由组合使用，从而达到装配训练的目的。本任务选用的为一套完整的电动机装配模块、RFID 模块以及立体库模块。将选用的模块在桌面上合适位置安装好，将三个手爪分别放入 1、3、4 号夹具库位内。图 3-8 所示为电动机装配工作站（带变位机）组成示意图。

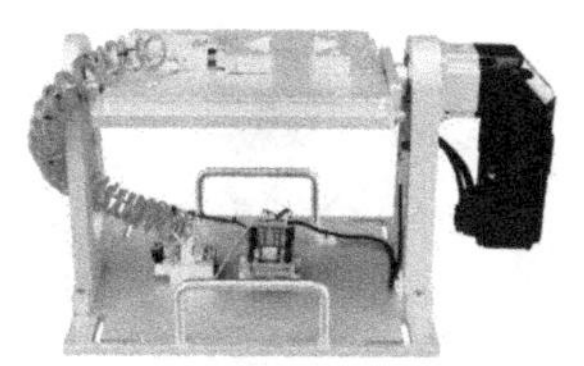
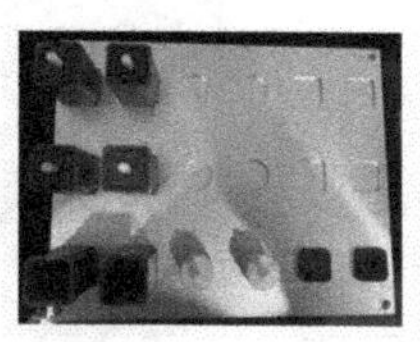

图 3-8 电动机装配工作站（带变位机）组成示意图

2. 电动机装配工作站桌面布局

带变位机电动机装配工作站布局如图 3-9 所示，也可以根据自己的想法进行不同的桌面布局，模块不变，其编程原理不变。

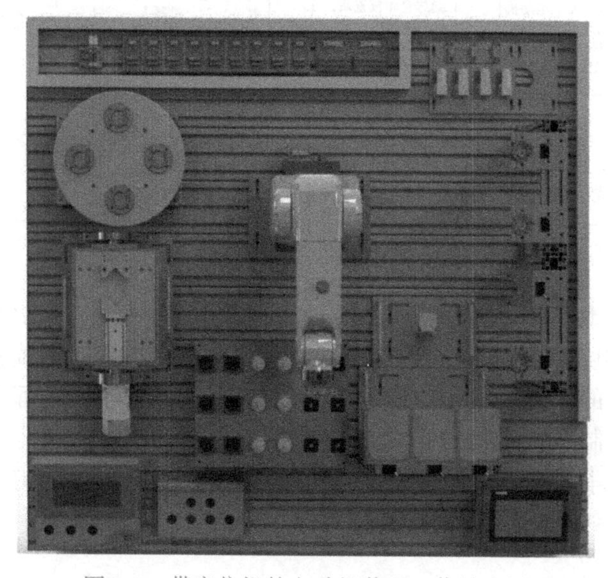

图 3-9 带变位机的电动机装配工作站布局

二、工业机器人智能仓储

工业机器人智能仓储的主要功能如下：

1）提供生产实践所需的物料库位。

2）检测仓储各位置的状态（有、无物料）。

3）检测当前物料应该放置的库位。

4）对需要入库的物料进行自动分拣入库。

工业机器人智能仓储的组成如图 3-10 所示，智能仓储包含立体库模块和 RFID 模块，而在立体库模块中，每一个物料存储位置上都安装有物料传感器，用以检测当前存储位置上是否存有物料。

三、工业机器人智能仓储的工作过程

RFID 系统进行电子标签数据的读取，通过读取不同的数据，进行分拣入库。生产过程中，RFID 电子标签贴附于物料上，当机器人抓取物料靠近 RFID 阅读器时，阅读器可以读取电子标签的物料信息，控制系统根据物料信息做出相应逻辑判断，并向机器人发送动作指令，将物料放入关联的仓储单元中。

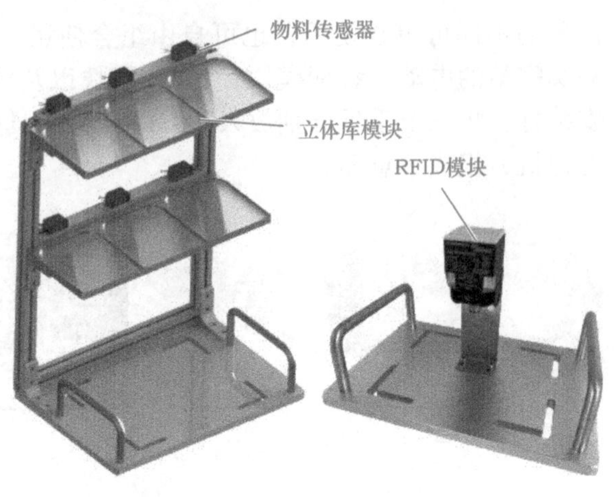

图 3-10　工业机器人智能仓储的组成

本次任务中，需要将装配好的四套电动机模型通过机器人的抓取、RFID 检测及反馈，使得机器人控制系统能够判断当前抓取的电动机所放置的精确库位，进行正确的电动机模型入库任务。工业机器人智能仓储工作流程如图 3-11 所示。

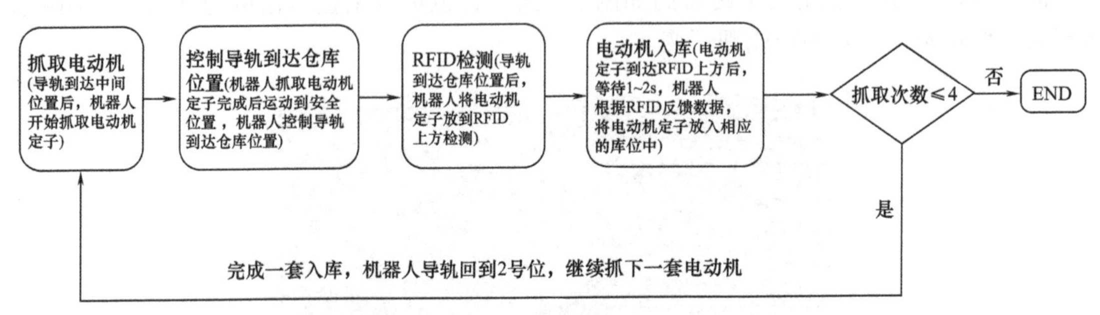

图 3-11　工业机器人智能仓储工作流程

（1）智能仓储基本工作过程　物料（电动机模型）在入库前，已经被随机贴上了 RFID 电子标签，电子标签中都已写入了立体库位号信息，通过 RFID 阅读器对电动机模型的检测，获取电子标签中的库位号信息，并显示在人机交互界面，同时库位号信息也会传递给机器人控制系统，控制系统进行分析判断后发出指令，让机器人将电动机模型精准地放入到相对应的库位。在本任务中，要求将装配好的四套无规则放置的电动机模型分别放入对应的库位，如图 3-12~ 图 3-14 所示。

图 3-12　电动机模型

图 3-13　电动机上的电子标签

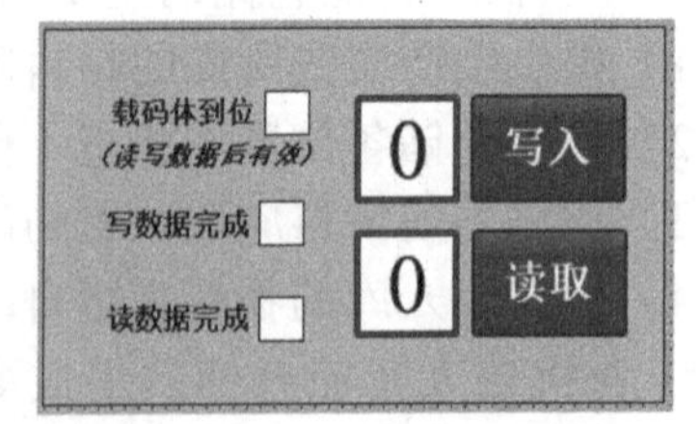

图 3-14　电子标签数值显示

（2）RFID 检测　机器人抓取已经装配完成的电动机成品，进行 RFID 检测，当 RFID 阅读器检测到电动机时，RFID 阅读器上的指示灯光会以一定频率闪烁，如图 3-15 所示。

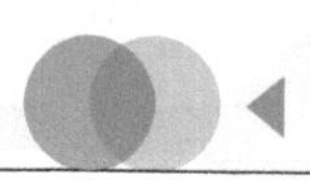

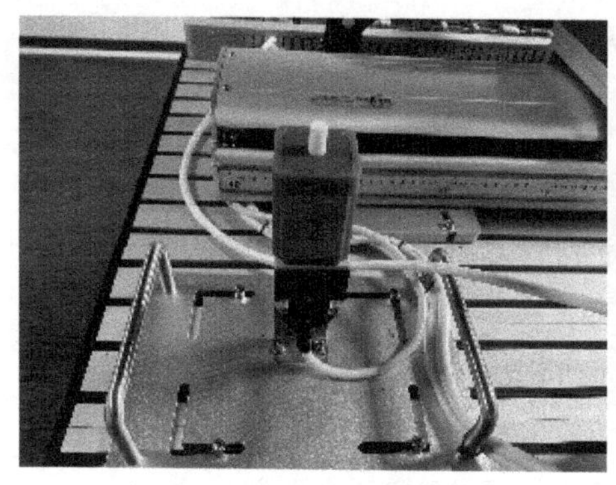

a）RFID 阅读器读取电动机电子标签

b）电动机被准确放入仓库

图 3-15　RFID 检测

若想实现机器人准确放置物料的任务，在 RFID 检测环节中，必须让 RFID 系统和机器人之间进行相关信号交互，如图 3-16 所示。RFID 反馈给机器人的信号定义如下。

GI［5］=1_RFID 数据为 1；

GI［5］=2_RFID 数据为 2；

GI［5］=3_RFID 数据为 3；

GI［5］=4_RFID 数据为 4。

其中，GI［5］为 RFID 阅读器反馈给机器人 PLC 的信号，若 GI［5］=1，则表示物料信息为 1，PLC 会将此物料信息传递给机器人，机器人进行相关动作。其他信号的定义和理解以此类推。

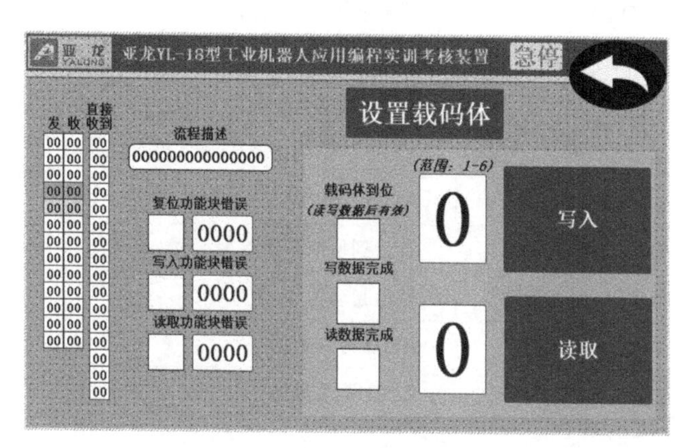

图 3-16　RFID 系统与机器人的相关信号交互

四、电动机装配工作站输入输出信号

1. 带变位机的电动机装配涉及指令

1）机器人输出信号。

RO［1］=ON/OFF：用于置位和复位机器人专用 I/O 信号。

2）扩展数字量输出信号。

DO［115］=ON/OFF：用于置位和复位机器人数字 I/O 信号。

3）程序调用指令。

CALL：机器人程序调用指令。

4）等待指令。

WAIT：等待指令，可等待时间，也可等待信号。

5）条件判断指令。

IF：判断指令。

2. 带变位机的电动机装配输入输出信号点位

在带变位机的电动机装配的硬件配置完成后，需要将所需的输入输出点位进行配置，带变位机电动机装配编程输入 / 输出信号见表 3-21。

表 3-21 带变位机的电动机装配编程输入 / 输出信号

序号	信号	信号功能
1	DI［164］	变位机到达 1 号位置
2	DI［165］	变位机到达 2 号位置
3	DI［166］	变位机到达 3 号位置
4	DO［164］	变位机去 1 号位置
5	DO［165］	变位机去 2 号位置
6	DO［166］	变位机去 3 号位置
7	DO［167］	变位机回原点
8	DO［241］	装配气缸推紧
9	DI［241］	装配气缸后限位
10	RO［1］	机器人快换夹具信号
11	RO［3］	机器人手爪夹具信号
12	GI［5］=1	RFID 数据为 1
13	GI［5］=2	RFID 数据为 2
14	GI［5］=3	RFID 数据为 3
15	GI［5］=4	RFID 数据为 4
16	DO［152］	转盘到位信号清除
17	DO［137］	转盘起动信号
18	DO［193］	RFID 写入数据
19	DO［194］	RFID 读取数据

任务实施

在编程前要确认机器人动作，主要动作流程如下：

1）机器人沿着运动导轨从起始位置移动到夹具库位置，并选择相应夹具。

2）机器人在任意位置夹取物料（电动机模型）。

3）机器人移动到 RFID 检测位置并将物料贴近 RFID 阅读器进行信息识别。

4）机器人将物料送入 RFID 所识别的对应的仓储位置。

5）重复过程 1~4，直至物料入库任务完成。

6）机器人移动至夹具库位置并放回夹具，调整姿态至起始姿态。

7）机器人沿着运动导轨返回起始位置。

在进行编程分析时，首先可以进行程序拆解，利用多个子程序搭建具体动作内容，最后由主程序搭建逻辑框架。这种主、子程序的编程方式能够使得编程过程中主程序的逻辑清晰，同时方便检查程序和修改程序。智能仓储编程的思路可以概括为分块编程，先编动作，再加逻辑。分块编程的含义就是按照动作的完成阶段，进行每一阶段分别编程；“先编动作，再编逻辑”的含义就是在分块编程时，先把机器人动作程序编写出来，然后在动作程序的基础上编写主程序，构建整个项目任务的逻辑，最终完成智能仓储的程序编制。

在本任务中机器人的“动作”主要有抓电动机、RFID 检测、入库等三个“块”，下面分别对每一“块”动作内容进行编程。

带变位机的电动机装配程序分为主程序和 17 个子程序，具体程序见表 3-22。

表 3-22　带变位机的电动机装配程序

主程序：RSR0001 程序名称	子程序 2：PICKTOOL4（抓取 4 号夹具）
[1] CALL INITIALIZE　调用初始化程序数据子程序 [2] CALL PICKTOOL4　调用抓取 4 号夹具子程序 [3] CALL PICKDJZP　调用抓取电动机外壳至变位机子程序 [4] CALL PLACETOOL4　调用放置 4 号夹具子程序 [5] CALL PICKTOOL1　调用抓取 1 号夹具子程序 [6] CALL PICKZZ　调用抓取电动机转子子程序 [7] CALL PLACETOOL1　调用放置 1 号夹具子程序 [8] CALL PICKTOOL2　调用抓取 2 号夹具子程序 [9] CALL PICKGZ　调用抓取电动机盖子子程序 [10] CALL PLACETOOL2　调用放置 2 号夹具子程序 [11] CALL PICKTOOL4　调用抓取 4 号夹具子程序 [12] CALL PICKDJRK　调用电动机成品入库子程序 [13] CALL PLACETOOL4　调用放置 4 号夹具子程序 [14] J PR [19] 100% FINE　机器人回到 HOME 点 [15] END　程序执行完毕	[1] J P [1] 20% CNT100　安全点位 [2] J P [2] 100% CNT100　中间点位 [3] L P [3] 50mm/sec FINE　抓取点位 [4] RO [1:OFF] =ON　吸取 4 号夹具 [5] WAIT 1.00(sec)　等待 1s [6] L P [4] 50mm/sec FINE　抬起 4 号夹具 [7] L P [5] 100mm/sec FINE　移出 4 号夹具库 [8] L P [6] 100mm/sec FINE　抬起至安全位置 [9] L PR [19] 100mm/sec FINE　机器人回到 HOME 点 [10] END　程序结束
子程序 1：INITIALIZE（初始化程序数据）	子程序 3：PICKDJZP（抓取电动机外壳至变位机）
[1] DO [241:OFF] =OFF　复位装配气缸 [2] DO [164:OFF] =OFF　复位变位机 1 号位置 [3] DO [165:OFF] =OFF　复位变位机 2 号位置 [4] DO [166:OFF] =OFF　复位变位机 3 号位置 [5] DO [152:OFF] =OFF　清除转盘到位信号 [6] DO [137:OFF] =OFF　复位转盘起动信号 [7] DO [194:OFF] =OFF　复位 RFID 检测信号 [8] RO [1:OFF] =OFF　复位快换夹具信号 [9] RO [3:OFF] =OFF　复位手爪夹具信号 [10] J PR [19] 20% CNT100　机器人回到 HOME 点 [11] END　程序执行完毕	[1] DO [164:OFF] =ON　变位机去 1 号位置 [2] WAIT DI [164:OFF] =ON　等待变位机到达 1 号位置 [3] DO [164:OFF] =OFF　复位变位机 1 号位置 [4] J P [1] 20% CNT100　安全位置 [5] L P [2] 50mm/sec FINE　抓取位置 [6] RO [3:OFF] =ON　夹取 1 号电动机外壳 [7] WAIT 1.00(sec)　等待 1s 夹紧 [8] L P [1] 100mm/sec FINE　提取至安全位置 [9] L P [3] 100mm/sec FINE　中间位置 [10] L P [4] 100mm/sec FINE　安全位置 [11] L P [5] 100mm/sec FINE　放置位置 [12] DO [241:OFF] =ON　装配气缸夹紧 [13] WAIT 1.00(sec)　等待 1s [14] RO [3:OFF] =OFF　放置 1 号电动机外壳 [15] WAIT 1.00(sec)　等待 1s [16] L P [4] 100mm/sec FINE　移动至安全位置

（续）

子程序 4：PLACETOOL4（放置 4 号夹具）	子程序 8：PICKTOOL2（抓取 2 号夹具）
[1] J P [1] 20% FINE　　中间点位 [2] L P [2] 100mm/sec FINE　　准备移至 4 号夹具位置 [3] L P [3] 100mm/sec FINE　　进入 4 号夹具位置 [4] L P [4] 100mm/sec FINE　　到达 4 号夹具位置 [5] RO [1:OFF] =OFF　　放置 4 号夹具 [6] WAIT 1.00(sec)　　等待 1s [7] L P [5] 100mm/sec FINE　　移至安全位置 [8] END　　程序结束	[1] J P [1] 20% CNT100　　安全点位 [2] J P [2] 100% CNT100　　中间点位 [3] L P [3] 50mm/sec FINE　　抓取点位 [4] RO [1:OFF] =ON　　吸取 2 号夹具 [5] WAIT 1.00(sec)　　等待 1s [6] L P [4] 50mm/sec FINE　　抬起 2 号夹具 [7] L P [5] 100mm/sec FINE　　移出 2 号夹具库 [8] L P [6] 100mm/sec FINE　　抬起至安全位置 [9] L PR [19] 100mm/sec FINE　　机器人回到 HOME 点 [10] END　　程序结束
子程序 5：PICKTOOL1（抓取 1 号夹具）	**子程序 9：PICKGZ（抓取电动机盖子）**
[1] J P [1] 20% CNT100　　安全点位 [2] J P [2] 100% CNT100　　中间点位 [3] L P [3] 50mm/sec FINE　　抓取点位 [4] RO [1:OFF] =ON　　吸取 1 号夹具 [5] WAIT 1.00(sec)　　等待 1s [6] L P [4] 50mm/sec FINE　　抬起 1 号夹具 [7] L P [5] 100mm/sec FINE　　移出 1 号夹具库 [8] L P [6] 100mm/sec FINE　　抬起至安全位置 [9] L PR [19] 100mm/sec FINE　　机器人回到 HOME 点 [10] END　　程序结束	[1] J P [1] 20% CNT100　　安全位置 [2] L P [3] 100mm/sec FINE　　中间位置 [3] L P [5] 100mm/sec FINE　　抓取位置 [4] RO [3:OFF] =ON　　抓取电动机盖子 [5] WAIT 1.00(sec)　　等待 1s [6] L P [3] 100mm/sec FINE　　提取至安全位置 [7] L P [2] 100mm/sec FINE　　放置中间位 [8] L P [4] 100mm/sec FINE　　放置位置 [9] RO [3:OFF] =OFF　　装配电动机盖子 [10] WAIT 1.00(sec)　　等待 1s [11] L P [2] 100mm/sec FINE　　移至安全位置
子程序 6：PICKZZ（抓取电动机转子）	**子程序 10：PLACETOOL2（放置 2 号夹具）**
[1] DO [165:OFF] =ON　　变位机去 2 号位置 [2] WAIT DI [165:OFF] =ON　　等待变位机位置到达 [3] DO [165:OFF] =OFF　　复位变位机 2 号位置 [4] J P [1] 20% CNT100　　安全位置 [5] L P [3] 100mm/sec FINE　　安全位置 [6] L P [5] 100mm/sec FINE　　抓取位置 [7] RO [3:OFF] =ON　　抓取电动机转子 [8] WAIT 1.00(sec)　　等待 1s [9] L P [3] 100mm/sec FINE　　提取至安全位置 [10] L P [2] 100mm/sec FINE　　放置中间位 [11] L P [4] 100mm/sec FINE　　放置位置 [12] RO [3:OFF] =OFF　　装配电动机转子 [13] WAIT 1.00(sec)　　等待 1s [14] L P [2] 100mm/sec FINE　　移至安全位置	[1] J P [1] 20% FINE　　中间点位 [2] L P [2] 100mm/sec FINE　　准备移至 2 号夹具位置 [3] L P [3] 100mm/sec FINE　　进入 2 号夹具位置 [4] L P [4] 100mm/sec FINE　　到达 2 号夹具位置 [5] RO [1:OFF] =OFF　　放置 2 号夹具 [6] WAIT 1.00(sec)　　等待 1s [7] L P [5] 100mm/sec FINE　　移至安全位置 [8] END　　程序结束
子程序 7：（PLACETOOL1 放置 1 号夹具）	**子程序 11：PICKTOOL4（抓取 4 号夹具）**
[1] J P [1] 20% FINE　　中间点位 [2] L P [2] 100mm/sec FINE　　准备移至 1 号夹具位置 [3] L P [3] 100mm/sec FINE　　进入 1 号夹具位置 [4] L P [4] 100mm/sec FINE　　到达 1 号夹具位置 [5] RO [1:OFF] =OFF　　放置 1 号夹具 [6] WAIT 1.00(sec)　　等待 1s [7] L P [5] 100mm/sec FINE　　移至安全位置 [8] END　　程序结束	[1] J P [1] 20% CNT100　　安全点位 [2] J P [2] 100% CNT100　　中间点位 [3] L P [3] 50mm/sec FINE　　抓取点位 [4] RO [1:OFF] =ON　　吸取 4 号夹具 [5] WAIT 1.00(sec)　　等待 1s [6] L P [4] 50mm/sec FINE　　抬起 4 号夹具 [7] L P [5] 100mm/sec FINE　　移出 4 号夹具库 [8] L P [6] 100mm/sec FINE　　抬起至安全位置 [9] L PR [19] 100mm/sec FINE　　机器人回到 HOME 点 [10] END　　程序结束

（续）

子程序 12：PICKDJRK（电动机成品入库）	子程序 14：WAREHOUSE1（1 号库位子程序）
[1] DO [164:OFF] =ON　变位机去 1 号位置 [2] WAIT DI [164:OFF] =ON　等待变位机位置到达 [3] DO [164:OFF] =OFF　复位变位机 1 号位置 [4] J P [1] 20% FINE　安全位置 [5] L P [3] 100mm/sec FINE　中间位置 [6] L P [5] 100mm/sec FINE　抓取位置 [7] RO [3:OFF] =ON　抓取电动机成品 [8] WAIT 1.00(sec)　等待 1s [9] DO [241:OFF] =OFF　气缸缩回 [10] WAIT DI [241:OFF] =ON　等待气缸缩回到位 [11] L P [3] 100mm/sec FINE　提取至安全位置 [12] L P [2] 100mm/sec FINE　检测中间位 [13] L P [4] 100mm/sec FINE　检测位置 [14] DO [194:OFF] =ON　开启 RFID 检测 [15] L P [7] 100mm/sec FINE　进行 RFID 检测（距离阅读器 2mm 高度处前后移动一下） [16] WAIT 2.00(sec)　等待 2s [17] L P[8] 100mm/sec FINE　检测完毕，移至安全位置 [18] IF GI [5] =1,CALL WAREHOUSE1　如果检测的结果为 GI [5] =1，则入 1 号库（调用 1 号库位子程序） [19] IF GI [5] =2,CALL WAREHOUSE2　如果检测的结果为 GI [5] =2，则入 2 号库（调用 2 号库位子程序） [20] IF GI [5] =3,CALL WAREHOUSE3　如果检测的结果为 GI [5] =3，则入 3 号库（调用 3 号库位子程序） [21] IF GI [5] =4,CALL WAREHOUSE4　如果检测的结果为 GI [5] =4，则入 4 号库（调用 4 号库位子程序） [22] ENDFOR　循环结束 [23] J PR [19] 20% FINE　机器人回到 HOME 点 [24] END　程序结束	[1] L P [1] 100mm/sec FINE　安全位置 [2] L P [2] 100mm/sec FINE　放置位置 [3] RO [3:OFF] =OFF　放入 1 号库位 [4] WAIT 1.00(sec)　等待 1s [5] L P [3] 100mm/sec FINE　退出 1 号库位 [6] L PR [19] 100mm/sec FINE　机器人回到 HOME 点 [7] DO [194:OFF] =OFF　关闭 RFID 检测
子程序 13：PLACETOOL4（放置 4 号夹具）	**子程序 15：WAREHOUSE2（2 号库位子程序）**
[1] J P [1] 20% FINE　中间点位 [2] L P [2] 100mm/sec FINE　准备移至 4 号夹具位置 [3] L P [3] 100mm/sec FINE　进入 4 号夹具位置 [4] L P [4] 100mm/sec FINE　到达 4 号夹具位置 [5] RO [1:OFF] =OFF　放置 4 号夹具 [6] WAIT 1.00(sec)　等待 1s [7] L P [5] 100mm/sec FINE　移至安全位置 [8] END　程序结束	[1] L P [1] 100mm/sec FINE　安全位置 [2] L P [2] 100mm/sec FINE　放置位置 [3] RO [3:OFF] =OFF　放入 2 号库位 [4] WAIT 1.00(sec)　等待 1s [5] L P [3] 100mm/sec FINE　退出 2 号库位 [6] L PR [19] 100mm/sec FINE　机器人回到 HOME 点 [7] DO [194:OFF] =OFF　关闭 RFID 检测

（续）

子程序 16：WAREHOUSE3（3 号库位子程序）	子程序 17：WAREHOUSE4（4 号库位子程序）
[1] L P [1] 100mm/sec FINE　安全位置 [2] L P [2] 100mm/sec FINE　放置位置 [3] RO [3:OFF] =OFF　放入 3 号库位 [4] WAIT 1.00(sec)　等待 1s [5] L P [3] 100mm/sec FINE　退出 3 号库位 [6] L PR [19] 100mm/sec FINE　机器人回到 HOME 点 [7] DO [194:OFF] =OFF　关闭 RFID 检测	[1] L P [1] 100mm/sec FINE　安全位置 [2] L P [2] 100mm/sec FINE　放置位置 [3] RO [3:OFF] =OFF　放入 4 号库位 [4] WAIT 1.00(sec)　等待 1s [5] L P [3] 100mm/sec FINE　退出 4 号库位 [6] L PR [19] 100mm/sec FINE　机器人回到 HOME 点 [7] DO [194:OFF] =OFF　关闭 RFID 检测

任务评价

1. 自我评价

由学生根据学习任务完成情况进行自我评价，评分值记录于表 3-23 中。

表 3-23　自我评价表

学习任务	学习内容	配分	评分标准	扣分	得分
任务 3	1. 安全意识	10 分	1）不遵守相关安全规范操作，酌情扣 2~5 分 2）有其他的违反安全操作规范的行为，扣 2 分		
	2. 完成基于 RFID 的电动机装配应用编程	60 分	1）未完成电动机装配工作站的正确安装，每步扣 2 分 2）未完成工作单元的配置与通信连接，每步扣 2 分 3）未完成装配主程序的编写及调用，每步扣 2 分 4）未完成装配子程序的编写，每个扣 3 分		
	3. 模块编程及概念理解	20 分	1）未正确使用 I/O 信号，每个扣 1 分 2）未正确使用编程指令导致发生碰撞，每步扣 2 分 3）未正确使用其他指令导致程序错误，每步扣 2 分		
	4. 职业规范与环境保护	10 分	1）在工作过程中工具和器材摆放凌乱，扣 3 分 2）不爱护设备、工具，不节约材料，扣 3 分 3）在完成工作后不清理现场，在工作中产生的废弃物不按规定进行处理，各扣 2 分		
总评分 =（1~4 项总分）× 40%					

2. 小组评价

由同小组的同学结合自评情况进行互评，并将评分值记录于表 3-24 中。

表 3-24　小组评价表

评价内容	配分	评分
1. 训过程记录与自我评价情况	10 分	
2. 电动机装配应用编程（带行走轴）	50 分	
3. 相互帮助与协作能力	20 分	
4. 安全、质量意识与责任心	20 分	
总评分 =（1~4 项总分）× 30%		

3. 教师评价

由指导教师结合自评与互评结果进行综合评价，并将意见与评分值记录于表 3-25 中。

表 3-25　教师评价表

教师总体评价意见：	
教师评分（30 分）	
总评分 = 自我评分 + 小组评分 + 教师评分	

项目4

工业机器人产品定制应用编程

职业技能要求

工业机器人应用编程职业技能要求（中级）	
2.1.2	能够根据工作任务要求，利用扩展的模拟量信号对输送、检测等典型单元进行机器人应用编程
2.1.3	能够根据工作任务要求，通过组信号与 PLC 实现通信
2.2.2	能够根据工作任务要求，进行中断、触发程序的编制
2.2.3	能够根据工作任务要求，使用偏移、旋转等方式完成程序变换
2.3.5	能够根据工作任务要求，编制工业机器人单元人机界面程序

知识目标

1. 掌握工业机器人动作附加指令的编程应用。
2. 掌握工业机器人偏移、旋转程序的编程应用。
3. 掌握模拟 I/O 的配置及标定方法。
4. 掌握 HMI 界面的设计及应用。
5. 了解工业机器人工作站的设计及调试流程。

能力目标

1. 能够根据需求进行模块选取、平台环境搭建。
2. 能够正确应用模拟量 I/O 信号。
3. 能够根据需求进行工作站系统的 HMI 设计。
4. 能够完成产品定制系统的机电联调。
5. 能够根据任务要求，编制工业机器人 HMI 界面程序。

平台准备

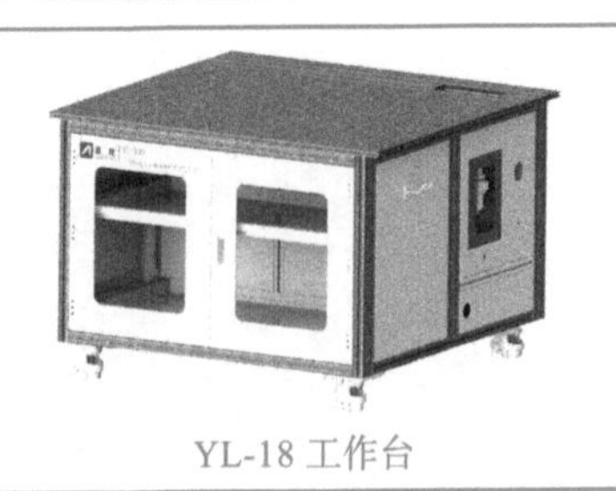 YL-18 工作台	 FANUC 工业机器人	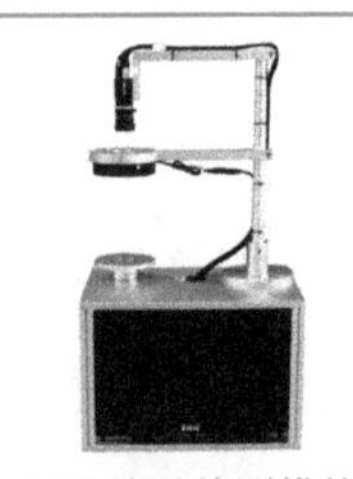 视觉称重检测模块

任务 1 工业机器人动作附加指令的应用

学习目标

1. 了解机器人动作附加指令的分类及应用场合。
2. 掌握手腕关节动作指令的应用。
3. 掌握加减速倍率指令的应用。
4. 掌握中断指令的应用。
5. 掌握预先执行指令的应用。
6. 掌握增量指令的应用。

知识准备

动作附加指令是指在机器人动作过程中使其执行特定作业的指令，动作附加指令有手腕关节动作指令（Wjnt）、加减速倍率指令（ACC）、跳过指令（Skip，LBL [i]）、工具补偿指令（Tool Offset）、直接工具补偿指令（Tool_Offset，PR [i]）、增量指令（INC）、路径指令（PTH）、预先 / 预后执行指令（TB/TA）和中断指令（BREAK）。

1. 手腕关节动作指令（Wjnt）

```
L P[1]50mm/sec FINE Wjnt
```

手腕关节动作指令指对不在轨迹控制动作中的手腕姿势进行控制，在指定直线动作、圆弧动作或者 C 圆弧动作时，使用该指令。

由此，虽然手腕的姿势在动作中发生变化，但是，不会出现由于手腕轴奇异点而造成的手腕轴反转动作，从而使工具中心沿着编程轨迹动作。

奇异点 J5=0° 时，在该位置上，机器人只能进行关节运动，若要进行直线或圆弧运动，将会出现奇异点报警：MOTN-023。

2. 加减速倍率指令（ACC）

```
J P[1]50% FINE ACC 80
```

加减速倍率指令是指定动作中加减速所需的时间的比率，实质上是一种延缓动作功能。

减小加减速倍率，加减速时间将会延长。如进行较为危险动作时，可使用该指令进行建设；增大加减速倍率，加减速时间将会缩短。通过调节加减速倍率，可使得机器人从开始位置到结束位置的移动时间缩短或者延长，可使用寄存器对加减速倍率值进行指定，加减速倍率值的范围为 0~150%。

3. 中断指令（BREAK）

```
L P[1]2000mm/sec CNT100 BREAK
```

使用中断指令 BREAK 时，紧靠 WAIT（等待）指令前的定位类型即使是 CNT，也可以使机器人在示教位置等待。

当紧靠 WAIT 指令前的动作中附加有中断指令时，下一个动作不会开始，直到 WAIT 指令的条件满足为止。因此，在 WAIT 指令的条件满足之前，机器人向着示教点动作。拐角的轨迹随 WAIT 指令的等待时间而变化。WAIT 指令的等待时间越长，机器人越是绕靠外的拐角轨迹移动。如果等待时间较长，机器人就会在示教位置 P［2］等待。有中断指令的情形如图 4-1 所示。

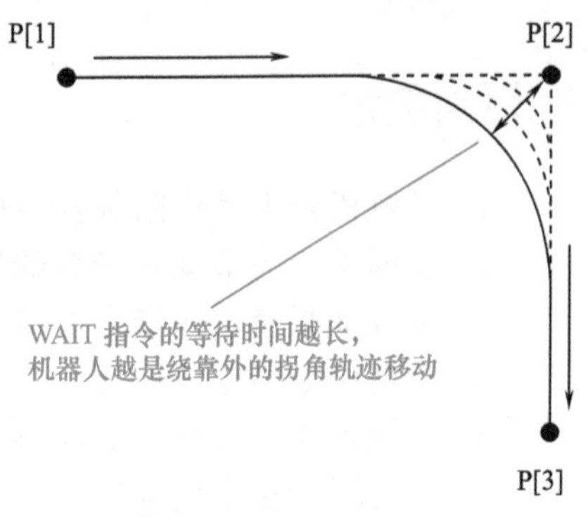

图 4-1　有中断指令的情形

例如：有中断指令程序如下所示。

```
1:J P[1]2000mm/sec FINE
2:L P[2]2000mm/sec CNT100 BREAK
3:WAIT DI[1]=ON 或 WAIT x(sec)
4:L P[3]2000mm/sec FINE
```

通常，FINE 形式在 CNT 的动作之后且有 WAIT 指令时，机器人在拐角的轨迹上减速等待，直到 WAIT 指令的条件满足为止。如图 4-2 所示，不管 WAIT 指令的等待时间如何，拐角的轨迹不变。

例如：无中断指令程序如下所示。

```
1:J P[1]2000mm/sec FINE
2:L P[2]2000mm/sec CNT100
3:WAIT DI[1]=ON 或 WAIT x(sec)
4:L P[3]2000mm/sec FINE
```

4. 预先 / 预后执行指令（TB/TA）

（1）预先 / 预后执行指令的格式及功能　在动作结束的指定时间之前或之后，从主程序调用子程序执行或进行信号输出。应用此功能可以在机器人动作过程中输出信号，消除与外围设备进行信号交换的等待时间，缩短循环时间。

通过程序上的指令，以时间（单位为 s）来指定子程序调用或者执行信号输出的执行指令的时机，即执行开始时间。动作结束时间设定为 0s。

通过程序中的指令来指定要被调用的子程序名或要输出的信号。

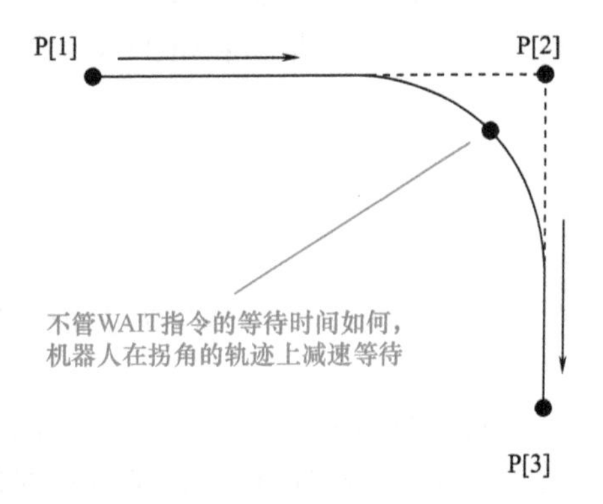

图 4-2　无中断指令的情形

预先 / 预后执行指令作为动作附加指令，对执行指令和执行开始时间都要进行示教。

其中，TB（TIME BEFORE）指动作结束前使子程序执行的情形；TA（TIME

AFTER）指动作结束后使子程序执行的情形。

在动作语句之后对执行开始时间和执行指令进行示教。可在执行指令中增加子程序调用、信号输出等功能。

指令语句为：

动作语句 —— TB / TA —— <执行开始时间> —— CALL<程序名> / 信号输出 / 点逻辑

执行开始时间：TB 为 0~30s，TA 为 0~0.5s。

例如：

```
1:J P[1]100% FINE
  :TB 1.0 sec CALL OPENHAND 1
2:J P[1]100% FINE
  :TA 0.1 sec,DI[1]=ON
3:J P[1]100% FINE
  :TA 0.1 sec,POINT_LOGIC
```

（2）执行开始时间的含义　如图 4-3 所示，由 TB 指令来指定执行开始时间为 ns 时，在动作结束的 ns 之前开始执行指令。

如图 4-4 所示，由 TA 指令来指定执行开始时间 ns 时，在动作结束的 ns 之后执行指令。

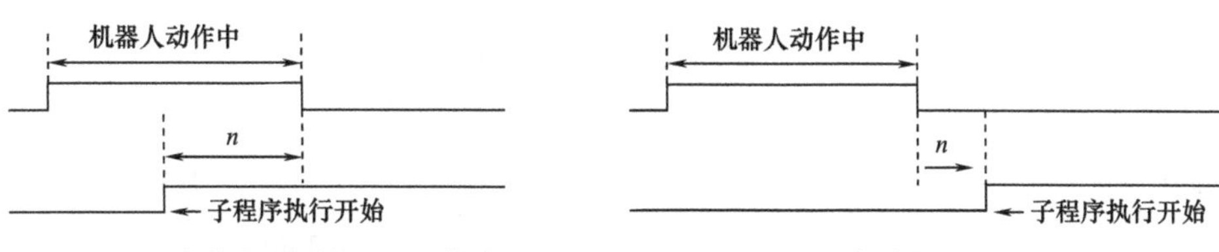

图 4-3　子程序执行的时机（TB 指令）　　图 4-4　子程序执行的时机（TA 指令）

如图 4-5 所示，由 TB 指令所指定的执行开始时间超过动作时间时，在动作开始的同时执行指令。

例如：预先 / 预后执行指令程序执行示意图如图 4-6 所示。

主程序 PNS0001

```
[1]J P[1]100% FINE
[2]J P[2]100% CNT100
TB 1.0sec CALL Open hand
[3]CALL Close hand //调用关闭夹爪子程序
```

子程序：Close hand

```
[1]DO[1]=on
```

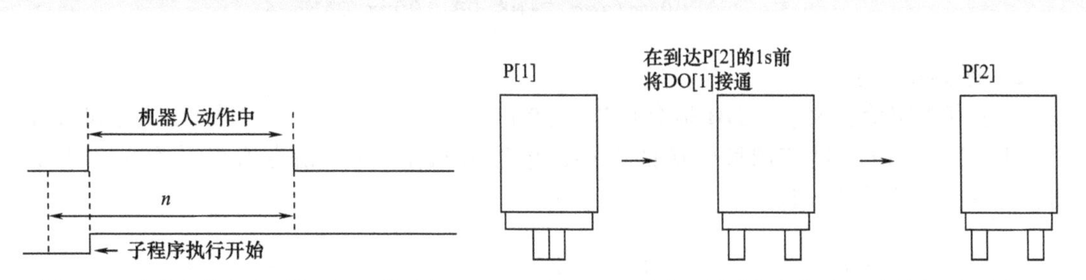

图 4-5　子程序执行的时机（TB 指令）　　图 4-6　预先 / 预后执行指令程序执行示意图

5. 先执行距离指令（DB）

该指令功能：当机器人的 TCP 到达相对动作指令目标位置所指定的距离范围时，与机器人的动作并行调用程序或进行信号输出。

例如：

```
[1]J P[1]100% FINE
[2]L P[2]1000mm/sec FINE DB 100mm,CALL A
```

如图 4-7 所示，机器人在到达 P［2］点前 100mm 处，开始并行执行程序 A。DB 指令相关参数和功能见表 4-1。

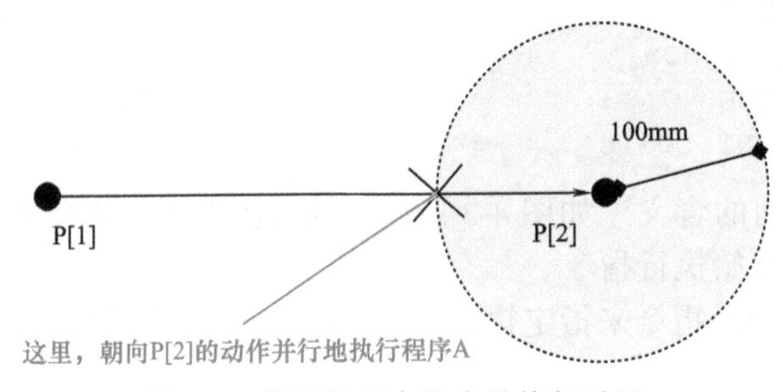

图 4-7　先执行距离指令的执行时机

表 4-1　DB 指令相关参数和功能

条目	规格	限制
指定距离	0~999.9mm	根据动作速度指定，有时指定距离与实际距离之间会有偏差
触发条件	TCP 从动作目标点进入指定距离以内区域的情形	
条件成立时，可执行的指令	信号输出（例：DO［1］=ON） CALL program（调用程序）	不能在调用程序中指定动作组，只可执行逻辑指令

使用该指令前，应设定以下系统变量：

```
$SCR_GRP[1].$M_POS_ENB=TRUE
```

（1）指令格式　动作指令 +DB 距离指定值，执行指令。

例如：

```
L P[2]1000mm/sec FINE DB 100mm,CALL A
```

（2）距离指定值

1）距离指定值含义。　DB 指令指当 TCP 进入以目标点为中心的球形区域内时，执行指令。距离指定值就是该球形区域的大小，单位为 mm。距离指定值范围为 0~999.9mm。该球形区域称为触发区域。

```
[1]L P[1]2000mm/sec FINE DB 1000mm,DO[1]=ON
[2]L P[2]2000mm/sec FINE DB 1000mm,DO[1]=ON
```

在机器人控制装置内部周期性地检测当前位置，判断 TCP 是否已进入触发区域。当检测位置进入触发区域时，执行指令，如图 4-8 所示。

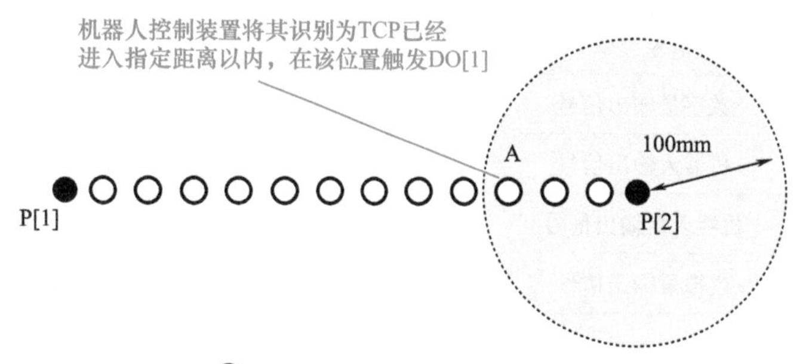

图 4-8 进入触发区域的判定

根据程序中的指令，以距离（单位为 mm）来指定调用子程序的时机，由于用控制周期间隔来计算目标点和当前位置的距离，并进行上述条件的判断，所以指定距离和指令执行的位置会出现误差（速度在 2000mm/s 以下，误差大约为 16mm）。

2）触发区域的大小。触发区域半径的确定方式如图 4-9 所示。

```
半径 =(距离指定值或 $ DB_MINDIST)+ $ DB_TOLERENCE
```

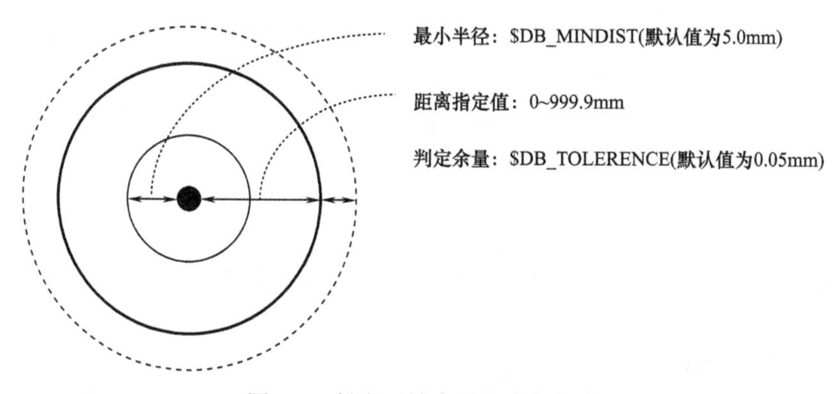

图 4-9 触发区域半径的确定方式

当距离指定值小于 $ DB_MINDIST 时，将 $ DB_MINDIST 视为距离指定值。

假设在 $ DB_MINDIST=5.0 下进行示教。

```
L P[1]2000mm/sec FINE DB 0.0mm,DO[1]=ON
```

在此情况下，机器人控制装置将其解释为 DB5.0mm，再加上 $ DB_TOLERENCE 的值，由此确定触发区域的半径。默认设定触发区域的半径为 5.05mm。

（3）执行指令　表示通过本指令执行的内容部分，有程序调用、信号输出等。

1）程序调用。当条件被触发时，执行所指定的程序。要指定程序，不能指定掩码组（在程序上将其设定为［*，*，*］）。可以将程序传递给自变量。

例如：

```
L P[2]1000mm/sec FINE DB 100mm,CALL A(1,2)
```

2）信号输出。信号输出详情见表 4-2。

表 4-2　信号输出详情

序号	信号类型	赋值形式
1	数字量输出信号	=ON/OFF
2	机器人输出信号	=R［ ］/PULSE［ ］
3	机器人组输出信号	= 常数
4	模拟量输出信号	=R［ ］

例如：

```
L P[2]1000mm/sec FINE DB 100mm,DO[1]=ON
```

6. 增量指令（INC）

增量指令 `J P[1]50% FINE INC`

增量指令将位置资料中所记录的值作为现在位置的增量移动量使机器人移动。这意味着，位置资料中已经记录有来自现在位置的增量移动量。

（1）增量条件的指定要素

1）位置资料为关节坐标值的情况下，使用关节的增量值。

2）位置资料中使用位置变量 P［i］的情况下，使用位置资料中所指定的用户坐标系号码作为基准的用户坐标系，并自动进行坐标系的核实(核实直角坐标系)。

3）位置资料中使用了位置寄存器的情况下，使用当前所选的用户坐标系作为基准的用户坐标系。

4）在合用位置补偿指令和工具补偿指令的情况下，动作语句中的位置资料的数据格式和补偿用的位置寄存器的数据格式应当一致。此时，补偿量作为所指定的增量值的补偿量来使用。

例如：增量指令 INC 的使用方法如下所示。

```
1:J P[1]100% FINE
2:L P[2]500 mm/sec FINE INC
```

（2）增量指令示教时的注意事项

1）增量指令的示教会导致位置资料成为未示教状态。

2）当进行带有增量指令的动作指令的示教时，位置资料会在未示教状态下被示教。

3）当进行带有增量指令的动作指令的位置修改时，增量指令会被自动清除。

4）当中断附加在增量指令上时，因动作语句的执行而变更了位置资料的情况下，该变更情况不会被立即反映出来。要使机器人移动到变更后的位置，需要从上一个动作语句重新执行。

任务实施

动作附加指令设置如下：

1）程序中加入 Wjnt 指令见表 4-3。

表 4-3　程序中加入 Wjnt 指令

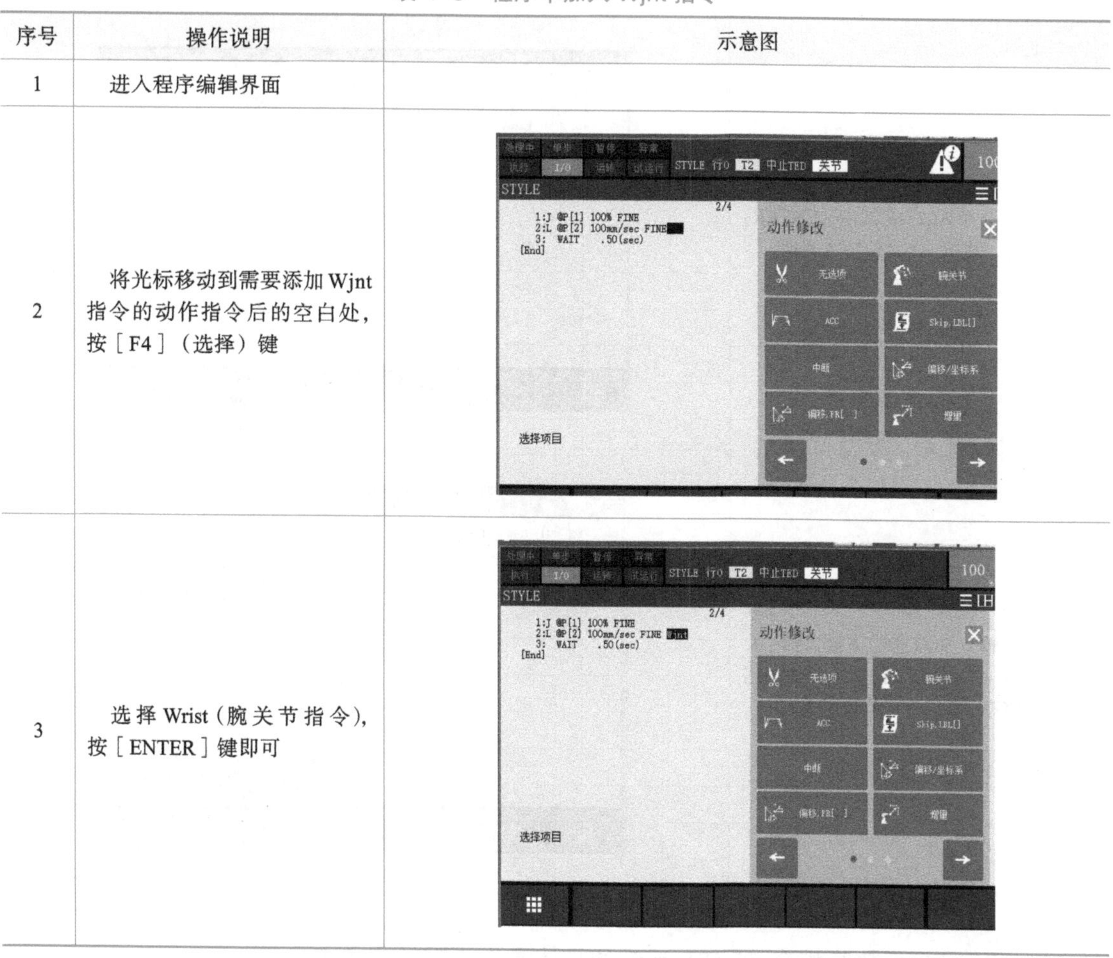

序号	操作说明	示意图
1	进入程序编辑界面	
2	将光标移动到需要添加 Wjnt 指令的动作指令后的空白处，按［F4］（选择）键	
3	选择 Wrist（腕关节指令），按［ENTER］键即可	

2）ACC 指令的编辑见表 4-4。

表 4-4　ACC 指令的编辑

序号	操作说明	示意图
1	进入程序编辑界面	
2	将光标移动到所需 ACC 指令的运动指令空白处，按［F4］（选择）键，进入附加运动指令选择界面	STYLE 行0 T2 中止TED 关节 100 STYLE 4/5 1:J P[1] 100% FINE 2:L P[2] 100mm/sec FINE Wjnt 3: WAIT .50(sec) 4:L @P[3] 100mm/sec FINE [End] 动作修改 无选项　腕关节 ACC　Skip,LBL[] 中断　偏移/坐标系 偏移,PR[ ]　增量 选择项目

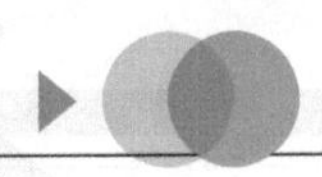

（续）

序号	操作说明	示意图
3	选择 ACC 指令，按［ENTER］键，进入 ACC 值输入界面	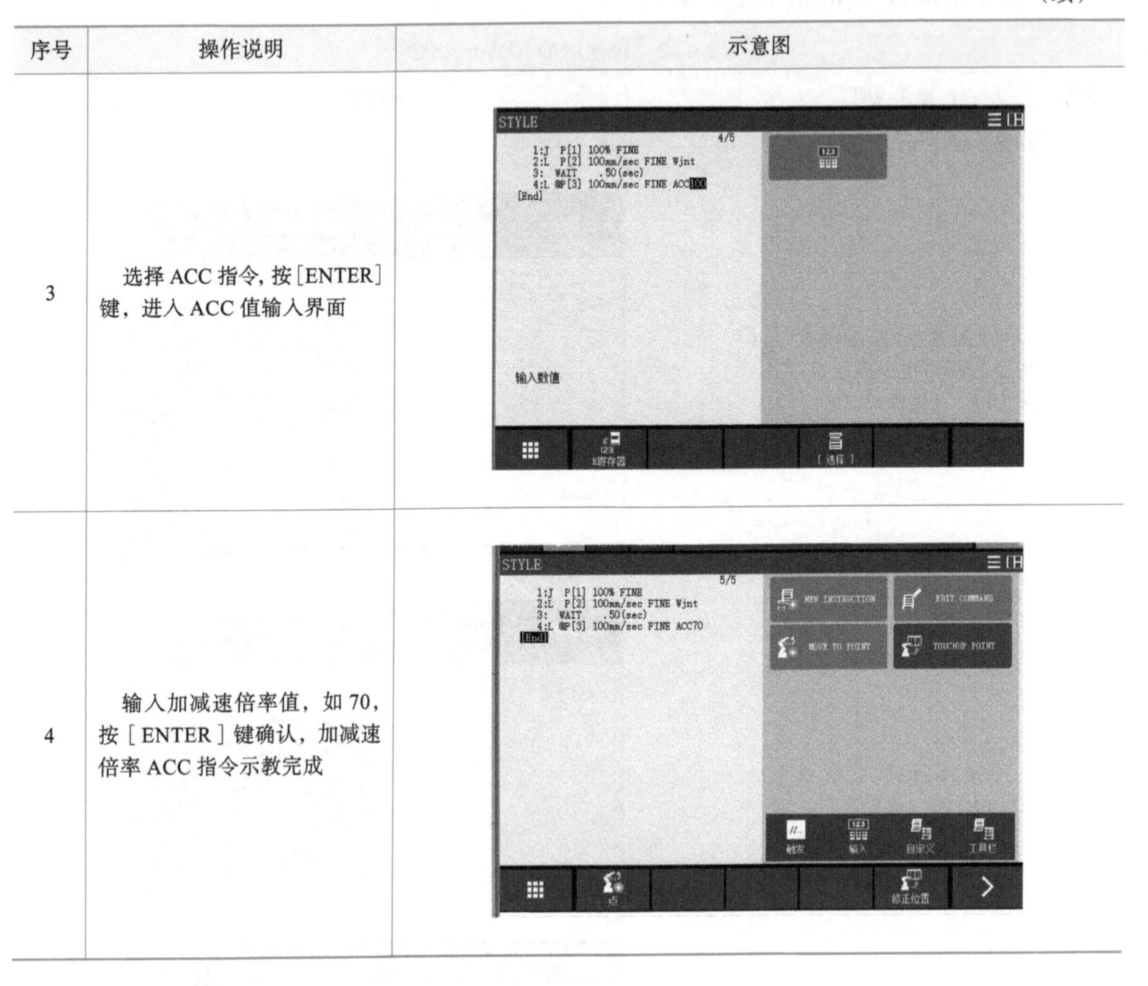
4	输入加减速倍率值，如 70，按［ENTER］键确认，加减速倍率 ACC 指令示教完成	

3）预先 / 预后执行指令 TB/TA 示教的具体操作步骤见表 4-5。

表 4-5　预先 / 预后执行指令 TB/TA 示教的具体操作步骤

序号	操作说明	示意图
1	创建程序，输入一行关节运动指令，将光标移动到动作附加指令示教区域（动作指令后的空白处）	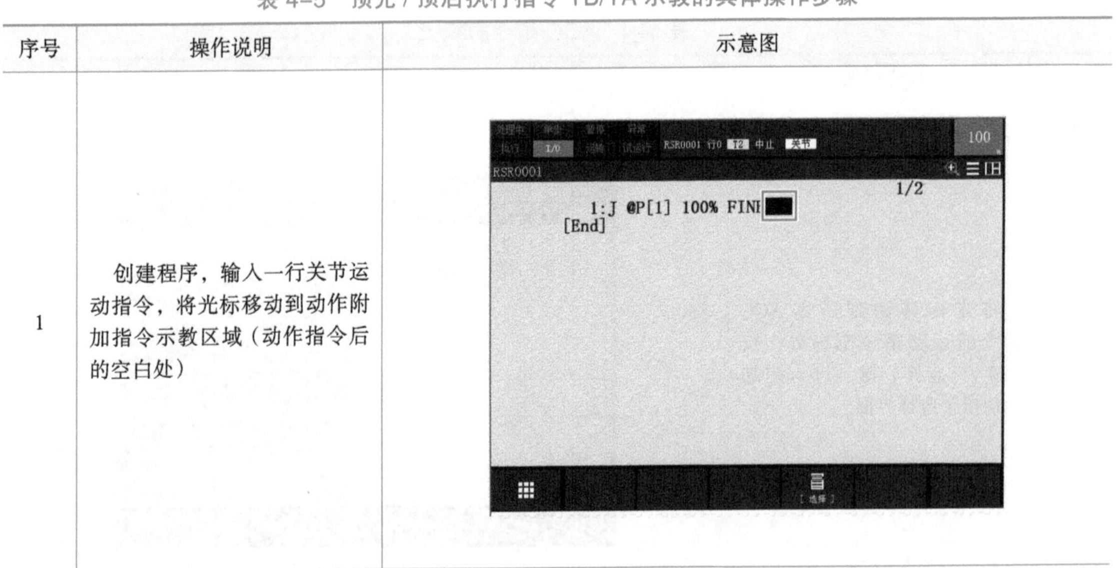

（续）

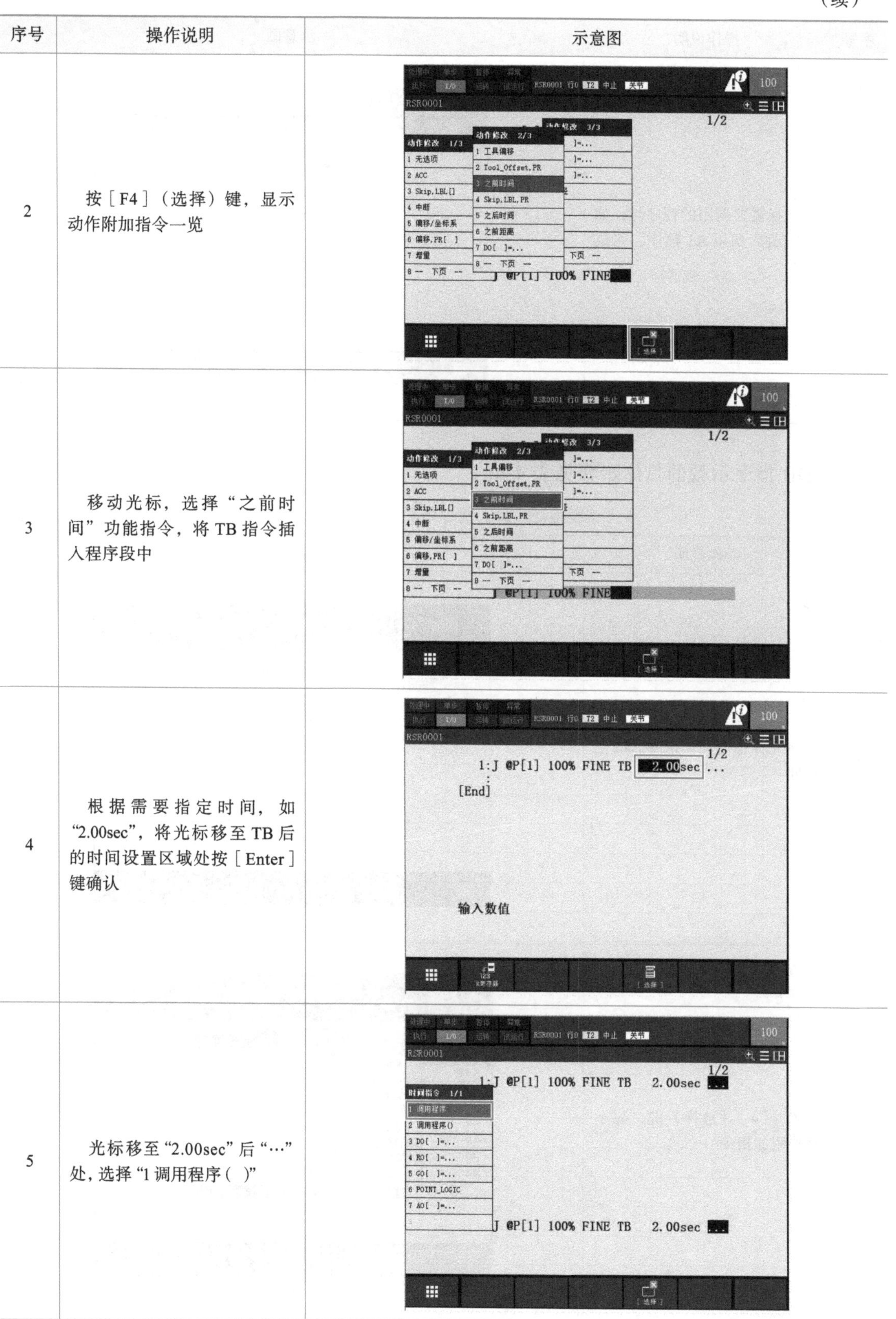

序号	操作说明	示意图
2	按［F4］（选择）键，显示动作附加指令一览	
3	移动光标，选择“之前时间”功能指令，将TB指令插入程序段中	
4	根据需要指定时间，如“2.00sec”，将光标移至TB后的时间设置区域处按［Enter］键确认	
5	光标移至“2.00sec”后“…”处，选择“1 调用程序（ ）”	

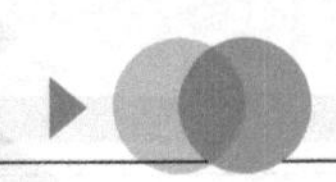

（续）

序号	操作说明	示意图
6	选择需要调用的程序号，如图所示为调用 A1 程序，完成示教	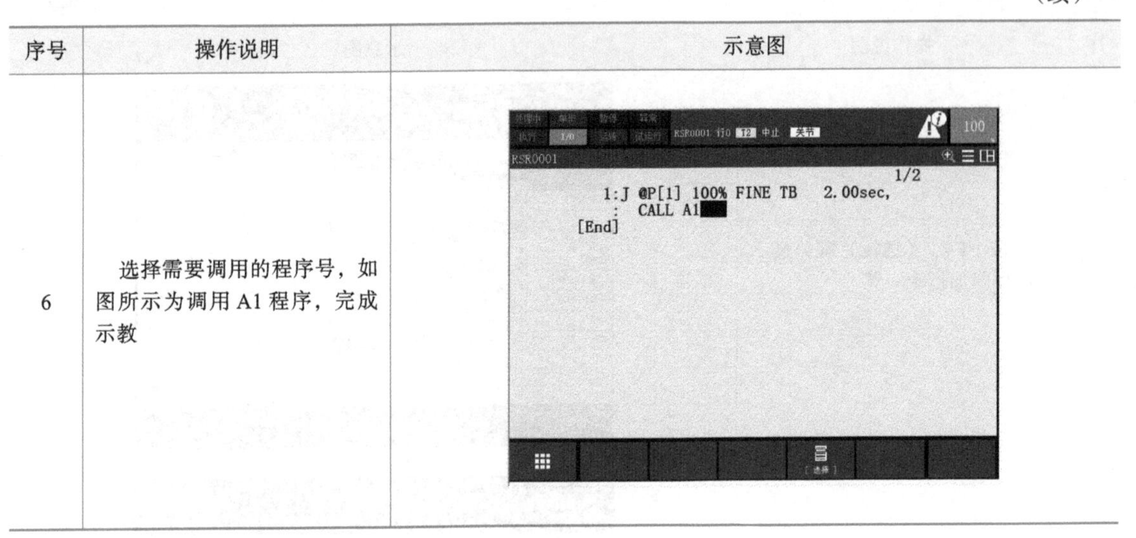

4）DB 指令示教的具体步骤见表 4-6。

表 4-6　DB 指令示教的具体步骤

序号	操作说明	示意图
1	将光标指向动作指令后的空白处	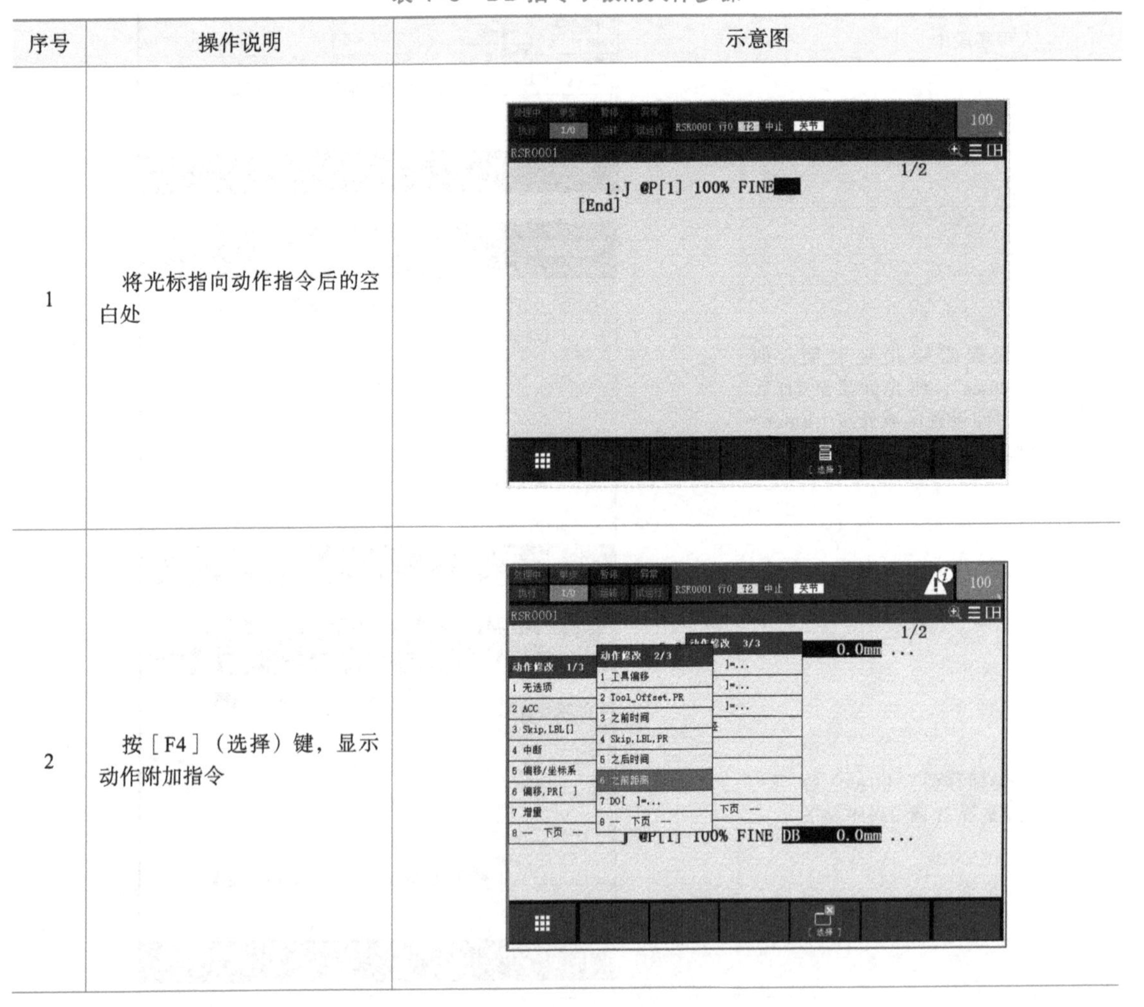
2	按［F4］（选择）键，显示动作附加指令	

（续）

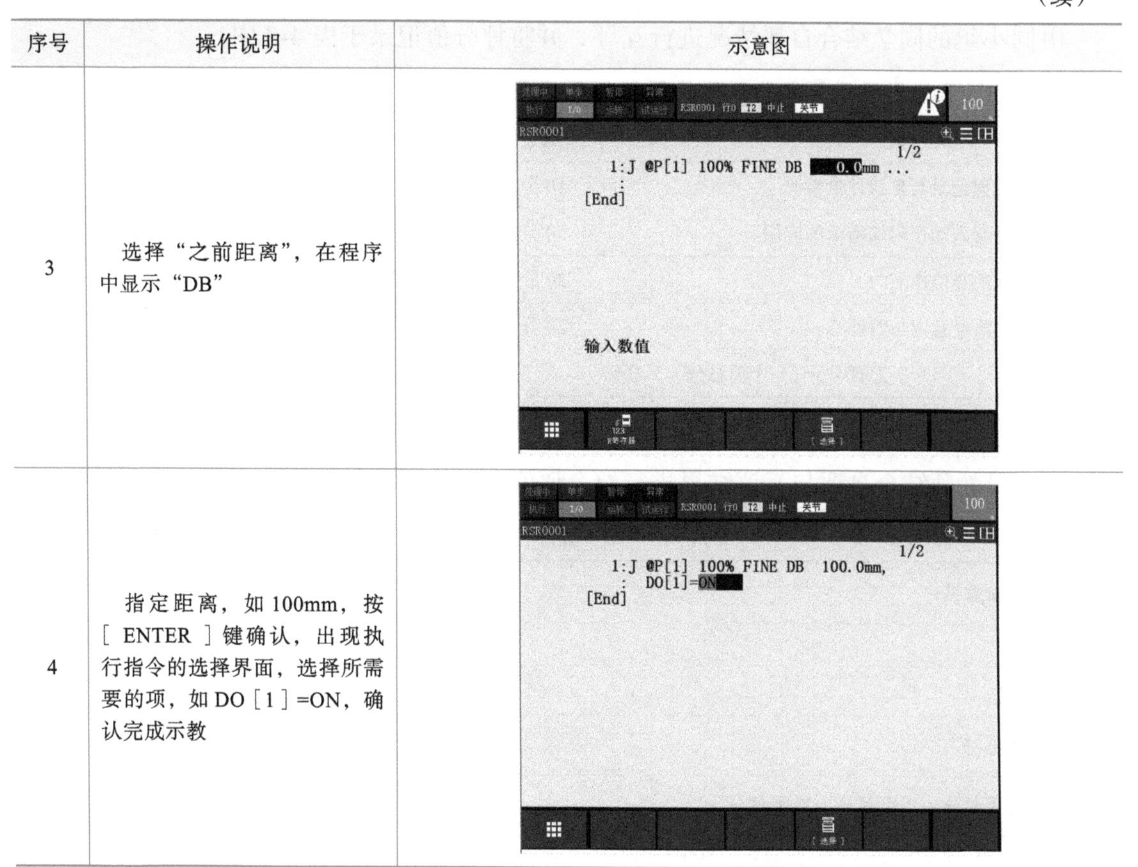

序号	操作说明	示意图
3	选择“之前距离”，在程序中显示“DB”	
4	指定距离，如100mm，按［ENTER］键确认，出现执行指令的选择界面，选择所需要的项，如DO［1］=ON，确认完成示教	

任务评价

1. 自我评价

由学生根据学习任务完成情况进行自我评价，评分值记录于表4-7中。

表4-7　自我评价表

学习任务	学习内容	配分	评分标准	扣分	得分
任务1	1. 安全意识	10分	1）不遵守相关安全规范操作，酌情扣2~5分 2）有其他的违反安全操作规范的行为，扣2分		
	2. 熟悉机器人动作附加指令的运用	50分	1）没有完成Wjnt指令的使用，每步扣2分 2）没有完成ACC指令的使用，每步扣2分 3）没有完成BREAK指令的使用，每步扣2分 4）没有完成TA/TB指令的使用，每步扣2分 5）没有完成INC指令的使用，每步扣2分		
	3. 观察记录	30分	没有完成程序的记录，每步扣1分		
	4. 职业规范与环境保护	10分	1）在工作过程中工具和器材摆放凌乱，扣3分 2）不爱护设备、工具，不节约材料，扣3分 3）在完成工作后不清理现场，在工作中产生的废弃物不按规定进行处理，各扣2分		
总评分 =（1~4项总分）×40%					

2. 小组评价

由同小组的同学结合自评情况进行互评，并将评分值记录于表 4-8 中。

表 4-8 小组评价表

评价内容	配分	评分
1. 实训过程记录与自我评价情况	10 分	
2. 工业机器人动作附加指令的应用	50 分	
3. 相互帮助与协作能力	20 分	
4. 安全、质量意识与责任心	20 分	
总评分 =（1~4 项总分）× 30%		

3. 教师评价

由指导教师结合自评与互评结果进行综合评价，并将意见与评分值记录于表 4-9 中。

表 4-9 教师评价表

教师总体评价意见：	
教师评分（30 分）	
总评分 = 自我评分 + 小组评分 + 教师评分	

任务 2 偏移、旋转程序的编制与应用

学习目标

1. 了解偏移、旋转运动指令。
2. 掌握偏移指令的应用。
3. 掌握旋转指令的应用。
4. 掌握角度输入偏移指令的应用。

知识准备

一、偏移指令

1. 位置补偿指令

位置补偿条件指令：OFFSET CONDITION PR［i］

位置补偿指令：OFFSET

OFFSET 指令通过位置寄存器中指定的偏置数值来改变程序中已经示教的位置信息，

并在实际运行中移动机器人到所改变的位置上。

偏置条件是 OFFSET CONDITION 指令中所指定的。OFFSET CONDITION 指令能进一步指定 OFFSET 指令中所用的偏置数值。

OFFSET CONDITION 指令必须在 OFFSET 指令被执行之前指定，所指定的偏置条件在程序完成之前或者下一个 OFFSET CONDITION 指令被执行之前一直有效。

对于一个偏置条件，下列元素必须被指定：

1）位置寄存器指定偏移的方向和偏移量。

2）位置资料为关节坐标值的情况下，使用关节偏移量。

3）位置资料为直角坐标值的情况下，要指定决定偏置条件的用户坐标系。如果没有指定，则使用当前选择的用户坐标系。

注意：如果示教过程是在 Joint 坐标系下进行的，那么改变用户坐标系并不会影响位置变量和位置寄存器。如果示教是在直角坐标系下进行的，并且未使用用户坐标系，则位置变量不受用户坐标系的影响。在其他情形下，位置变量和位置寄存器都要受到用户坐标系的影响。

例如：

```
1:OFFSET CONDITION PR[1]
2:J P[1]100% FINE
3:L P[2]500mm/sec FINE offset
```

机器人在执行第二行时，目标位置数是 P［1］，不会产生偏移。执行第三行时，目标位置数产生偏移，是 P［2］+PR［1］。执行结束时，P［2］保持原有数据不变。

2. 直接位置补偿指令

直接位置补偿指令：J P［1］50% FINE OFFSET，PR［1］

例如：

```
1:J P[1]100% FINE
2:L P[2]500 mm/sec FINE offset,PR[1]
```

其中 P［2］点偏移了 PR［1］。

直接位置补偿指令通过在位置寄存器中直接指定偏置数值来改变位置信息，而无须在 OFFSET CONDITION 指令中指定偏置条件。参考的坐标系是当前所选用的用户坐标系。

当只有个别点需要位置补偿时，可用直接位置补偿指令。补偿量是由 OFFSET 直接指定。

二、旋转指令

1. 角度输入偏移功能

角度输入偏移功能指通过三个或四个代表点以及旋转角的直接输入而执行程序偏移操作。此外，通过指定反复次数，可以一次性指定相同圆周上等间隔的多次偏移。

对于诸如轮胎的轮孔那样在相同圆周上存在多个进行相同加工的部位时，通过使用本功能，只要对一个加工部位进行示教，就可以生成其他加工部位的位置数据。

2. 角度输入偏移功能的设定

（1）设定程序名　指定构成偏移变换源程序名和偏移变换对象的行范围、偏移变换目的地的程序名以及要插入的行。

（2）输入偏移信息　对确定角度输入偏移旋转轴的代表点及旋转角、偏移变换反复次数进行设定。代表点的指定方法有不指定旋转轴和指定旋转轴两类。

1）不指定旋转轴。　将相同圆周上的三点指定为代表点（P1、P2、P3）。通过该三点，自动计算旋转面以及旋转轴。所计算的旋转面和旋转轴的交点（旋转中心）被设定在代表点 P0 中。

可以直接更改自动设定的旋转中心 P0 数值，因此从第二次变换起，只要将旋转轴设定为有效，即可进行旋转中心位置的补偿。

2）指定旋转轴。　在代表点 P0 中指定旋转轴上的一点，在代表点 P1、P2、P3 中指定旋转面上的任意三点（P1、P2、P3 并非必须处在相同圆周上）。由代表点 P1、P2、P3 确定旋转面，以使垂直于旋转面的轴通过代表点 P0 的方式来确定旋转轴。

注意：不管采用哪种方法，代表点 P1、P2、P3 的位置相互距离越远，变换的精度就越高。此外，从代表点 P1 向代表点 P2 所在一侧旋转的方向被设定为正方向。角度输入偏移的示教如图 4-10 所示。

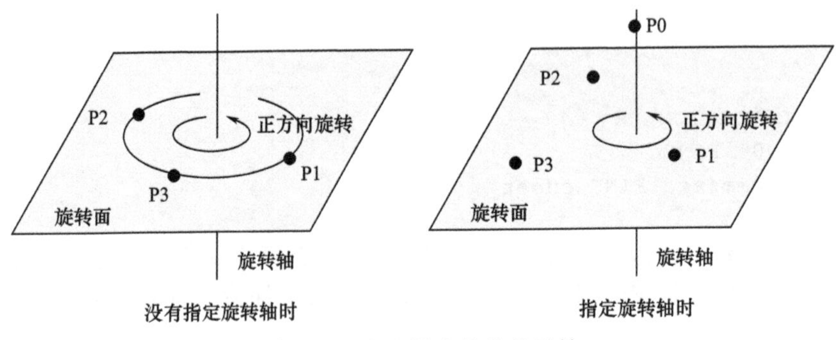

图 4-10　角度输入偏移的示教

任务实施

1. 偏移指令的编制与应用

在程序中添加偏移指令的步骤见表 4-10。

表 4-10　在程序中添加偏移指令的步骤

序号	操作详情	示意图
1	进入程序编辑界面，按［F1］（指令）键，选取数字 8［下页］，显示控制指令一览界面	

（续）

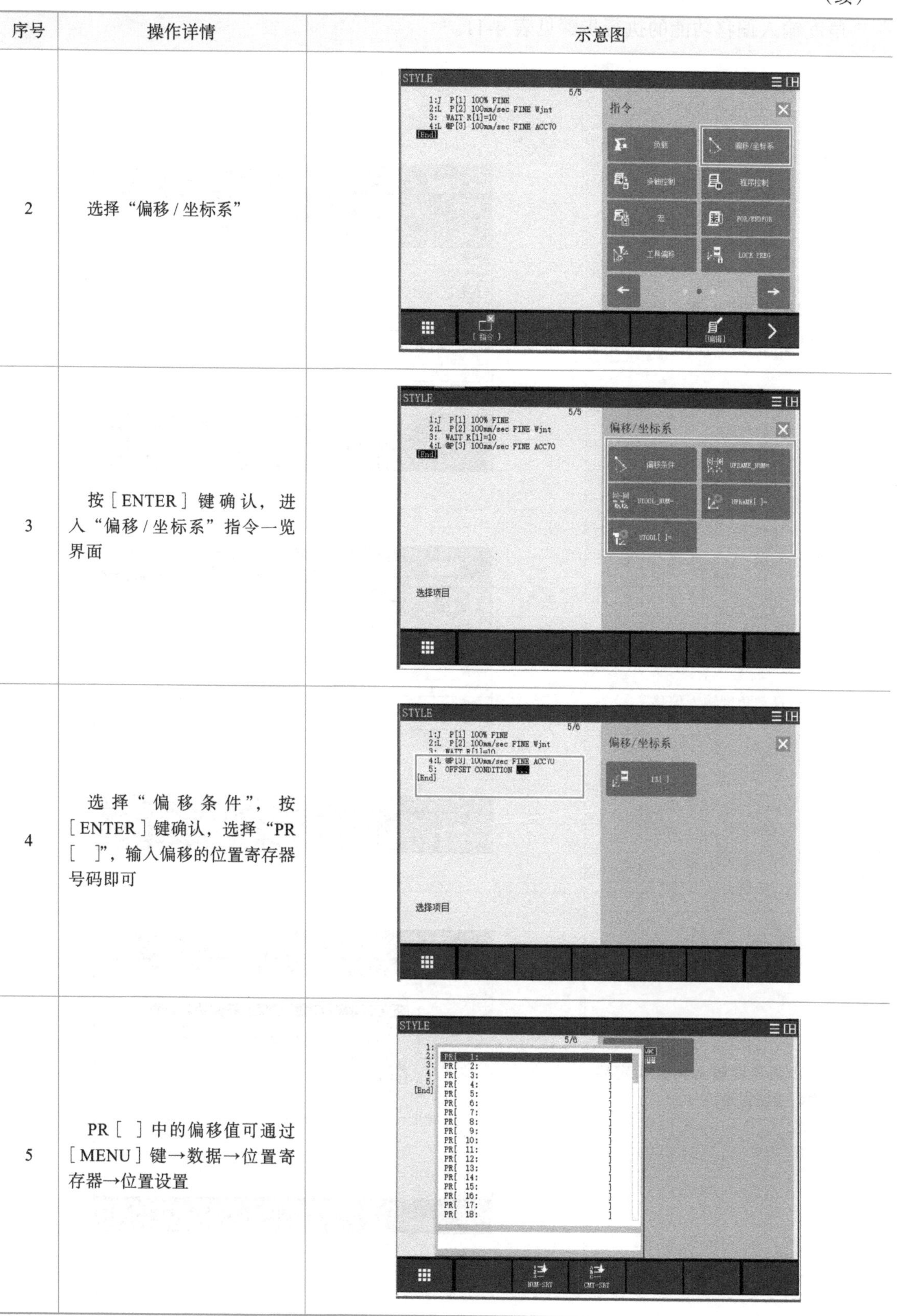

序号	操作详情	示意图
2	选择“偏移/坐标系”	
3	按［ENTER］键确认，进入“偏移/坐标系”指令一览界面	
4	选择“偏移条件”，按［ENTER］键确认，选择“PR［ ］”，输入偏移的位置寄存器号码即可	
5	PR［ ］中的偏移值可通过［MENU］键→数据→位置寄存器→位置设置	

2. 角度输入偏移功能的编制与应用

角度输入偏移功能的执行步骤见表 4-11。

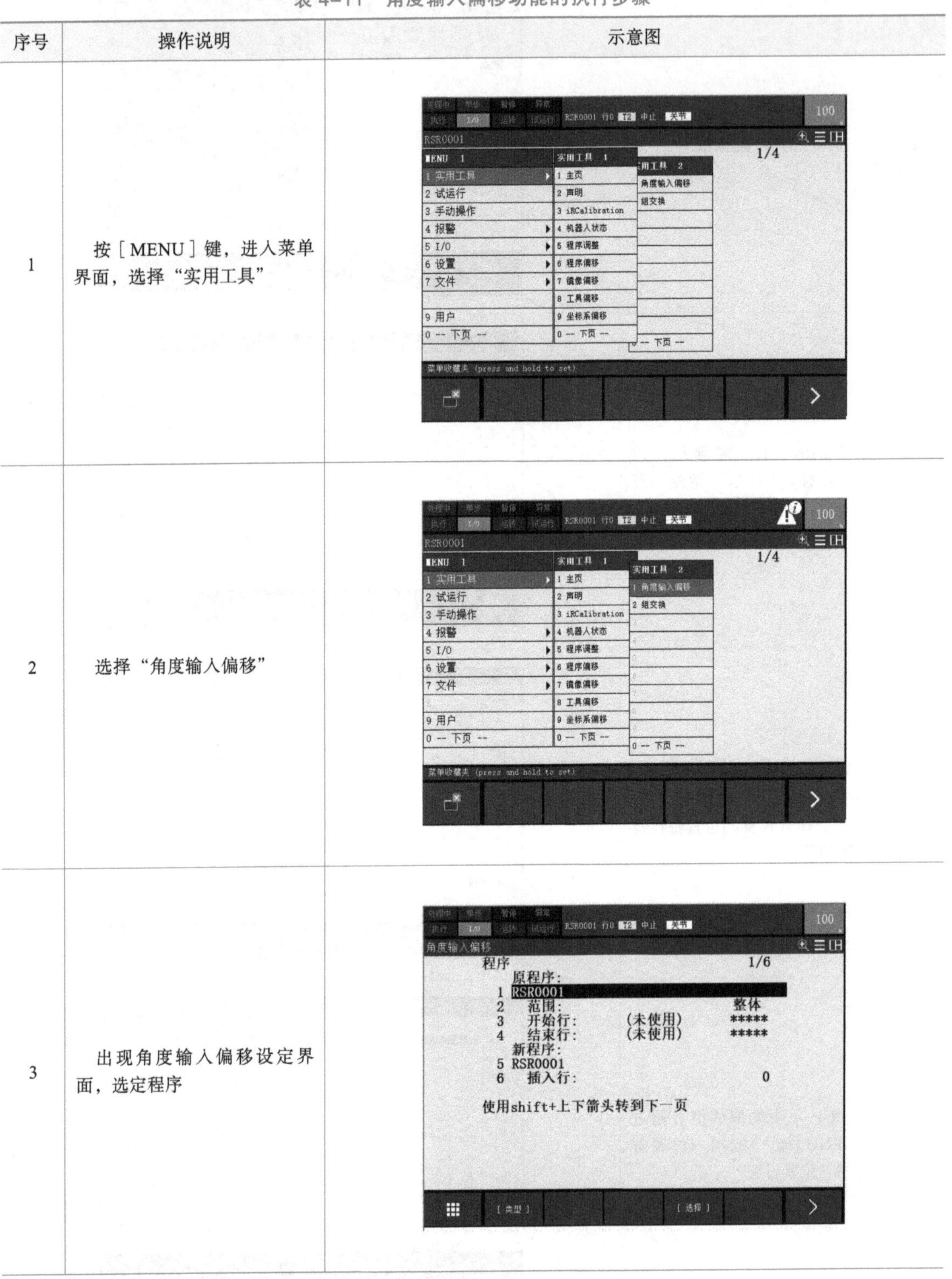

表 4-11　角度输入偏移功能的执行步骤

序号	操作说明	示意图
1	按［MENU］键，进入菜单界面，选择“实用工具”	
2	选择“角度输入偏移”	
3	出现角度输入偏移设定界面，选定程序	

（续）

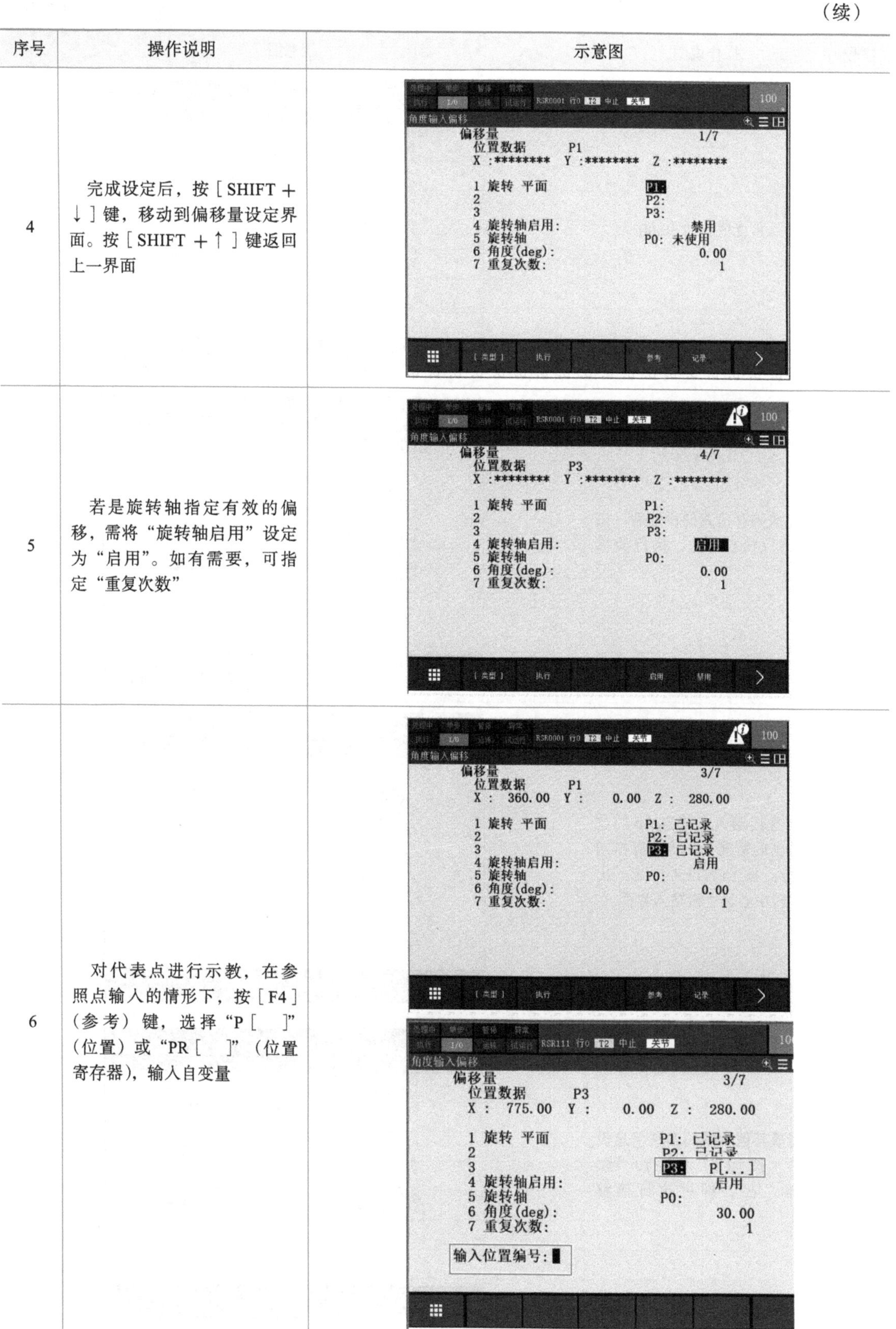

序号	操作说明	示意图
4	完成设定后，按［SHIFT＋↓］键，移动到偏移量设定界面。按［SHIFT＋↑］键返回上一界面	
5	若是旋转轴指定有效的偏移，需将“旋转轴启用”设定为“启用”。如有需要，可指定“重复次数”	
6	对代表点进行示教，在参照点输入的情形下，按［F4］（参考）键，选择“P［　］”（位置）或“PR［　］”（位置寄存器），输入自变量	

（续）

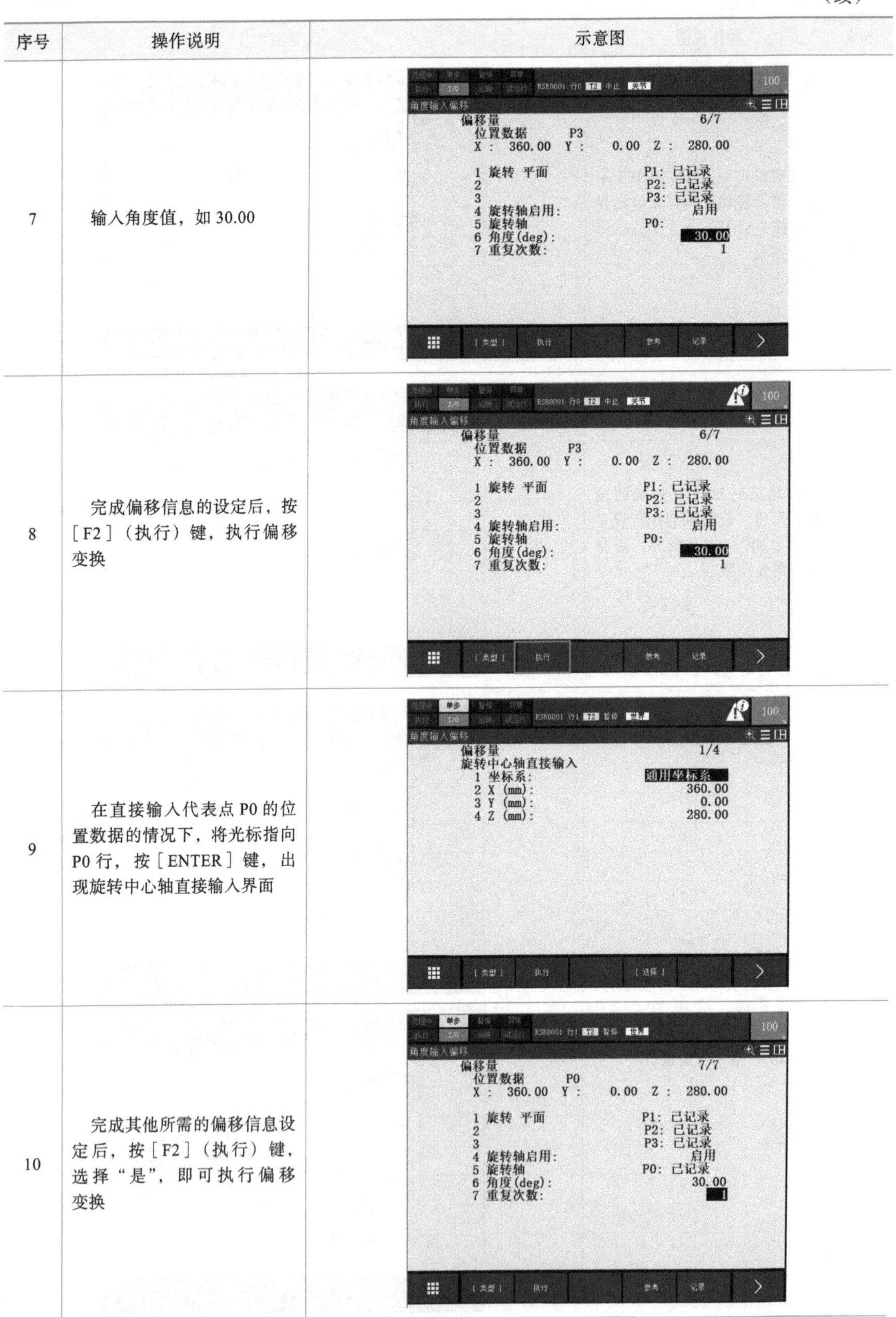

序号	操作说明	示意图
7	输入角度值，如 30.00	
8	完成偏移信息的设定后，按［F2］（执行）键，执行偏移变换	
9	在直接输入代表点 P0 的位置数据的情况下，将光标指向 P0 行，按［ENTER］键，出现旋转中心轴直接输入界面	
10	完成其他所需的偏移信息设定后，按［F2］（执行）键，选择“是”，即可执行偏移变换	

（续）

序号	操作说明	示意图
11	要清除偏移信息的全部设定时，按［F1］（清除）键	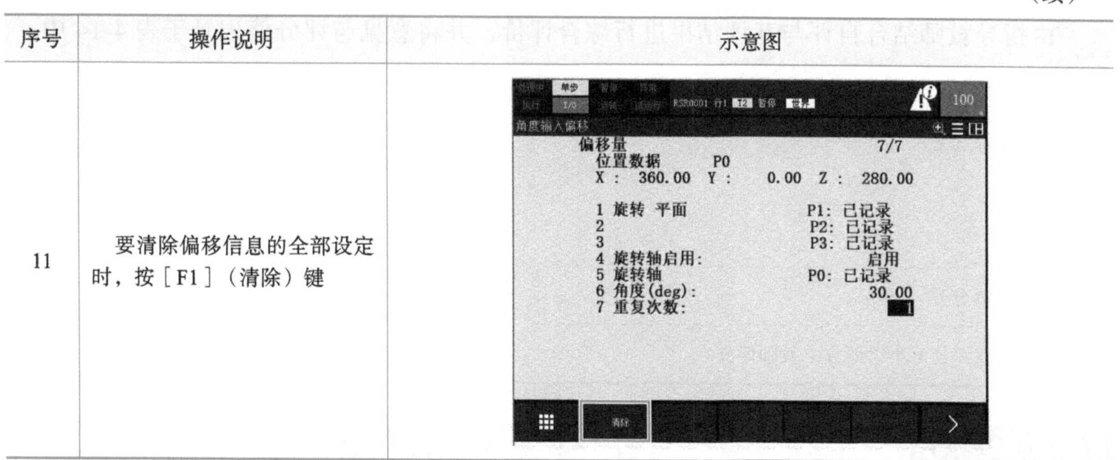

任务评价

1. 自我评价

由学生根据学习任务完成情况进行自我评价，评分值记录于表 4-12 中。

表 4–12　自我评价表

学习任务	学习内容	配分	评分标准	扣分	得分
任务2	1. 安全意识	10 分	1）不遵守相关安全规范操作，酌情扣 2~5 分 2）有其他违反安全操作规范的行为，扣 2 分		
	2. 熟悉机器人偏移、旋转指令的应用	50 分	1）未能完成指令路径的轨迹规划，每步扣 2 分 2）未能完成偏移程序的编制，每步扣 2 分 3）未能完成角度输入偏移功能编制，每步扣 2 分		
	3. 观察记录	30 分	未能完整记录轨迹规划的步骤，每步扣 2 分		
	4. 职业规范与环境保护	10 分	1）在工作过程中工具和器材摆放凌乱，扣 3 分 2）不爱护设备、工具，不节约材料，扣 3 分 3）在完成工作后不清理现场，在工作中产生的废弃物不按规定进行处理，各扣 2 分		
总评分 =（1~4 项总分）× 40%					

2. 小组评价

由同小组的同学结合自评情况进行互评，并将评分值记录于表 4-13 中。

表 4–13　小组评价表

评价内容	配分	评分
1. 实训过程记录与自我评价情况	10 分	
2. 工业机器人偏移、旋转指令应用	50 分	
3. 相互帮助与协作能力	20 分	
4. 安全、质量意识与责任心	20 分	
总评分 =（1~4 项总分）× 30%		

3. 教师评价

由指导教师结合自评与互评结果进行综合评价，并将意见与评分值记录于表 4-14 中。

表 4-14　教师评价表

教师总体评价意见：	
教师评分（30 分）	
总评分 = 自我评分 + 小组评分 + 教师评分	

任务 3　称重模块的设置

学习目标

1. 掌握称重模块外部点位输出信号的设置与应用。
2. 掌握称重模块的使用方法及步骤。
3. 掌握称重模块模拟量转化的方法。

知识准备

一、模拟量转化示例程序

模拟量是指在一定范围连续变化的量，即在一定范围（定义域）内可以取任意值（在值域内）。数字量是分立量，不是连续变化量，只能取几个分立值，如二进制数字变量只能取两个值。

在实际应用中，通常需要将模拟量与数字量进行相互转换后才可以正常使用。这个过程根据转换对象的区别可分为数 - 模（D-A）转换或模 - 数（A-D）转换。

由于硬件原因，模拟量的输入 / 输出通常是非线性的，而 PLC 中对模拟量的使用都要求是线性变化的。计算模拟量变化关系并与表示单位关联的过程称为标定。

称重模块中转化模拟量的 PLC 程序如图 4-11 所示。

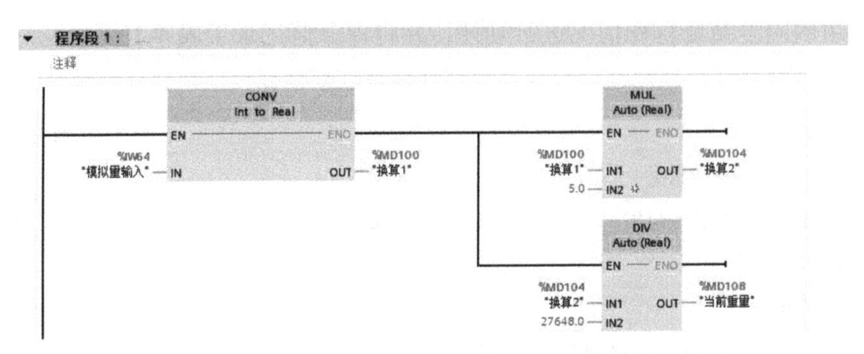

图 4-11　转化模拟量的 PLC 程序

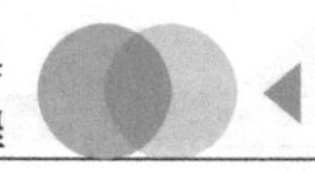

二、称重模块中涉及的外部输入 / 输出信号

称重模块中涉及的外部输入 / 输出信号见表 4-15。

表 4-15　称重模块中涉及的外部输入 / 输出信号

信号	信号功能
IW64	PLC 采集信号
GI［7］97~112	机器人组信号，一字节

任务实施

1. 称重模块的配置

称重模块与视觉检测模块集成在一个大的模块上，实训时可以同时使用，也可以选择使用。称重模块使用模拟量采集电压信号，通过 PLC 转化为重量信号，总量程为 0~5kg。在使用时，将模块上的绿色端子排使用配套的连接线缆对接起来，触摸屏上显示出当前的重量。在使用前，需要对称重模块进行调零操作，调零点在变送器上，使用螺钉旋具旋转该旋钮可以看到 PLC 读数的变化，当 PLC 上的读数为 0.00 或者上下浮动 0.05 时，都为正常零点，如图 4-12 所示。

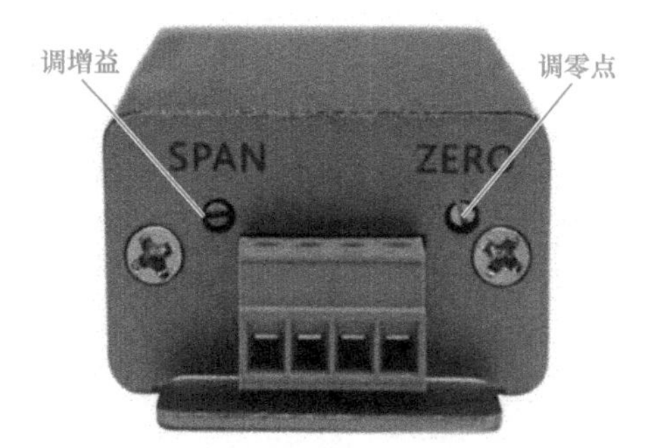

图 4-12　称重传感器零点标定

1）称重模块的线路连接。称重传感器与变送器连接，变送器将 0~10V 电压传送给 PLC 模拟量输入。称重传感器实物如图 4-13 所示。

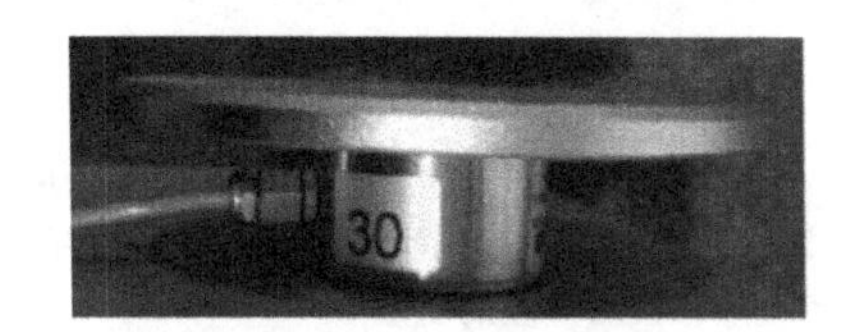

图 4-13　称重传感器实物

首先将称重传感器连接到变送器上，如图 4-14、图 4-15 所示。

然后进行 PLC 模拟量信号线连接，如图 4-16 所示。

图 4-14　称重传感器接线

图 4-15　变送器输出信号线连接

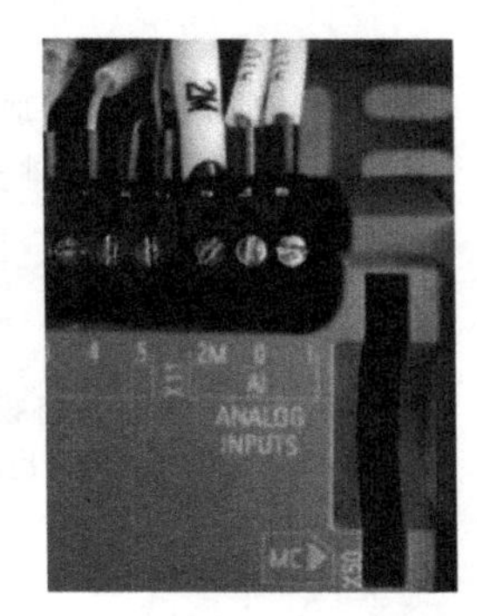

图 4-16　PLC 模拟量信号线连接

2）称重模块 PLC 程序编制见表 4-16。

称重模块配置

表 4-16　称重模块 PLC 程序编制

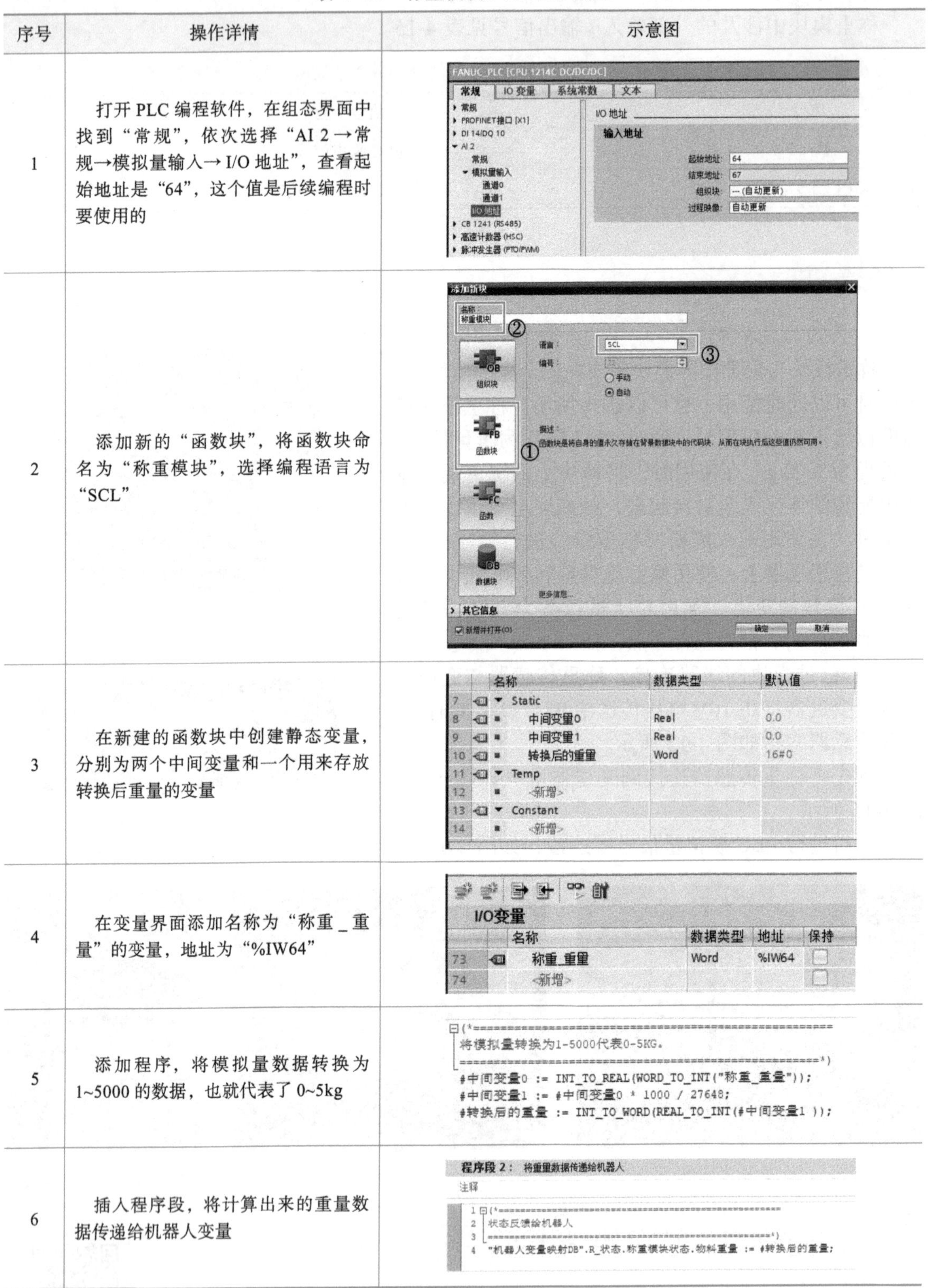

序号	操作详情	示意图
1	打开 PLC 编程软件，在组态界面中找到“常规”，依次选择“AI 2→常规→模拟量输入→I/O 地址”，查看起始地址是“64”，这个值是后续编程时要使用的	
2	添加新的“函数块”，将函数块命名为“称重模块”，选择编程语言为“SCL”	
3	在新建的函数块中创建静态变量，分别为两个中间变量和一个用来存放转换后重量的变量	
4	在变量界面添加名称为“称重_重量”的变量，地址为“%IW64”	
5	添加程序，将模拟量数据转换为 1~5000 的数据，也就代表了 0~5kg	
6	插入程序段，将计算出来的重量数据传递给机器人变量	

3）机器人侧变量配置见表 4-17。

表 4-17　机器人侧变量配置

序号	操作详情	示意图
1	按［MENU］键，进入菜单选项	
2	依次选择“I/O→组”，进入组信号界面	
3	按示教器的 F2（分配）键，进入分配界面	
4	将第 7 个组信号分配给 96 号机架、1 号插槽、开始点 97 和点数 16。确认无误后，将机器人重启，配置生效	

（续）

序号	操作详情	示意图
5	重启后再次进入组信号界面，此时第7个组信号已经可以接收外部数据了	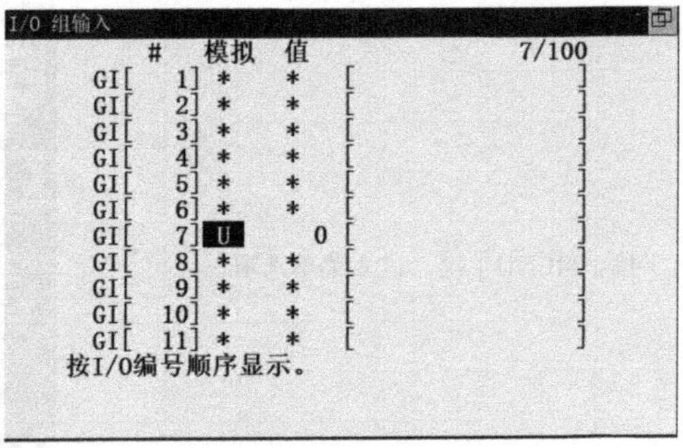 I/O 组输入 # 模拟 值 7/100 GI[1] * * [ ] GI[2] * * [ ] GI[3] * * [ ] GI[4] * * [ ] GI[5] * * [ ] GI[6] * * [ ] GI[7] U 0 [ ] GI[8] * * [ ] GI[9] * * [ ] GI[10] * * [ ] GI[11] * * [ ] 按I/O编号顺序显示。
6	将物料放到称重传感器上	
7	机器人侧会实时显示出称重传感器测量出的值	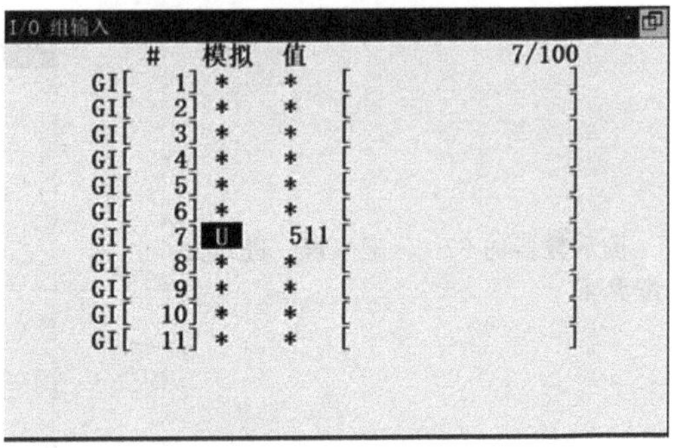 I/O 组输入 # 模拟 值 7/100 GI[1] * * [ ] GI[2] * * [ ] GI[3] * * [ ] GI[4] * * [ ] GI[5] * * [ ] GI[6] * * [ ] GI[7] U 511 [ ] GI[8] * * [ ] GI[9] * * [ ] GI[10] * * [ ] GI[11] * * [ ]

2. 称重模块的编程

在机器人程序中，通过机器人程序判断物料的重量数据，当称重数据大于300时（此值由实际工件确定），进行正确入库流程，否则放置废料区。称重模块的编程见表4-18。

表4-18　称重模块的编程

序号	程序代码	程序解释
1	J P［1］20% FINE	机器人回到工作原点
2	L P［2］100mm/sec FINE	机器人运动到抓取点上方
3	L P［3］100mm/sec FINE	机器人抓取物料
4	RO［3：OFF］=ON	机器人手爪夹紧

（续）

序号	程序代码	程序解释
5	WAIT 1.00（sec）	延时 1s
6	L P［4］100mm/sec FINE	机器人将物料抓起
7	L P［5］100mm/sec FINE	机器人运动到称重传感器上方
8	L P［6］100mm/sec FINE	机器人将物料放置到称重模块上
9	RO［3：OFF］=OFF	松开手爪
10	WAIT 1.00（sec）	延时 1 s
11	L P［7］100mm/sec FINE	机器人抬起手爪
12	WAIT 3.00（sec）	等待 3s，等待数值稳定
13	IF（GI［7］）>300）THEN	如果重量大于 300，表示物料重量正确
14	L P［8］100mm/sec FINE	机器人运动到称重传感器上物料的位置
15	RO［3：OFF］=ON	夹紧手爪
16	WAIT 1.00（sec）	延时 1s
17	L P［9］100mm/sec FINE	机器人将物料放入仓库前端
18	L P［10］100mm/sec FINE	机器人将物料放入仓库中
19	RO［3：OFF］=OFF	松开手爪
20	WAIT 1.00（sec）	延时 1s
21	L P［11］100mm/sec FINE	机器人返回物料放入仓库前端位置
22	ELSE	
23	L P［12］100mm/sec FINE	机器人运动到称重传感器上物料的位置
24	RO［3：OFF］=ON	夹紧手爪
25	WAIT 1.00（sec）	延时 1s
26	L P［13］100mm/sec FINE	将物料放入废料区域上方
27	L P［14］100mm/sec FINE	将物料放入废料区域中
28	RO［3：OFF］=OFF	松开手爪
29	WAIT 1.00（sec）	延时 1s
30	L P［15］100mm/sec FINE	返回废料区域上方
31	ENDIF	
32	J P［1］20% FINE	机器人回到工作原点
33	End	程序结束

任务评价

1. 自我评价

由学生根据学习任务完成情况进行自我评价，评分值记录于表 4-19 中。

表 4-19　自我评价表

学习任务	学习内容	配分	评分标准	扣分	得分
任务3	1. 安全意识	10 分	1）不遵守相关安全规范操作，酌情扣 2~5 分 2）有其他违反安全操作规范的行为，扣 2 分		
	2. 根据工作任务要求，完成称重模块的软件、硬件的配置步骤	40 分	1）未完成称重模块的安装，每步扣 2 分 2）未完成称重模块的零点标定，每步扣 2 分 3）未完成模拟量转化的 PLC 程序编写，每步扣 2 分		
	3. 称重模块的编程步骤	40 分	未完成称重模块的具体编程步骤，每步扣 2 分		
	4. 职业规范与环境保护	10 分	1）在工作过程中工具和器材摆放凌乱，扣 3 分 2）不爱护设备、工具，不节约材料，扣 3 分 3）在完成工作后不清理现场，在工作中产生的废弃物不按规定进行处理，各扣 2 分		
总评分 =（1~4 项总分）× 40%					

2. 小组评价

由同小组的同学结合自评情况进行互评，并将评分值记录于表 4-20 中。

表 4-20　小组评价表

评价内容	配分	评分
1. 实训过程记录与自我评价情况	10 分	
2. 称重模块的配置情况	50 分	
3. 相互帮助与协作能力	20 分	
4. 安全、质量意识与责任心	20 分	
总评分 =（1~4 项总分）× 30%		

3. 教师评价

由指导教师结合自评与互评结果进行综合评价，并将意见与评分值记录于表 4-21 中。

表 4-21　教师评价表

教师总体评价意见：	
教师评分（30 分）	
总评分 = 自我评分 + 小组评分 + 教师评分	

任务 4　工业机器人单元人机界面程序的设置

学习目标

1. 掌握工业机器人单元人机界面的功能组成与基本操作。

2. 掌握合理设计工业机器人单元人机界面的方法。
3. 掌握人机交互界面的设计及与 PLC 等关联的方法。

知识准备

人机界面（Human Machine Interface，HMI）也称“人机接口”，它是工业机器、设备等和用户之间进行信息交互和转换的媒介，它能够实现信息的内部形式与人类可以接受的形式之间的转换。一般情况下 HMI 也被称作触摸屏。HMI 和 PLC 通过人机交互界面进行连接交互，用户可直观地获取 PLC 中相关变量以及程序执行情况的具体信息，当然，用户也可以通过交互界面直接进行变量或是程序的更改、控制等操作。PLC 和 HMI 硬件如图 4-17 所示。

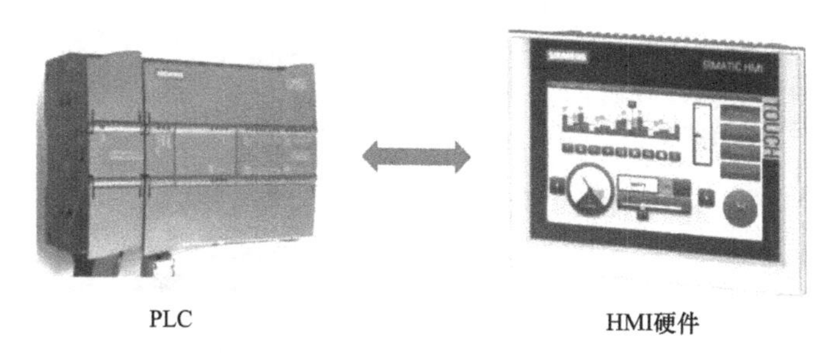

图 4-17　PLC 和 HMI 硬件

任务实施

本任务是通过西门子博图软件编写如图 4-18 所示的人机交互界面程序。通过画面的创建，掌握人机交互界面的背景、文字、图形、变量与 PLC 关联等的创建与编辑方法。此部分内容以智能仓储工作站 HMI 界面为例展示其具体创建过程。

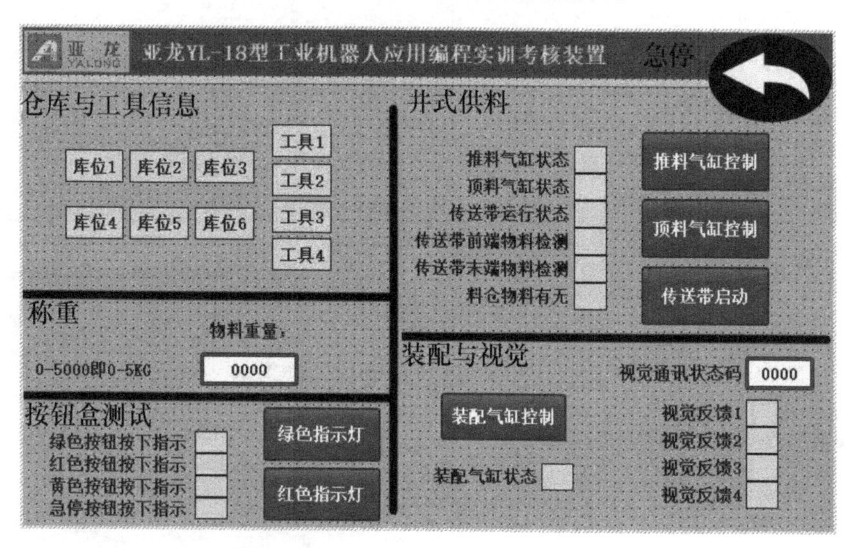

图 4-18　人机交互界面程序

1）PLC 与 HMI 设置步骤见表 4-22。

表 4-22　PLC 与 HMI 设置步骤

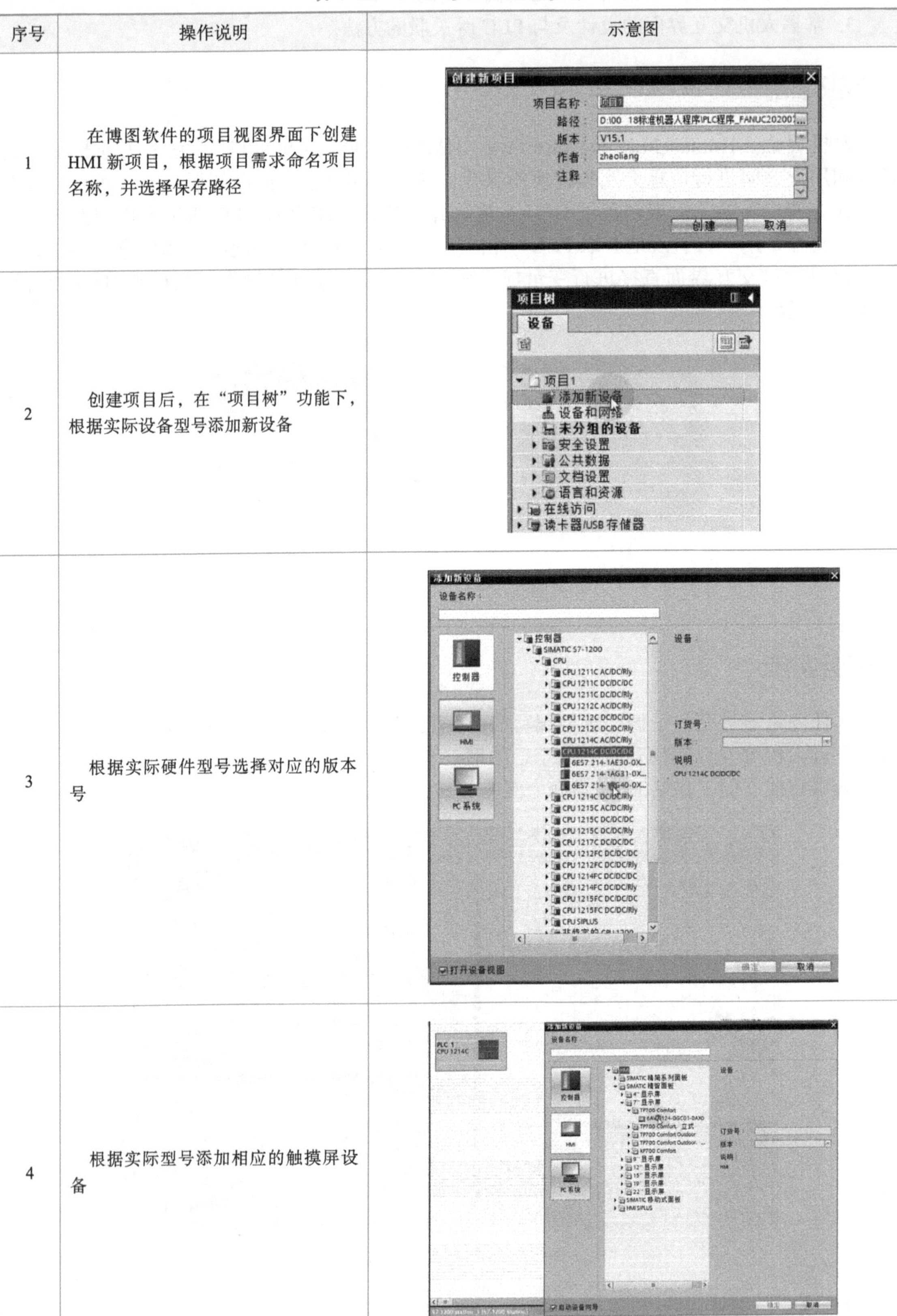

序号	操作说明	示意图
1	在博图软件的项目视图界面下创建 HMI 新项目，根据项目需求命名项目名称，并选择保存路径	
2	创建项目后，在“项目树”功能下，根据实际设备型号添加新设备	
3	根据实际硬件型号选择对应的版本号	
4	根据实际型号添加相应的触摸屏设备	

（续）

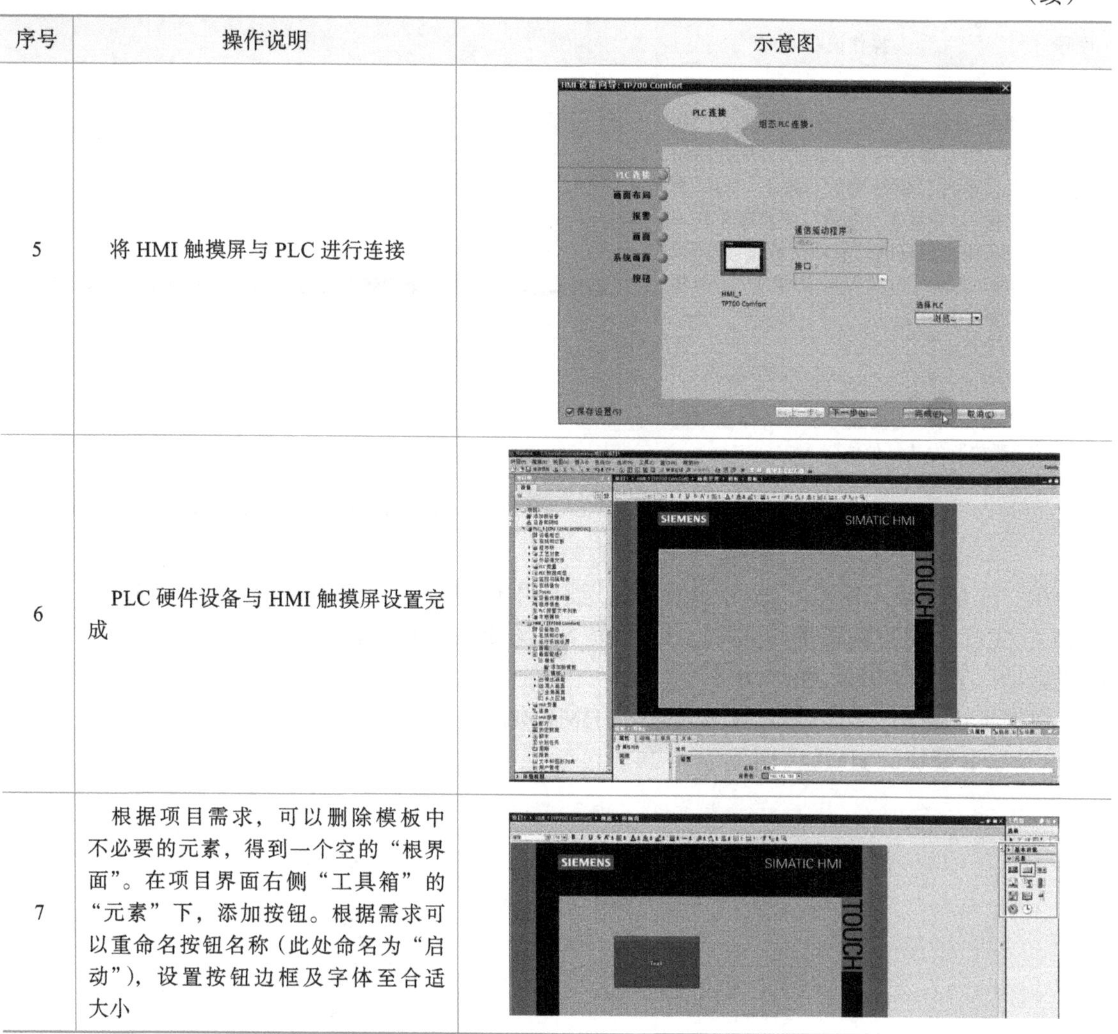

序号	操作说明	示意图
5	将 HMI 触摸屏与 PLC 进行连接	
6	PLC 硬件设备与 HMI 触摸屏设置完成	
7	根据项目需求，可以删除模板中不必要的元素，得到一个空的“根界面”。在项目界面右侧“工具箱”的“元素”下，添加按钮。根据需求可以重命名按钮名称（此处命名为“启动”），设置按钮边框及字体至合适大小	

2）关联 HMI 功能按钮和 PLC 变量见表 4-23。

表 4-23　关联 HMI 功能按钮和 PLC 变量

序号	操作说明	示意图
1	配置 PLC 变量表。在“项目树”的 PLC 设备中打开“默认变量表”，配置按钮对应的信号参数	

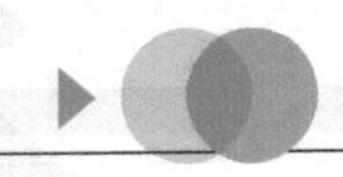

（续）

序号	操作说明	示意图
2	关联“启动”按钮和“启动”变量。实践操作时，当工作人员按下“启动”时，即为一个“事件”，因此需设置“事件”标签中的“按下”为“置位位”，并且在“变量”位置选择PLC设备中创建好的“启动变量”，即完成HMI按钮和PLC变量之间的一个动作关联	属性 动画 事件 文本 单击 按下 释放 置位位 变量（输入输出） <添加函数>
3	用相同方法设置“事件”标签中的“释放”为“复位位”	属性 动画 事件 文本 单击 按下 释放 复位位 变量（输入输出） <添加函数>

在“变量（输入输出）”位置选择PLC设备中创建好的“启动变量”，即完成HMI按键和PLC变量之间的完整动作关联，即当按下和释放HMI“启动”按钮时，分别将PLC变量“启动”置为“ON”和“OFF”。

根据上述方法，可以添加配置完整的HMI项目程序。

3）称重模块的HMI应用见表4-24。

表4-24　称重模块的HMI应用

序号	操作流程	示意图
1	创建新的触摸屏界面，将其命名为“信号监控”，双击进入界面进行编辑	FANUC_HMI [TP700 Comfort] 设备组态 在线和诊断 运行系统设置 画面 添加新画面 A_1主界面 A_2RFID操作 A_3信号监控 A_4变位机 A_4变位机(通讯) A_5导轨(通讯) A_5导轨转盘 A_5转盘设置界面 A_6机器人(FANUC) A_7机器人IO(FANUC) 画面管理
2	在右侧“工具栏”中拖曳“文字域”和“I/O域”控件，布局如图所示	亚龙YL-18型工业机器人应用编程实训考核装置 急停 仓库与工具信息 库位1 库位2 库位3 库位4 库位5 库位6 工具1 工具2 工具3 工具4 井式供料 推料气缸状态 顶料气缸状态 传送带运行状态 传送带前端物料检测 传送带末端物料检测 料仓物料有无 推料气缸控制 顶料气缸控制 传送带启动 称重 物料重量： 0-5000即0-5KG 0000 装配与视觉 视觉通讯状态码 0000 装配气缸控制 装配气缸状态 视觉反馈1 视觉反馈2 视觉反馈3 视觉反馈4 按钮盒测试 绿色按钮按下指示 红色按钮按下指示 黄色按钮按下指示 急停按钮按下指示 绿色指示灯 红色指示灯

（续）

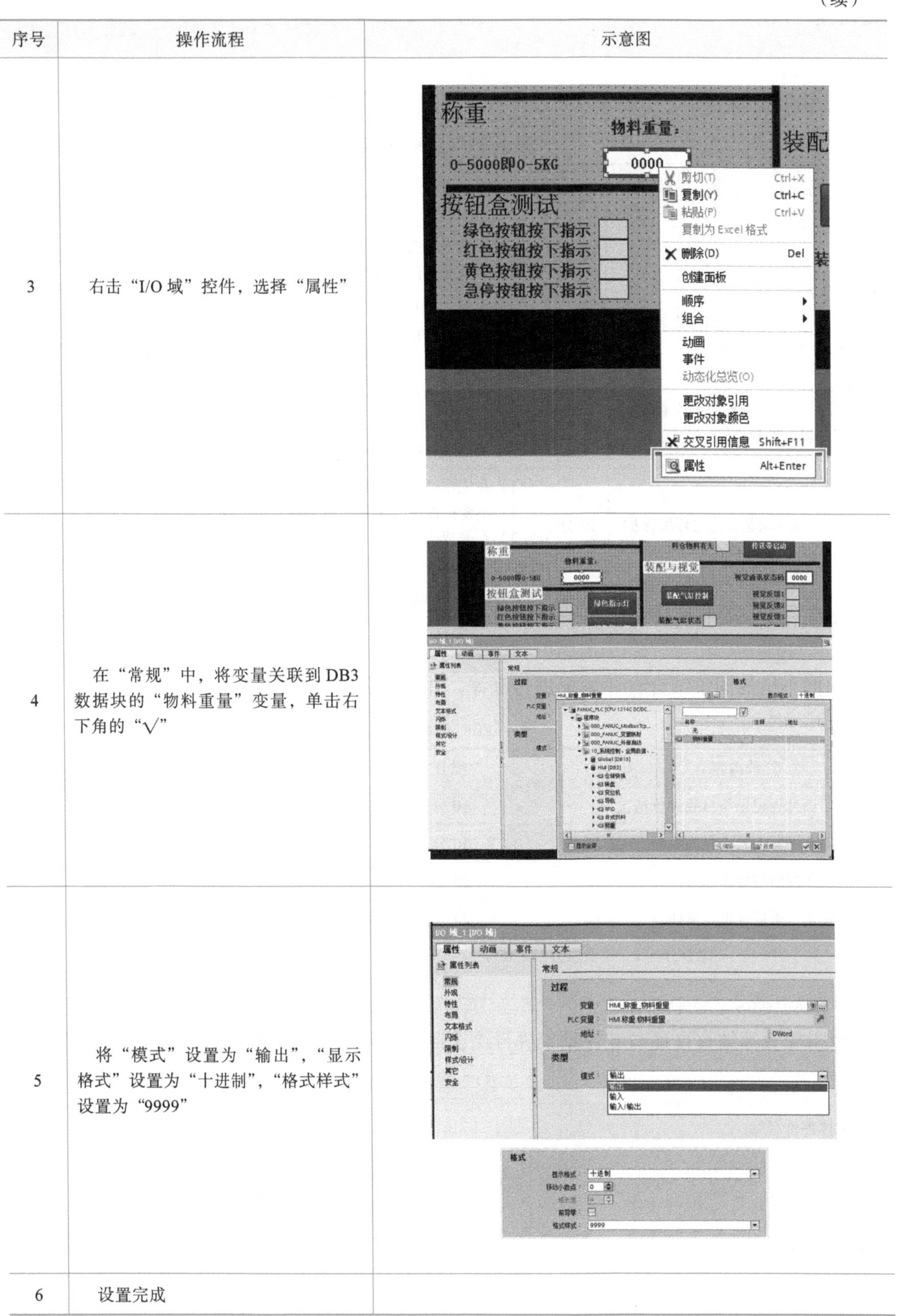

序号	操作流程	示意图
3	右击“I/O 域”控件，选择“属性”	
4	在“常规”中，将变量关联到 DB3 数据块的“物料重量”变量，单击右下角的“√”	
5	将“模式”设置为“输出”，“显示格式”设置为“十进制”，“格式样式”设置为“9999”	
6	设置完成	

任务评价

1. 自我评价

由学生根据学习任务完成情况进行自我评价，评分值记录于表4-25中。

表4-25　自我评价表

学习任务	学习内容	配分	评分标准	扣分	得分
任务4	1. 安全意识	10分	1）不遵守相关安全规范操作，酌情扣2~5分 2）有其他违反安全操作规范的行为，扣2分		
	2. 智能仓储工作站人机交互界面编程	40分	1）未能在博图软件中合理设置智能仓储工作站的人机交互界面功能，每步扣2分 2）未能实现工作站HMI功能，每步扣2分		
	3. 称重模块的人机交互界面编程	40分	1）未能在博图软件中合理设置称重模块的人机交互界面功能，每步扣2分 2）未能实现称重模块HMI功能，每步扣2分		
	4. 职业规范与环境保护	10分	1）在工作过程中工具和器材摆放凌乱，扣3分 2）不爱护设备、工具，不节约材料，扣3分 3）在完成工作后不清理现场，在工作中产生的废弃物不按规定进行处理，各扣2分		
总评分 =（1~4项总分）×40%					

2. 小组评价

由同小组的同学结合自评情况进行互评，并将评分值记录于表4-26中。

表4-26　小组评价表

评价内容	配分	评分
1. 实训过程记录与自我评价情况	10分	
2. 工业机器人人机界面编程	50分	
3. 相互帮助与协作能力	20分	
4. 安全、质量意识与责任心	20分	
总评分 =（1~4项总分）×30%		

3. 教师评价

由指导教师结合自评与互评结果进行综合评价，并将意见与评分值记录于表4-27中。

表4-27　教师评价表

教师总体评价意见：	
教师评分（30分）	
总评分 = 自我评分 + 小组评分 + 教师评分	

项目5

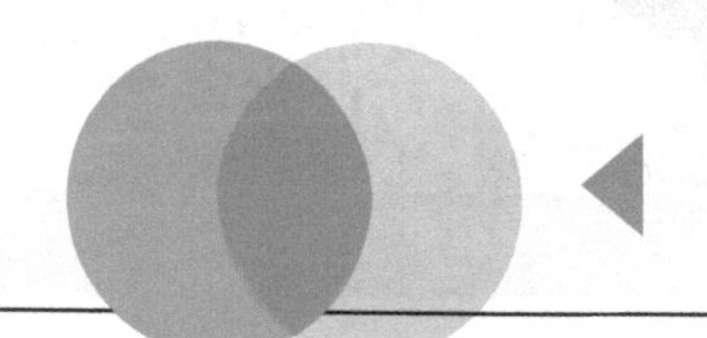

工业机器人码垛应用离线编程

职业技能要求

工业机器人应用编程职业技能要求（中级）	
3.1.1	能够根据工作任务要求，进行模型创建和导入
3.1.2	能够根据工作任务要求，完成工作站系统布局
3.3.1	能够根据工作任务要求，实现搬运、码垛、焊接、抛光、喷涂等典型工业机器人应用系统的仿真
3.3.2	能够根据工作任务要求，对搬运、码垛、焊接、抛光、喷涂等典型应用的工业机器人系统进行离线编程和应用调试

知识目标

1. 了解 ROBOGUIDE 软件的功能与作用。
2. 了解离线编程与仿真功能的运用方法。

能力目标

1. 掌握工业机器人工作站仿真环境搭建的基本步骤。
2. 掌握模型参数的设置方法。
3. 熟练运用 ROBOGUIDE 软件完成项目的离线编程与仿真。

平台准备

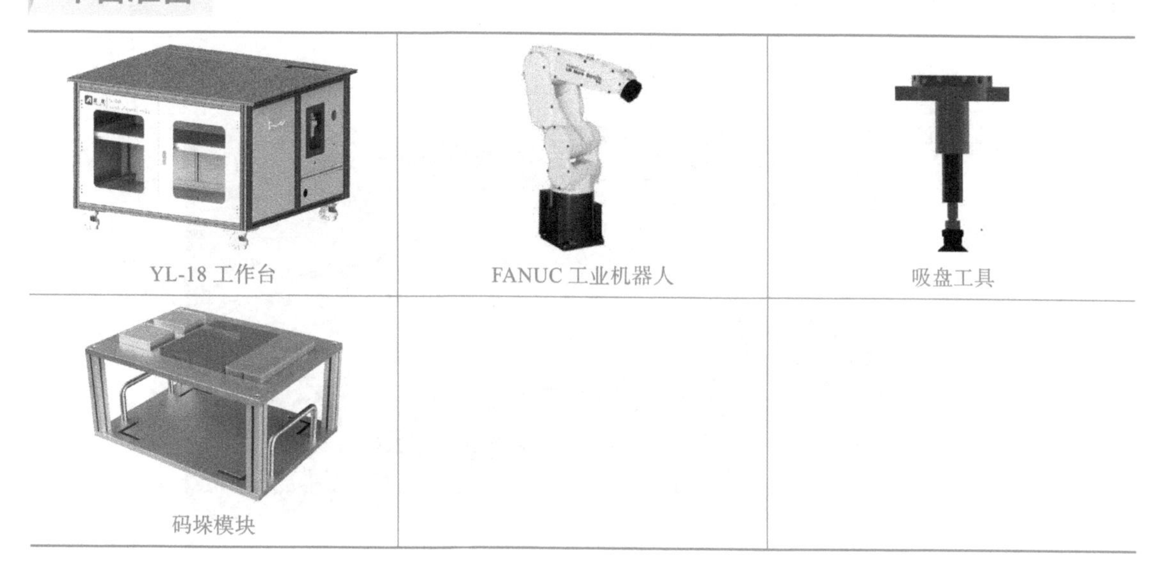

YL-18 工作台　FANUC 工业机器人　吸盘工具

码垛模块

任务 1 搬运工作站仿真环境搭建

学习目标

1. 掌握建立工业机器人仿真工作站的基本步骤和操作原理。
2. 能够根据工作任务要求进行模型创建和导入。
3. 熟练运用工业机器人仿真软件完成系统布局。

知识准备

一、ROBOGUIDE 软件简介

ROBOGUIDE 软件是 FANUC 机器人公司提供的一款离线编程与仿真软件。它可以进行机器人系统方案的布局设计，模拟现实中的机器人和周边设备的布局，通过其中的 TP 示教功能，进一步模拟系统的运动轨迹。通过这样的模拟，可以验证方案的可行性，同时还可以进行机器人干涉性、可达性分析和系统的节拍估算，能够自动生成机器人的离线程序，进行机器人故障的诊断和程序的优化等。

1. ROBOGUIDE 软件的主要仿真模块

ROBOGUIDE 软件能实现不同类型的项目功能，需使用不同的仿真模块加载。

（1）ChamferingPRO 模块　用于去毛刺、倒角等工件加工的仿真应用。

（2）HandingPRO 模块　用于机床上下料、冲压、装配、注塑机等物料的搬运仿真应用。

（3）WeldPRO 模块　用于焊接、激光雕刻等工艺的仿真应用。

（4）PalletPRO 模块　用于各种码垛的仿真应用。

（5）PaintPRO 模块　用于喷涂的仿真应用。

2. ROBOGUIDE 软件的操作界面

ROBOGUIDE 软件操作界面如图 5-1 所示，分为四个部分，分别是菜单栏、工具栏、周边设备添加栏和仿真窗口。

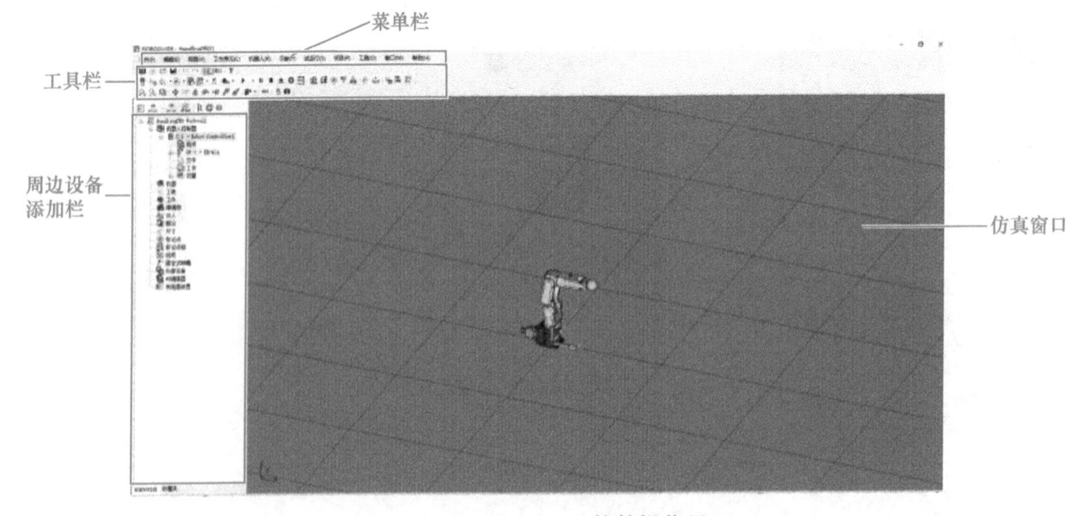

图 5-1　ROBOGUIDE 软件操作界面

二、机器人工作站系统布局

ROBOGUIDE 创建机器人工作站

机器人工作站是指以使用一台或多台机器人，配以相应周边设备，用于完成某一特定工序作业的独立生产系统，也叫机器人工作单元。机器人工作站由工业机器人、控制系统、末端执行器、夹具和变位机、工件等组成。

机器人工作站的场景环境需根据现场设备的真实布局，在工作站的三维世界中添加机器人本体及所需要的仿真实体，以此创建或导入模型，模拟真实场景，完成机器人工作站场景的布置。

构建虚拟的工作站场景需要使用三维模型，当三维模型导入 ROBOGUIDE 软件中时，会根据其模拟真实场景中的机器人、工具、工件、工作台和机械装置等不同应用角色，而放置在工程文件的不同模块中，如图 5-2 所示。一些常用模块介绍如下：

（1）工具　在仿真系统中充当机器人末端执行器的角色。

（2）工装　工装属于工件辅助模块，在仿真系统中充当夹具的角色，常见的模型包括焊枪、焊钳、夹爪、喷涂枪等。

（3）机器　机器主要服务于外部机械装置，同机器人模型一样可以实现自主运动。

（4）障碍物　障碍物是仿真中非必需的辅助模块，一般用于外围设备模型和装饰性模型，是为了保证虚拟环境和真实场景保持一致。

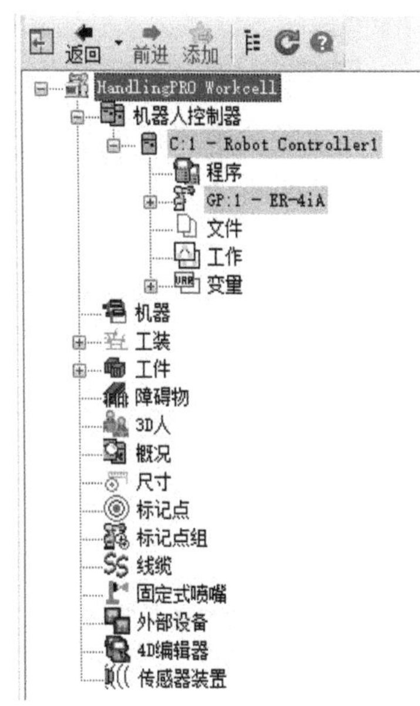

图 5-2　工程文件的模块

（5）工件　工件是离线编程与仿真的核心，在仿真系统中充当零件的角色。

任务实施

1. 图库的创建

新建图库的操作见表 5-1。

表 5-1　新建图库的操作

序号	操作说明	示意图
1	在 ROBOGUIDE 软件的菜单栏中找到“工具”下拉菜单，选中“建模器”，即可实现绘制	工具(O)　窗口(W)　帮助(H) "绘图模块_北" 文件夹 建模器 插件管理器 性能分析 生成恢复原位程序 简易示教功能 I/O面板功能

（续）

序号	操作说明	示意图
2	当图库较为复杂时，借助第三方软件绘制三维图，保存为 IGS 格式文件	电机_定子.IGS 2020/5/20 8:07 IGS 文件 电机_端盖.IGS 2020/5/20 8:07 IGS 文件 电机_转子.IGS 2020/5/20 8:08 IGS 文件 电机搬运站模块 - 02.IGS 2020/5/20 8:06 IGS 文件 旋转供料模块-机器人等级考试设备.IGS 2020/3/12 9:29 IGS 文件

2. 模块、图库的导入

由于各个模块在系统中充当的角色不同，需要分模块添加，以添加“工件”模块为例，具体方法见表 5-2。

表 5-2 添加工件

序号	操作说明	示意图
1	在周边设备添加栏中，右击“工件”，会出现“添加工件”命令	返回 前进 添加 HandlingPRO Workcell 机器人控制器 C:1 - Robot Controller1 程序 GP:1 - ER-4iA 文件 工作 变量 添加工件(P) 删除(D) 料架 重命名料架 把[无] 移到文件夹 剪切(T) 料架 复制(C) 料架 粘贴(P) [无] 创建副本[无] 折叠"[无]" 全部折叠 料架属性(E)
2	“添加工件”有六种选项，分别是 CAD 模型库、CAD 文件、多个 CAD 文件、长方体、圆柱、球。单击相应的导入方式即可。“障碍物”模块和“工装”模块创建方式与“工件”模块是一致的，共同构成机器人工作站	返回 前进 添加 HandlingPRO Workcell 机器人控制器 C:1 - Robot Controller1 程序 GP:1 - ER-4iA 文件 工作 变量 添加工件(P) 删除(D) 料架 重命名料架 把[无] 移到文件夹 剪切(T) 料架 复制(C) 料架 粘贴(P) [无] 创建副本[无] 折叠"[无]" 全部折叠 料架属性(E) CAD模型库(L) CAD文件(F) CAD模型库(L) 件(M) 长方体(B) 圆柱(C) 球(S) 文件夹

（续）

序号	操作说明	示意图
3	在机器人法兰盘上安装手爪或焊枪时，可在该机器人下选择“工具”选项，出现工具目录 UT：1 ~ UT：10，双击其中一个即可以安装工具	
4	在“CAD 文件”栏选择工具的文件，其右侧有两个按钮。其中右边的按钮为打开 ROBOGUIDE 自带的工具模型库，左边为打开 IGS 格式的模型。选择好模型后单击“应用”。然后调整工具的位置，或在“位置”中填写数据，使工具正确安装在机器人法兰盘上	

任务评价

1. 自我评价

由学生根据学习任务完成情况进行自我评价，评分值记录于表 5-3 中。

表 5-3　自我评价表

学习任务	学习内容	配分	评分标准	扣分	得分
任务1	1. 安全意识	10 分	1）不遵守相关安全规范操作，酌情扣 2~5 分 2）有其他的违反安全操作规范的行为，扣 2 分		
	2. 熟悉机器人工作站的模型导入过程	50 分	1）未能完成模型图库的导入，每步扣 2 分 2）未能完成工件的导入，每步扣 2 分		
	3. 观察记录	30 分	没有完成整体工作站的布局，每步扣 5 分		
	4. 职业规范与环境保护	10 分	1）在工作过程中工具和器材摆放凌乱，扣 3 分 2）不爱护设备、工具，不节约材料，扣 3 分 3）在完成工作后不清理现场，在工作中产生的废弃物不按规定进行处理，各扣 2 分		
总评分 =（1~4 项总分）× 40%					

2. 小组评价

由同小组的同学结合自评情况进行互评，并将评分值记录于表 5-4 中。

表 5-4　小组评价表

评价内容	配分	评分
1. 实训过程记录与自我评价情况	30 分	
2. 搬运工作站模型的导入情况	30 分	
3. 相互帮助与协作能力	20 分	
4. 安全、质量意识与责任心	20 分	
总评分 =（1~4 项总分）× 30%		

3. 教师评价

由指导教师结合自评与互评结果进行综合评价，并将意见与评分值记录于表 5-5 中。

表 5-5　教师评价表

教师总体评价意见：	
教师评分（30 分）	
总评分 = 自我评分 + 小组评分 + 教师评分	

任务 2　搬运工作站参数设置

学习目标

1. 掌握机器人搬运工作站的配置方法。
2. 掌握工作站周边设备的属性设置。
3. 完成搬运工作站工具参数的设置。
4. 完成仿真程序的运行。
5. 掌握仿真程序录制与保存的方法。

知识准备

一、机器人本体导入及其参数概述

1. 机器人本体的添加

在“视图 → 目录树”（默认在左侧显示）中双击机器人，或在工作环境中双击机器人模型可打开机器人属性面板。属性面板上一些信息与 后面介绍的“工装”的信息相同，不同之处介绍如下：

（1）型号　机器人的型号。

（2）重新生成　更改机器人的设置，单击后出现如图 5-3 所示的界面，按步骤进行操作可以修改创建机器人时选定的一些信息。

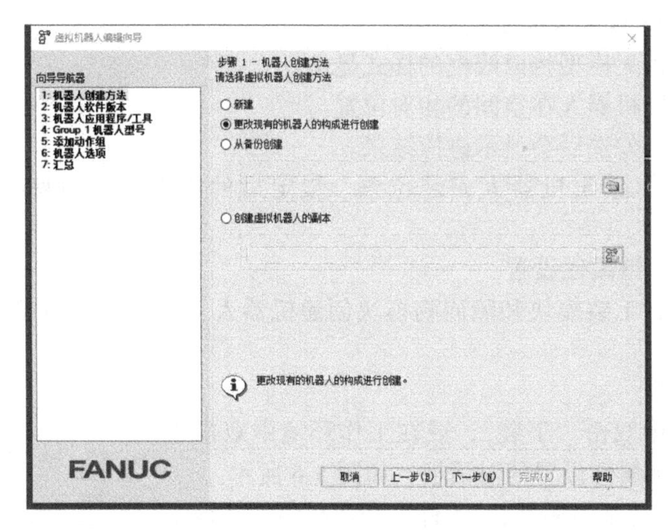

图 5-3　机器人设置更改

（3）显示示教工具　是否显示 TCP。

（4）半径　调节 TCP 的半径。在 ROBOGUIDE 中，TCP 以一个绿色的球体显示，这里可以调节此球体的半径。

（5）动作范围　显示机器人的运动范围。

如果要添加机器人，可右击“机器人控制器”，出现“添加机器人”选项，如图 5-4 所示。

2. 仿真工作站机器人属性设置

打开“目录树”窗口，选中机器人图标，右击“GP：1-ER-4iA 属性”（ER-4iA 机器人属性），或者双击机器人。

在弹出的图 5-5 所示的属性界面中：

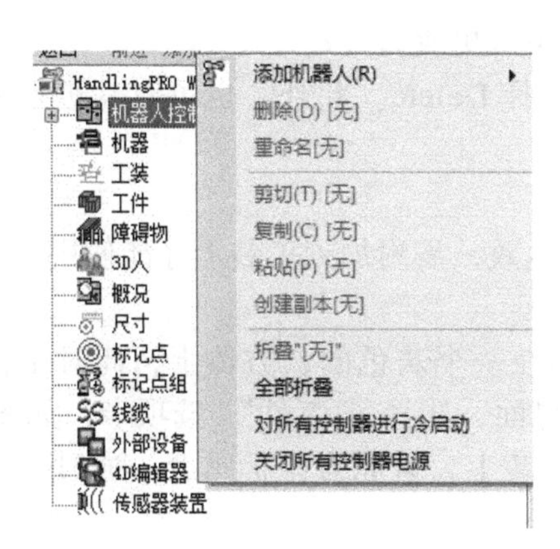

图 5-4　添加机器人

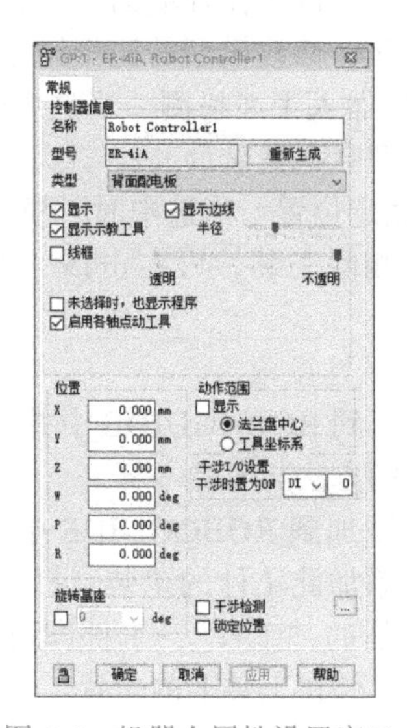

图 5-5　机器人属性设置窗口

（1）重新生成　可以重新更改基本工作环境的设置，重新选择机器人型号。

（2）显示　控制机器人的显示状态（不勾选时机器人不可见）。

（3）显示示教工具　控制是否显示 TCP 点。

（4）半径　控制 TCP 点的半径大小。

（5）线框　机器人模型将以线框的样式显示。

（6）位置　设置机器人在空间的相对位置。

（7）干涉检测　勾选后会显示碰撞结果。

（8）锁定位置　锁定机器人安装位置。锁定后的机器人，机座坐标系由绿色变成红色。

二、周边设备模型属性设置

通过工件模块、工装模块和障碍物模块创建机器人工作站周边设备后，可对它们的属性进行设置。

1. 工装属性设置

在“目录树”中双击“工装”，或在工作环境中双击工装的模型以打开工装属性设置的对话框，如图 5-6 所示。

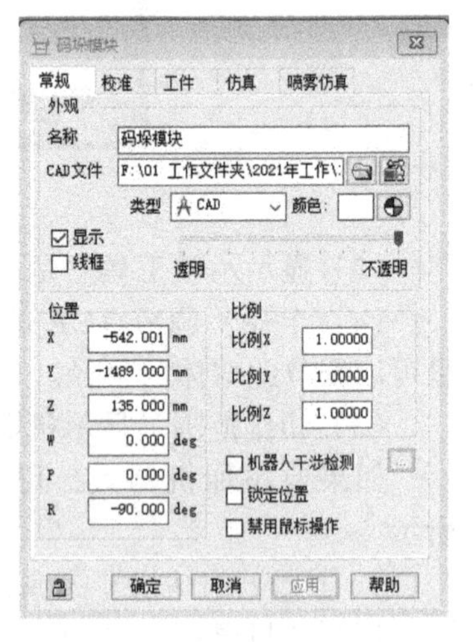

图 5-6　工装属性设置的对话框

“常规”是工装的基本属性；“工件”是选择附加在该工装上的工件；“仿真”是对附加的工件进行仿真。

“常规”选项卡下各项说明如下：

（1）名称　更改工装的名字。

（2）CAD 文件　所添加模型的文件路径。

（3）显示　显示或者隐藏工装（更改后要单击应用才能生效）。

（4）类型　工装的类型。

（5）颜色　改变工装的颜色。

（6）线框　选中后模型以线框样式显示。

（7）透明滑块条　更改模型的透明度。

（8）位置　以工作环境的原点为参照，定义模型原点的位置。

（9）比例　修改模型的比例尺寸。

（10）机器人干涉检测　当选中时，会检测此模型是否与工作环境内的机器人有碰撞。若有，此模型会高亮显示。

（11）锁定位置　当选中时，模型的位置不可更改。

若需要删除工装，可右击该“工装”，选择 Delete。此外，也可对其进行复制、粘贴操作。

2. 工件属性设置

工件加入到 ROBOGUIDE 中并不能马上生效，需附加到工装上才能使用。添加工件以及工件种类的方法与工装一样。

当工件添加到 ROBOGUIDE 中时会显示在一个灰色的长方体上，此时工件还不能使用，选择将添加此工件的工装，打开其属性界面，选择“工件”选项卡，如图 5-7 所示。选中需要附加的“工件”，工件即可附加到工装上，且原点坐标重合。通过“编辑工件偏移”可修改工件在工装上的位置。

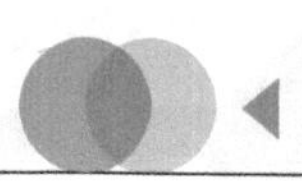

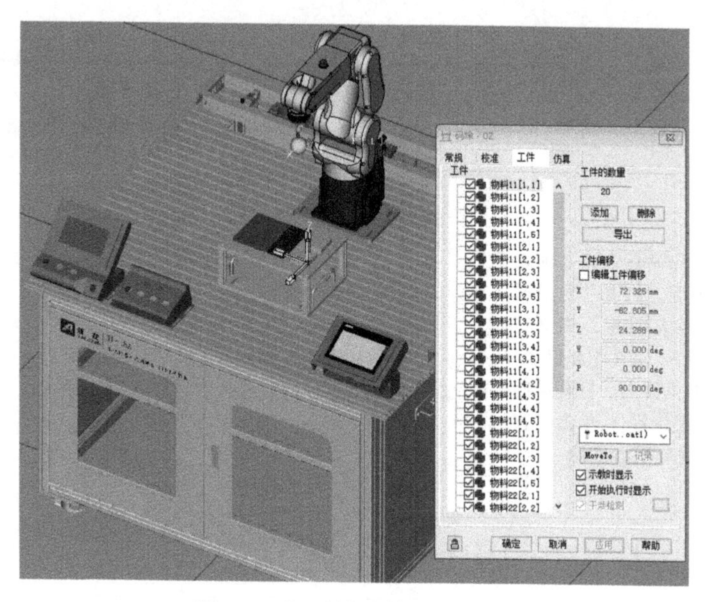

图 5-7 “工件”添加相关工件

3. 障碍物属性设置

其属性与工装基本一样，但障碍物不能让工件附加在上面。

任务实施

一、搬运工作站工具参数设置

1. 搬运工作站机器人本体位置的设置

搬运工作站机器人本体与周边设备模型的参数配置好之后，还需要对工作站中的工具参数进行设定，首先将机器人本体的位置锁定。搬运工作站机器人本体位置的设置步骤见表 5-6。

表 5–6 搬运工作站机器人本体位置的设置步骤

序号	操作详情	示意图
1	工具导入后，在“目录树”窗口选择“机器人控制器→C：1-Robot Controller1→GP：1-ER-4iA→工具，然后双击“UT：1（Eoat1）”，弹出工具参数设置对话框	

（续）

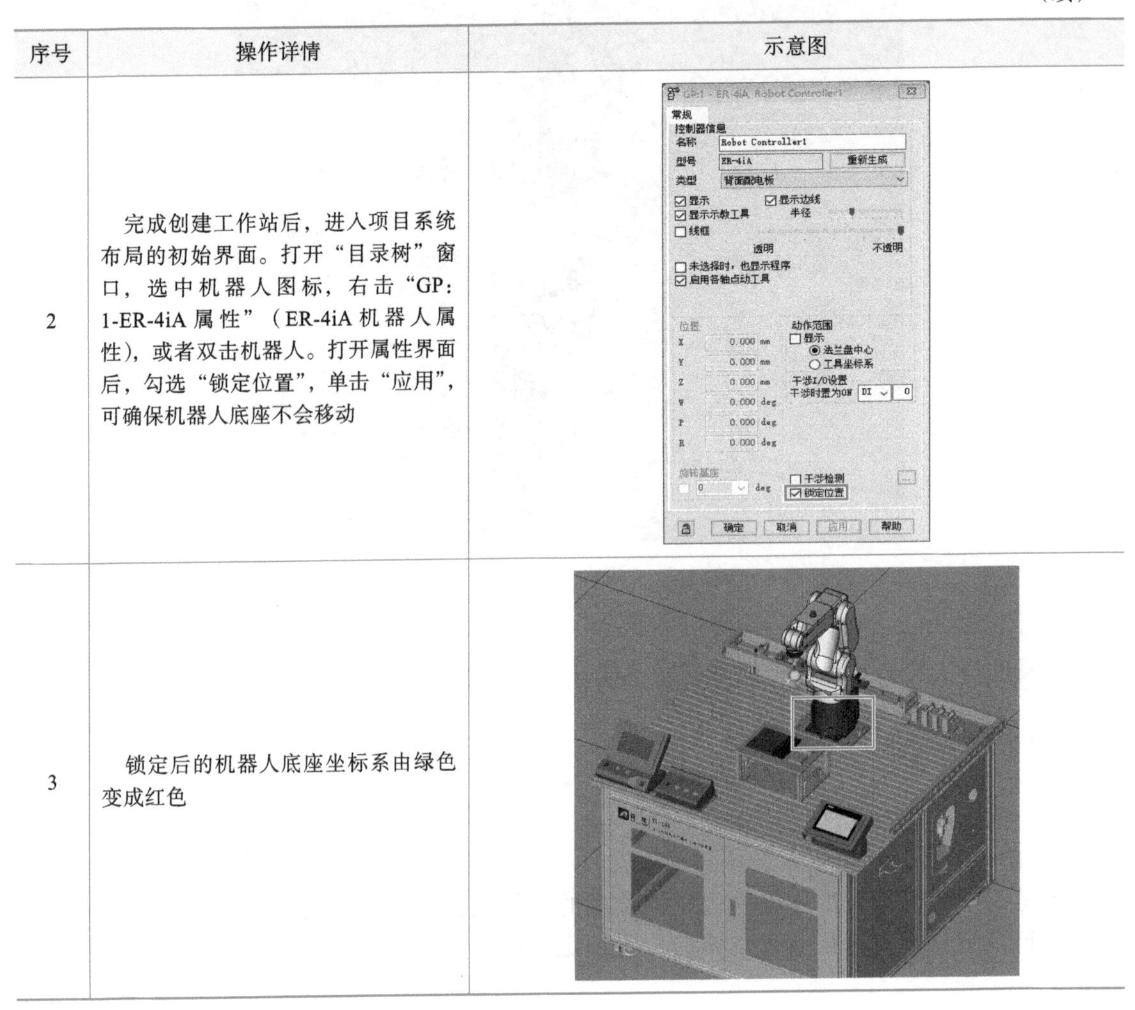

序号	操作详情	示意图
2	完成创建工作站后，进入项目系统布局的初始界面。打开“目录树”窗口，选中机器人图标，右击“GP：1-ER-4iA 属性”（ER-4iA 机器人属性），或者双击机器人。打开属性界面后，勾选“锁定位置”，单击“应用”，可确保机器人底座不会移动	
3	锁定后的机器人底座坐标系由绿色变成红色	

2. 工业机器人夹具添加

在创建机器人工作站后，需要添加工业机器人夹具，具体操作见表 5-7。

表 5-7　工业机器人夹具添加具体操作

序号	操作详情	示意图
1	在“目录树”窗口双击“机器人控制器→C：1-Robot Controller1→GP：1-LR Mate 200iD/4S→工具→UT：1（Eoat1）”，右击选择“Eoat1 属性”，或者双击机器人，弹出工具参数设置的对话框	

（续）

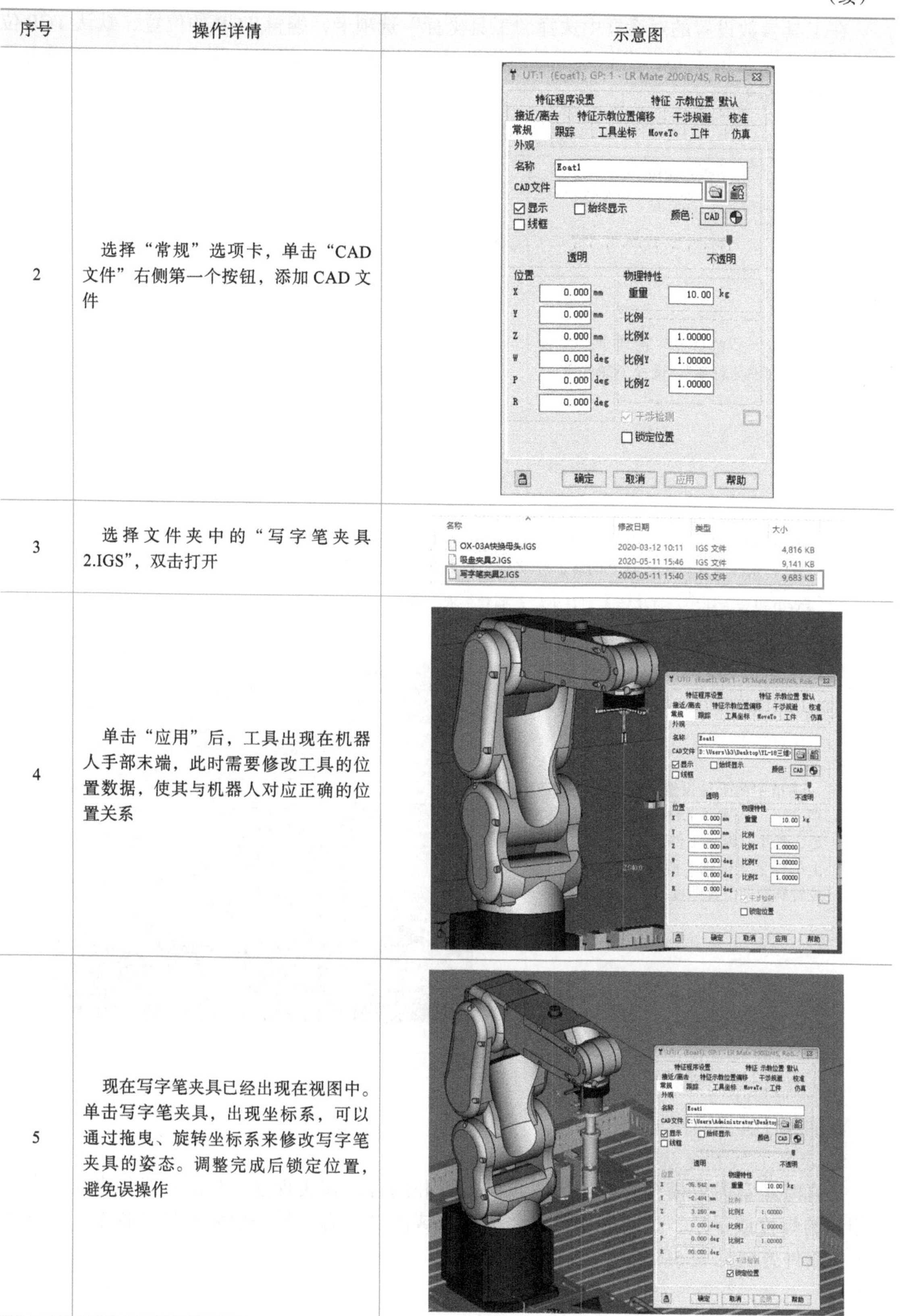

序号	操作详情	示意图
2	选择“常规”选项卡，单击“CAD文件”右侧第一个按钮，添加CAD文件	
3	选择文件夹中的“写字笔夹具2.IGS”，双击打开	
4	单击“应用”后，工具出现在机器人手部末端，此时需要修改工具的位置数据，使其与机器人对应正确的位置关系	
5	现在写字笔夹具已经出现在视图中。单击写字笔夹具，出现坐标系，可以通过拖曳、旋转坐标系来修改写字笔夹具的姿态。调整完成后锁定位置，避免误操作	

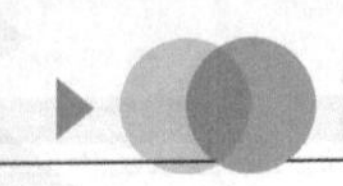

3. 工具坐标 TCP 设置

在工具参数设置的对话框中选择“工具坐标”选项卡，编辑 TCP 的位置，默认 TCP 位于机器人法兰盘的中心，当装入手爪后需要重新调整位置，将它放到手爪上。TCP 设置具体操作见表 5-8。

表 5-8　TCP 设置具体操作

序号	操作详情	示意图
1	选择“工具坐标”选项卡，勾选“编辑工具坐标系”，设置 TCP 位置	应用坐标系的位置
2	TCP 设置方法一：使用鼠标，直接拖动画面中的绿色工具坐标系，调整至合适位置。单击“应用坐标系的位置”，软件会自动算出 TCP 的 X、Y、Z 值，单击“应用”确认	
3	TCP 设置方法二：直接输入工具坐标系偏移数据，单击“应用”确认	
4	手爪中的工件设置。在“工件”选项卡上，选择“工件”，单击“应用”后，选中“编辑工件偏移”，拖动手爪上的绿色坐标轴，调整手爪上的工件位置到预期位置即可	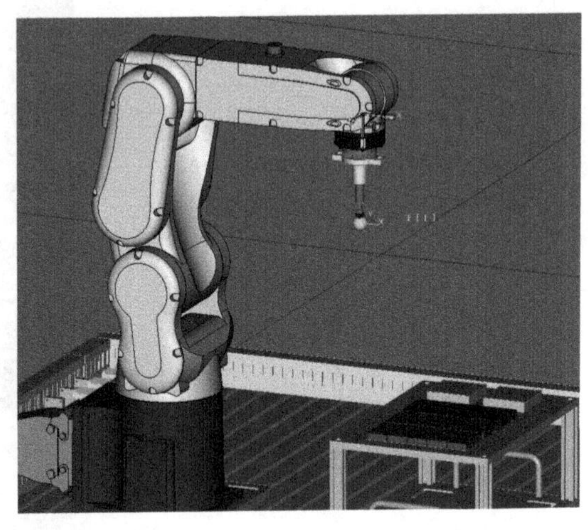

4. 添加工件

添加工件具体操作见表 5-9。

5. 定义工具上的工件方向

仿真时经常需要模拟焊枪或者手爪的打开和闭合，在实现这个功能时必须事先准备两把相同的焊枪或手爪，通过三维软件将一个调成闭合状态，另一个调成打开状态，定义工具上的工件方向见表 5-10。

表 5–9　添加工件具体操作

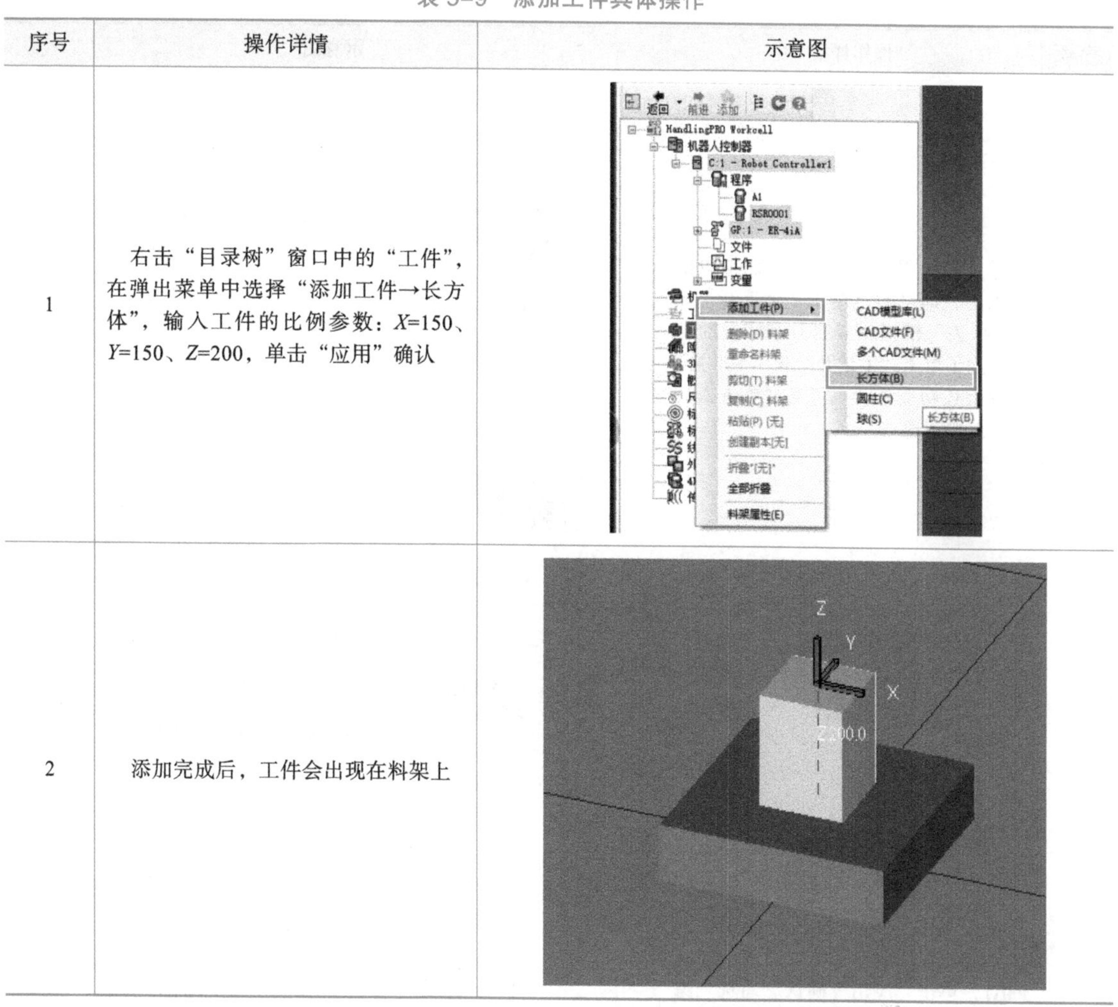

序号	操作详情	示意图
1	右击“目录树”窗口中的“工件”，在弹出菜单中选择“添加工件→长方体”，输入工件的比例参数：X=150、Y=150、Z=200，单击“应用”确认	
2	添加完成后，工件会出现在料架上	

表 5–10　定义工具上的工件方向

序号	操作详情	示意图
1	双击工具，出现工具参数设置的对话框，选择“仿真”选项卡	
2	在“功能”选项里，选择“搬运 - 夹紧”；在“动作时的 CAD 文件”选项里，单击图标，选择“grisppers”中的“36005f-200-4”作为关闭状态的工具模型	

（续）

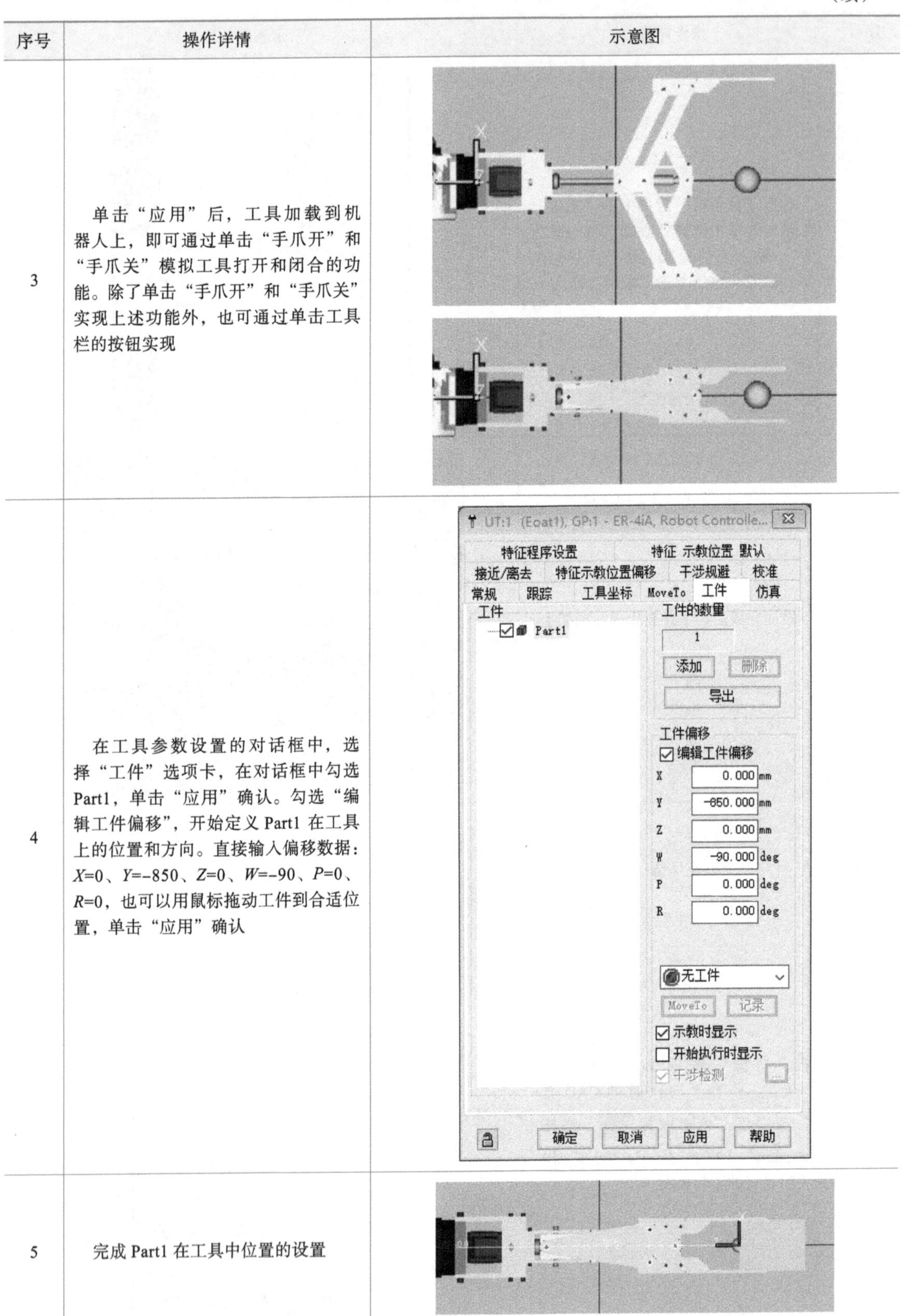

序号	操作详情	示意图
3	单击“应用”后，工具加载到机器人上，即可通过单击“手爪开”和“手爪关”模拟工具打开和闭合的功能。除了单击“手爪开”和“手爪关”实现上述功能外，也可通过单击工具栏的按钮实现	
4	在工具参数设置的对话框中，选择“工件”选项卡，在对话框中勾选Part1，单击“应用”确认。勾选“编辑工件偏移”，开始定义Part1在工具上的位置和方向。直接输入偏移数据：X=0、Y=–850、Z=0、W=–90、P=0、R=0，也可以用鼠标拖动工件到合适位置，单击“应用”确认	
5	完成Part1在工具中位置的设置	

6. 添加工装

添加工装具体操作见表 5-11。

ROBOGUIDE 中工装的添加

表 5-11　添加工装具体操作

序号	操作详情	示意图
1	新建 Fixture1，用于抓取工件目标地。右击“目录树”窗口中的“工装”，在弹出菜单中选择“添加工装→长方体”，在弹出窗口中输入 Fixture1 的尺寸：X=1000，Y=1000，Z=750。再输入位置：X=850、Y=1500、Z=750、W=0、P=0、R=0，单击“应用”确认	Fixture1 常规 图像 校准 工件 仿真 外观 名称 Fixture1 CAD文件 类型 长方体 颜色: 显示 线框 透明 不透明 位置 X 850.000 mm Y 1500.000 mm Z 750.000 mm W 0.000 deg P 0.000 deg R 0.000 deg 尺寸 尺寸X 1000.000 mm 尺寸Y 1000.000 mm 尺寸Z 750.000 mm 机器人干涉检测 锁定位置 禁用鼠标操作 确定 取消 应用 帮助
2	将工件关联至 Fixture1 上。单击 Fixture1 的属性窗口，在 Fixture1 中的“工件”选项卡中选中 Part1，单击“应用”。选中“编辑工件偏移”，并确定其位置补偿数据 Z=200，再单击“应用”	Fixture1 常规 图像 校准 工件 仿真 工件 Part1 工件的数量 1 添加 删除 导出 工件偏移 编辑工件偏移 X 0.000 mm Y 0.000 mm Z 200.000 mm W 0.000 deg P 0.000 deg R 0.000 deg Robot..oat1) MoveTo 记录 示教时显示 开始执行时显示 干涉检测 确定 取消 应用 帮助

（续）

序号	操作详情	示意图
3	定义工件的仿真参数。双击Fixture1，出现属性对话框，在“仿真”选项卡中选择Part1，勾选“允许抓取工件”，说明这个工装用于摆放抓取的工件。修改“生成延迟时间”为2.00sec，表明工件被抓取2s后会自动生成。再单击“应用”	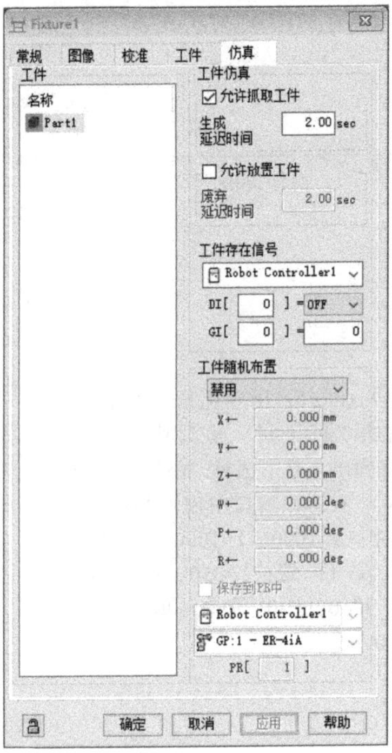
4	新建Fixture2，作为工件放置地。重复上述步骤，将Fixture2的偏移量*Y*改为1500，其他数值与Fixture1一致。单击改变颜色，以示区别。再将工件关联到Fixture2上	

7. 创建仿真程序

搬运工作站仿真程序设置见表5-12。

表5-12　搬运工作站仿真程序设置

序号	操作详情	示意图
1	在“目录树”窗口中右击程序名，在弹出菜单中选择“创建仿真程序”，在弹出窗口输入程序名“pickup1”，单击“确定”	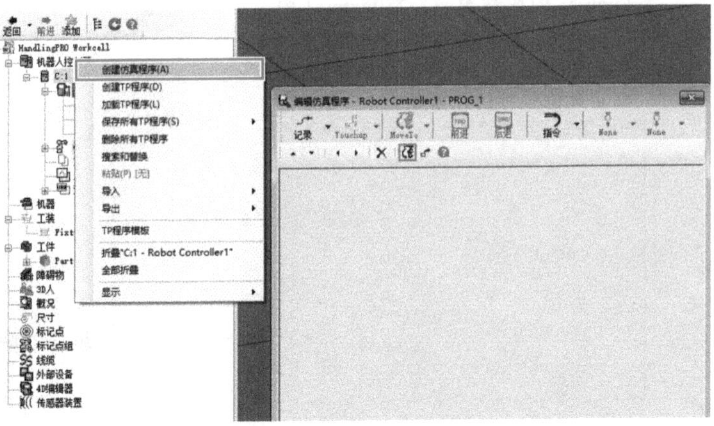

（续）

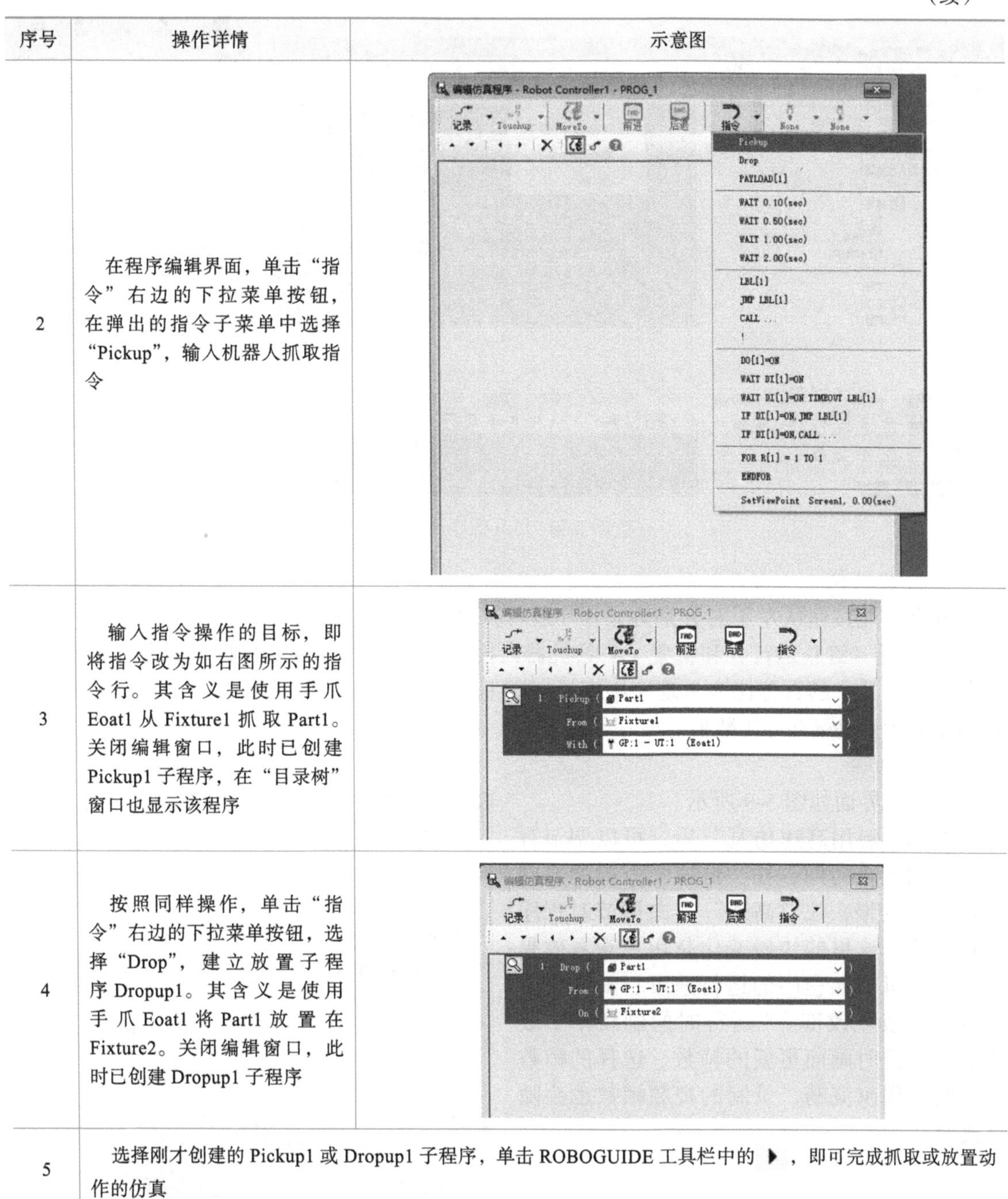

序号	操作详情	示意图
2	在程序编辑界面，单击“指令”右边的下拉菜单按钮，在弹出的指令子菜单中选择“Pickup”，输入机器人抓取指令	
3	输入指令操作的目标，即将指令改为如右图所示的指令行。其含义是使用手爪Eoat1从Fixture1抓取Part1。关闭编辑窗口，此时已创建Pickup1子程序，在“目录树”窗口也显示该程序	
4	按照同样操作，单击“指令”右边的下拉菜单按钮，选择“Drop”，建立放置子程序Dropup1。其含义是使用手爪Eoat1将Part1放置在Fixture2。关闭编辑窗口，此时已创建Dropup1子程序	
5	选择刚才创建的Pickup1或Dropup1子程序，单击ROBOGUIDE工具栏中的 ▶ ，即可完成抓取或放置动作的仿真	

二、仿真程序运行及录制

通过运行仿真程序让机器人执行当前程序，沿着示教好的路径移动，用户可直观地看到机器人的仿真运动结果，可以分析项目实施过程，做出进一步优化。同时，ROBOGUIDE软件还提供了视频录制功能。

如图5-8所示，单击菜单栏中“试运行”，在下拉菜单中单击“运行面板”，或单击主工具栏中 ▣，可弹出“运行面板”对话框，包含五个功能按钮和五个设置区。

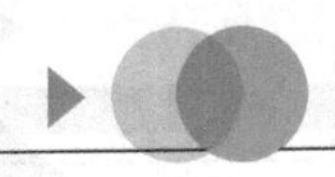

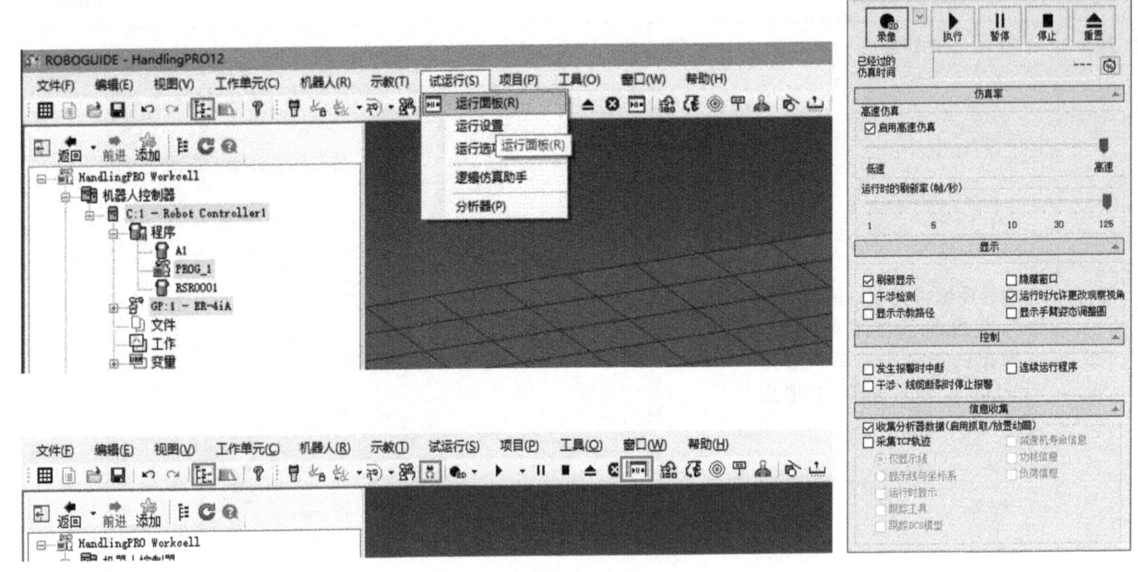

图 5-8　仿真程序运行

1. 功能按钮

五个功能按钮从左至右分别为录像（运行并录制视频）、执行（运行程序）、暂停（暂停运行）、停止（终止运行）和重置（消除机器人报警）。数据栏中显示的时间是程序运行的仿真节拍，括号中的百分比表示现实中度过 1s，程序运行仿真时间度过 -%。数据栏右侧的按钮用于显示 / 隐藏百分比数值。

2. 仿真率

仿真率界面如图 5-9 所示。

勾选“启用高速仿真”后，可以调节程序允许的同步时间，往“低速”方向调节时程序运行变慢，往“高速”方向调节时程序运行变快。这里的快慢变化是用户观看效果的快慢，机器人程序的运行速度、动作、节拍等不会发生改变。“运行时的刷新率”改变的是运行时画面更新的帧数，选择的帧数越高则动作越流畅，录制的视频帧数也会随之改变。

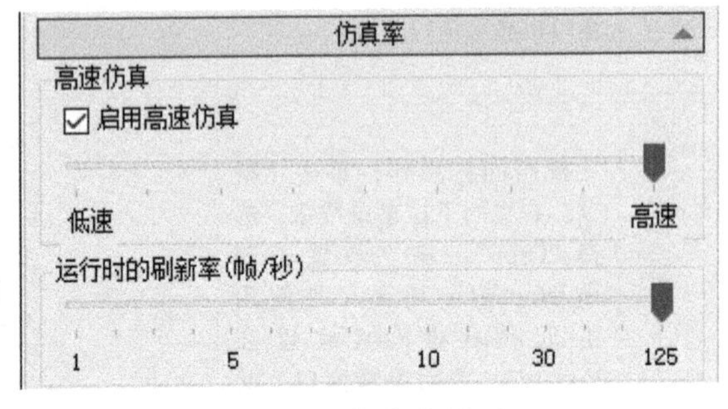

图 5-9　仿真率界面

3. 显示

显示界面如图 5-10 所示。在运行仿真程序时，可根据需求进行相关的显示设置。如可勾选“运行时允许更改观察视角”选项。

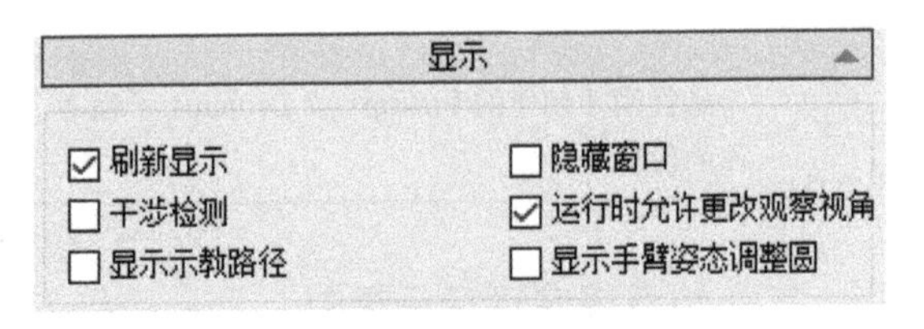

图 5-10　显示界面

4. 控制

控制界面如图 5-11 所示。

运行控制界面有三个控制项，“发生报警时中断”表示运行报错时终止；“连续运行程序”表示循环运行程序；“干涉、线缆断裂时停止报警”表示将干涉及电缆断裂信息发送给控制柜。

5. 信息收集

信息收集界面如图 5-12 所示。

选择在程序运行时需要收集的数据。勾选“收集分析器数据（启用抓取/放置动画）”后，可以收集程序运行数据，只有勾选了这个选项才能实现手爪上工件的抓与放。“采集 TCP 轨迹”则是收集运行时 TCP 的轨迹。右边的三个选项用于收集程序运行时减速机寿命信息、功耗信息以及负荷信息。

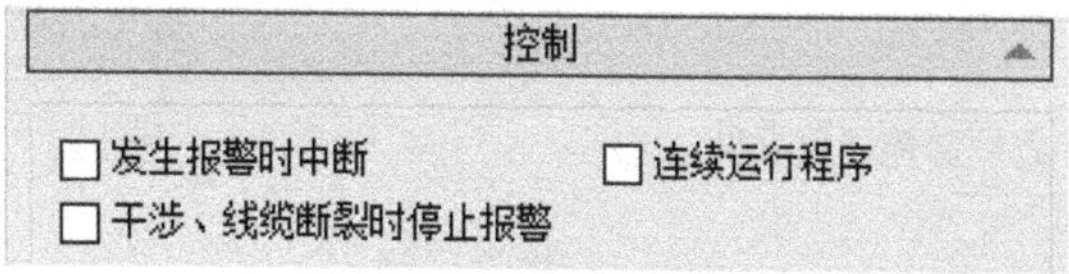

控制
☐发生报警时中断 ☐连续运行程序
☐干涉、线缆断裂时停止报警

图 5-11 控制界面

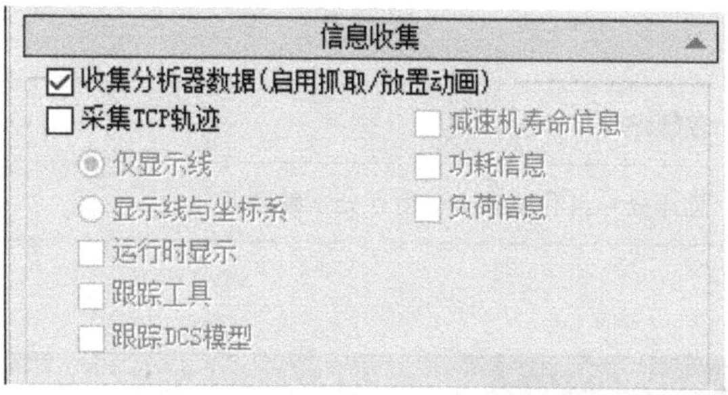

信息收集
☑收集分析器数据(启用抓取/放置动画)
☐采集TCP轨迹 ☐减速机寿命信息
◉仅显示线 ☐功耗信息
○显示线与坐标系 ☐负荷信息
☐运行时显示
☐跟踪工具
☐跟踪DCS模型

图 5-12 信息收集界面

任务评价

1. 自我评价

由学生根据学习任务完成情况进行自我评价，评分值记录于表 5-13 中。

表 5-13 自我评价表

学习任务	学习内容	配分	评分标准	扣分	得分
任务2	1. 仿真模型参数的设置	20 分	未完成机器人本体参数设置，每步扣 2 分		
	2. TCP 配置	20 分	未完成 TCP 设置，每步扣 2 分		
	3. 工件、工装属性设置	30 分	1）未能关联工件与 Tool，每步扣 2 分，共 15 分 2）未能关联工件与工装，每步扣 2 分，共 15 分		
	4. 机器人抓取工件、放置工件	30 分	1）未能实现抓取工件功能，每步扣 2 分，共 15 分 2）未能实现放置工件功能，每步扣 2 分，共 15 分		
总评分 =（1~4 项总分）× 40%					

2. 小组评价

由同小组的同学结合自评情况进行互评，并将评分值记录于表 5-14 中。

表 5-14 小组评价表

评价内容	配分	评分
1. 实训过程记录与自我评价情况	10 分	
2. 仿真参数配置情况	50 分	
3. 相互帮助与协作能力	20 分	
4. 安全、质量意识与责任心	20 分	
总评分 =（1~4 项总分）× 30%		

3. 教师评价

由指导教师结合自评与互评结果进行综合评价，并将意见与评分值记录于表 5-15 中。

表 5-15 教师评价表

教师总体评价意见：	
教师评分（30 分）	
总评分 = 自我评分 + 小组评分 + 教师评分	

任务 3 工业机器人码垛程序编制与调试

学习目标

1. 熟练操作 ROBOGUIDE 仿真软件搭建工作站仿真环境。
2. 利用 ROBOGUIDE 软件完成编写码垛程序。
3. 能够根据任务要求完成离线编程和应用调试。

知识准备

码垛工作站概述

码垛工作站是一种集成化的系统，它包括码垛机器人、控制器、编程器、机器人手爪、自动拆 / 叠盘机、托盘输送及定位设备和码垛模式软件。它还配置自动称重、贴标签和检测及通信系统，并与生产控制系统相连接，以形成一个完整的集成化包装生产线。

码垛工作站的创建

码垛工作站的运行受到智能工作站的管制，由人工根据机器人运行的状态来决策，但是在决策之前，可借助仿真软件对机器人码垛工作中各阶段进行测试，再根据仿真结果来分析码垛机器人运行是否存在潜在问题，这样能够有效地提高机器人码垛的工作效率，并且降低开发成本。

本任务针对项目 5 任务 2 中的单一工件的搬运进行扩展。对于多个工件的搬运，如果仍然采用单一工件的搬运策略显然不合理，为了解决这一问题，可以采取码垛策略以规划码垛任务。

任务实施

1. 码垛工作站配置

首先对码垛工作站进行配置，码垛工作站的配置见表 5-16。

表 5-16　码垛工作站的配置

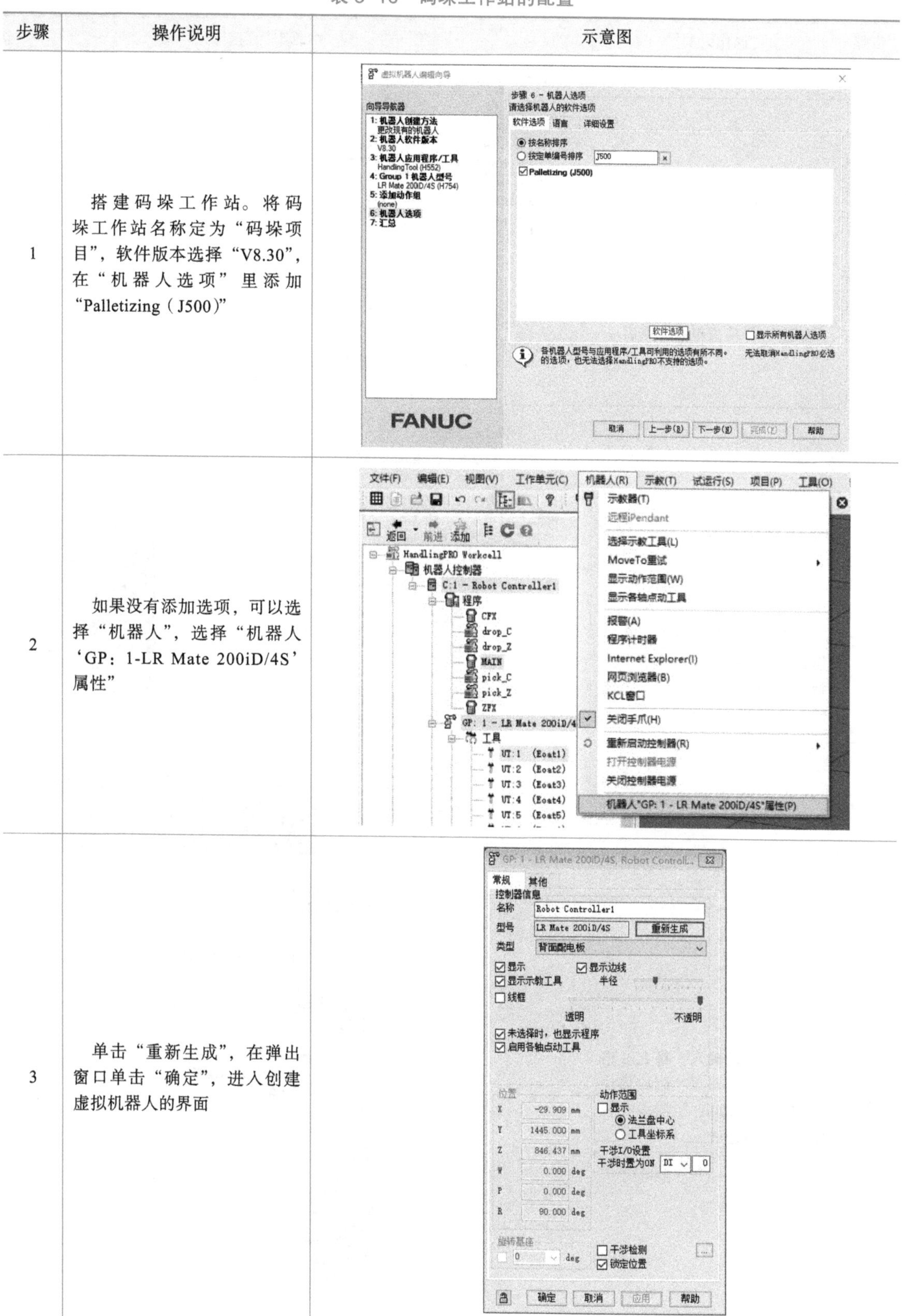

步骤	操作说明	示意图
1	搭建码垛工作站。将码垛工作站名称定为“码垛项目”，软件版本选择“V8.30”，在“机器人选项”里添加“Palletizing（J500）”	
2	如果没有添加选项，可以选择“机器人”，选择“机器人‘GP：1-LR Mate 200iD/4S’属性”	
3	单击“重新生成”，在弹出窗口单击“确定”，进入创建虚拟机器人的界面	

（续）

步骤	操作说明	示意图
4	选择“6：机器人选项”添加码垛选项，添加完成后，单击“下一步”，单击“完成”，返回到机器人属性界面，单击“应用”，在弹出窗口，单击“确定”，等待虚拟系统重启	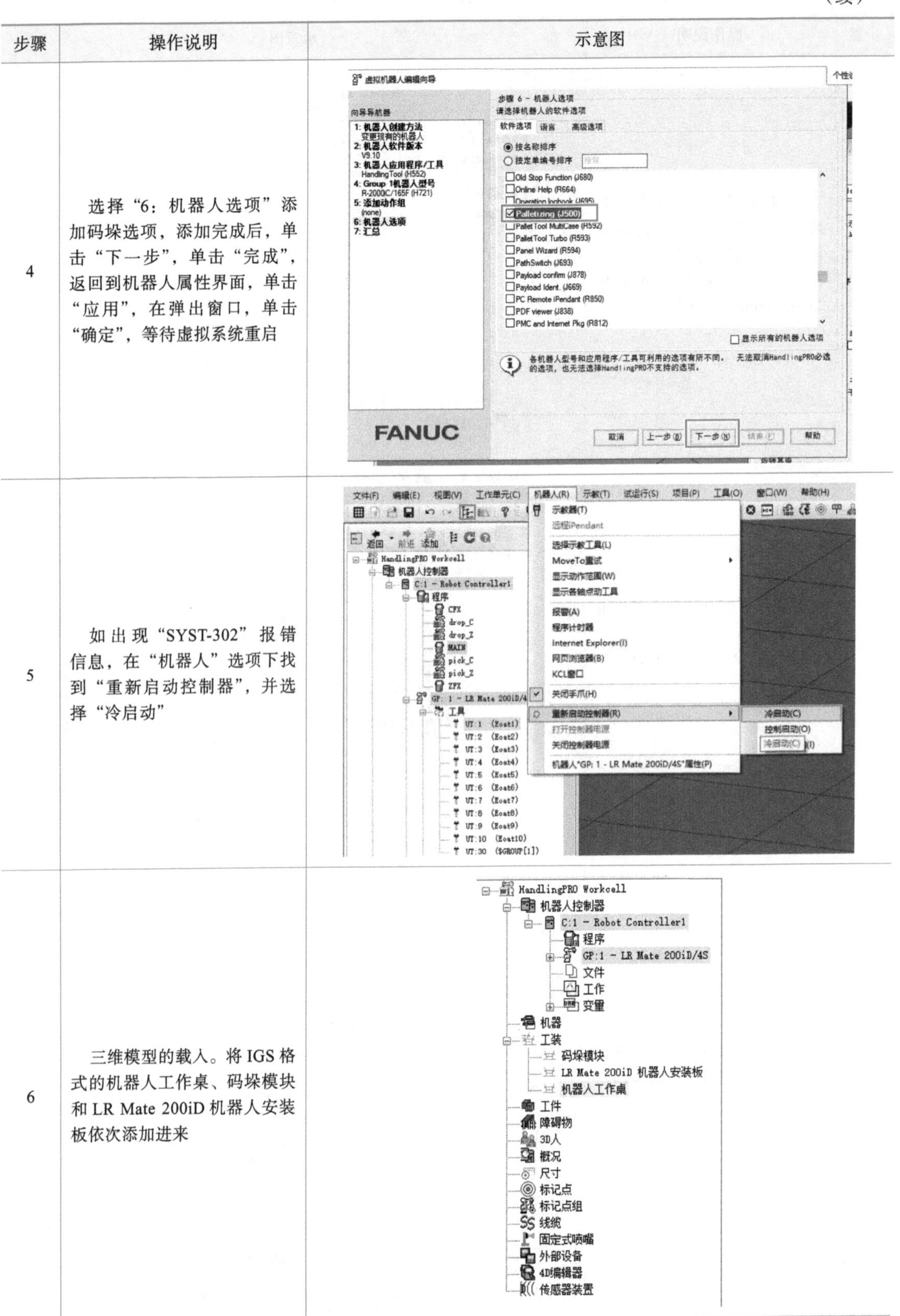
5	如出现“SYST-302”报错信息，在“机器人”选项下找到“重新启动控制器”，并选择“冷启动”	
6	三维模型的载入。将 IGS 格式的机器人工作桌、码垛模块和 LR Mate 200iD 机器人安装板依次添加进来	

（续）

步骤	操作说明	示意图
7	机器人手爪的载入。在工具参数设置的对话框中选择“常规”选项卡，单击“CAD文件”左侧第一个按钮，添加CAD文件	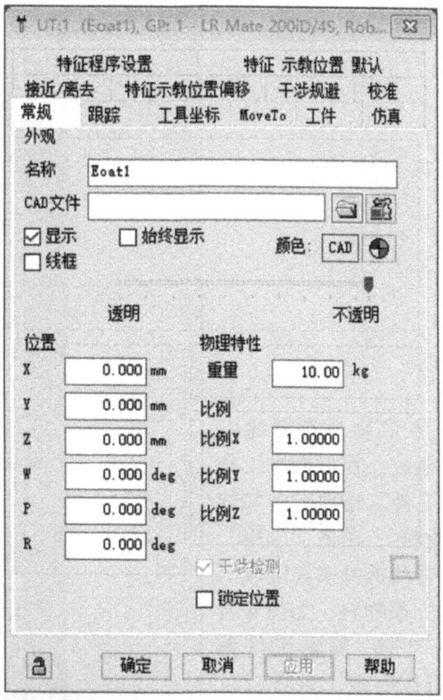
8	调整TCP点的位置。在“工具坐标”选项卡下编辑TCP，默认的TCP位于机器人法兰盘的中心，当装入手爪后需要重新调整位置时，将工具放到手爪上，然后单击“应用坐标系的位置”记录下位置信息	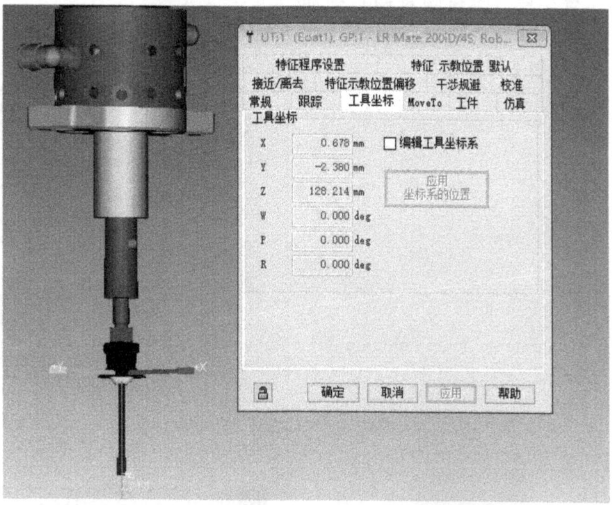
9	工件的载入。单击“添加工件→CAD文件”，选择文件，将IGS格式的正方形工件、长方形工件依次添加进来，并重新命名以区分夹取和放置的工件，也可以选择“多个CAD文件”添加多个CAD模型	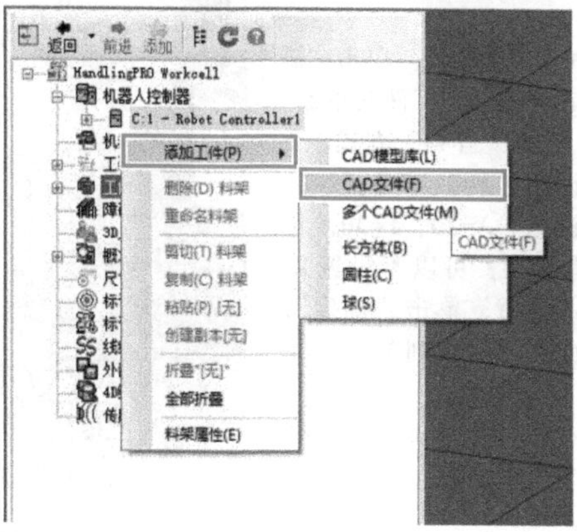

（续）

步骤	操作说明	示意图
10	设置正方形物料在拆垛工作台上的摆放。双击拆垛工作台，在“工件”选项卡中勾选“正方形物料”，单击“应用”，此时可以看到拆垛模块区域出现一个正方形物料，如图a所示。接着勾选“编辑工件偏移”，便可以对该工件进行位置调整，将该物料调整到如图b所示位置后，取消勾选“编辑工件偏移”	a） b）
11	添加正方形物料。单击“添加”，在弹出的“工件的布置”窗口，选择“阵列”方式，工件数设置：X=2、Y=5、Z=1，位置设置：X=30、Y=30，因为只有一层，可以不设置Z。设定完成后，单击“确定”，出现如图所示排列的正方形物料	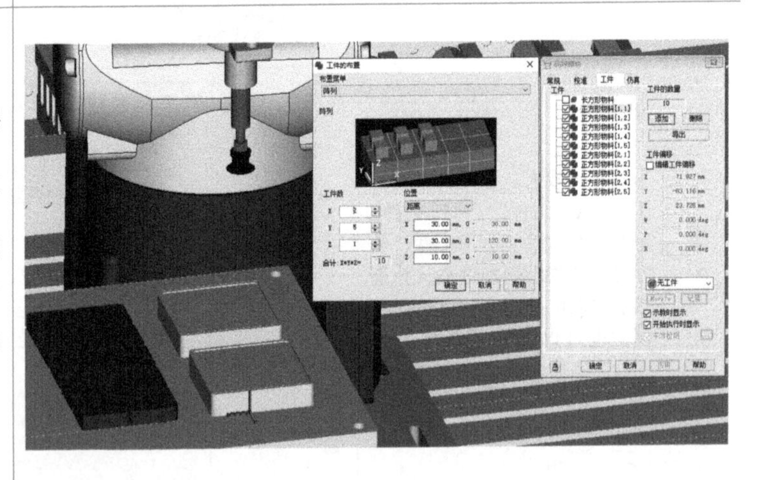

（续）

步骤	操作说明	示意图
12	继续设定需要码垛的阵列，添加一个副本工件，将该工件移至码垛区域进行设置。移至如图 a 所示位置后，单击“添加”，按图 b 设定码垛的参数即可，由于码垛区只设置了 10 个物料，按图 c 所示会设定出 12 个码垛区域的物料，所以需要将［1.2.3］，［2.2.3］两个位置的物料取消勾选并单击“应用”，便只剩下 10 个物料。单击“确定”设定完毕，可以取消勾选拆垛区域 10 个物料的“开始执行时显示”	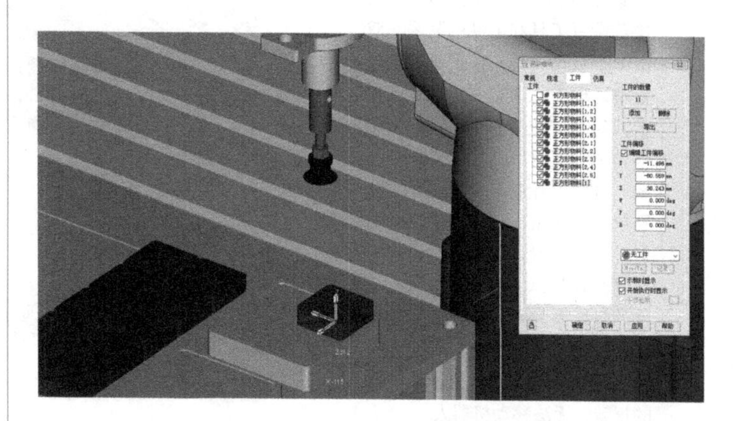 a） 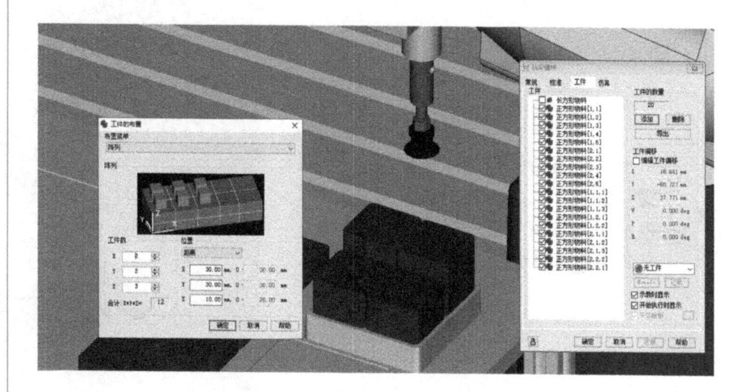 b） 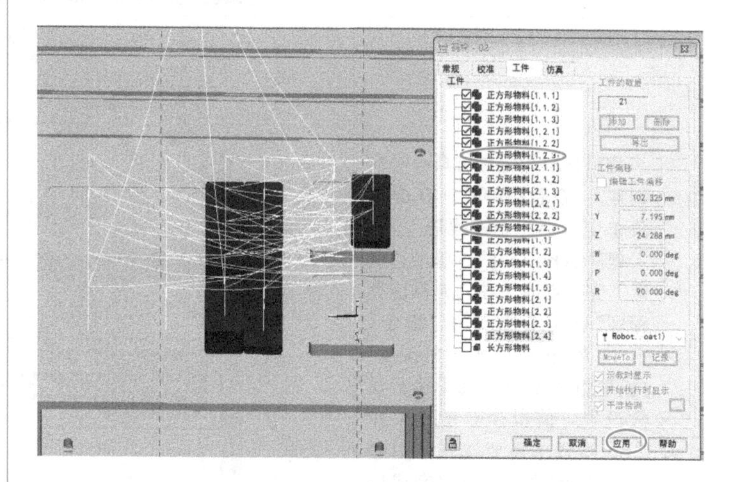 c）

（续）

步骤	操作说明	示意图
13	设定好该物料的码垛阵列后，接着设置工具和工件的联系。双击图中吸盘夹具，在工具参数设置对话框中，选定“工件”选项卡，勾选“正方形物料”，并调整位置，取消勾选“示教时显示”和“开始执行时显示”，分别单击“应用”和“确定”后结束工件的设置。注意：在设定工件的位置时，一定要将工具上工件的坐标系与码垛工作台上的坐标系保持一致，否则在后面进行编程时，会出现类似位置不可达的报警，无法移动机器人	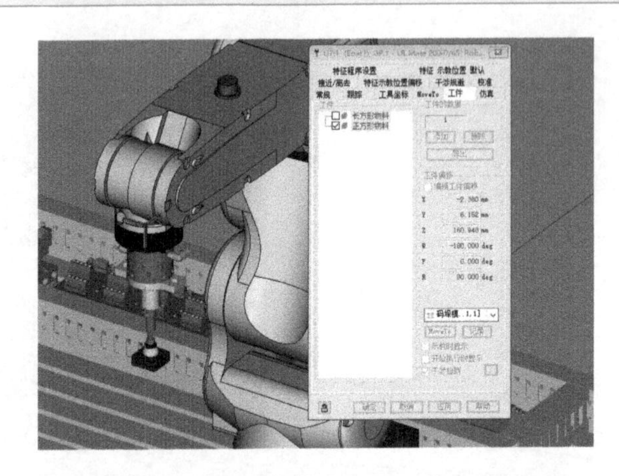
14	此时正方形物料的工作环境搭建完成，红色物料的设置可根据如上步骤完成。设定完成后的工作环境如图所示	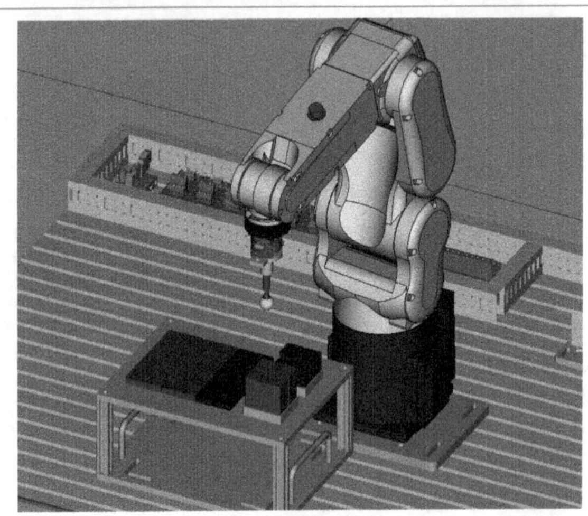
15	物料抓取和放置仿真程序的创建。右击“程序”，在弹出菜单中选择“创建程序”，输入程序名称“z_f”，单击“确定”完成创建。在“编辑仿真程序”对话框中单击“指令”下拉菜单，选择“Pickup”（抓取指令），在界面上进行参数设置。值得注意的是，在From参数中需要选择带后缀“[*]”的物料。设置完成后关闭窗口即可	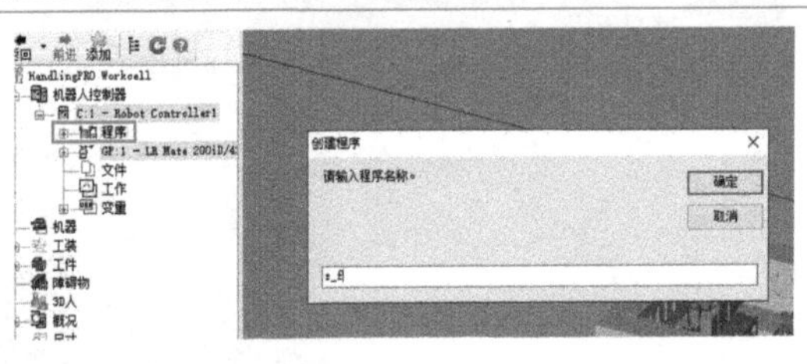

（续）

步骤	操作说明	示意图
16	完成抓取的仿真程序后，再建立一个“F_F”的放置程序，单击“指令”下拉菜单选择“Drop”，参数设定如图所示。注意：抓取和放置所用的指令不要弄错	编辑仿真程序 - Robot Controller1 - F_F 记录 Touchup MoveTo 前进 后退 指令 None None 1: Drop (正方形物料) From (GP:1 - UT:1 (Eoat1)) On (码垛模块 : 正方形物料[*])

2. 创建 TP 程序

创建 TP 程序见表 5-17。

表 5-17　创建 TP 程序

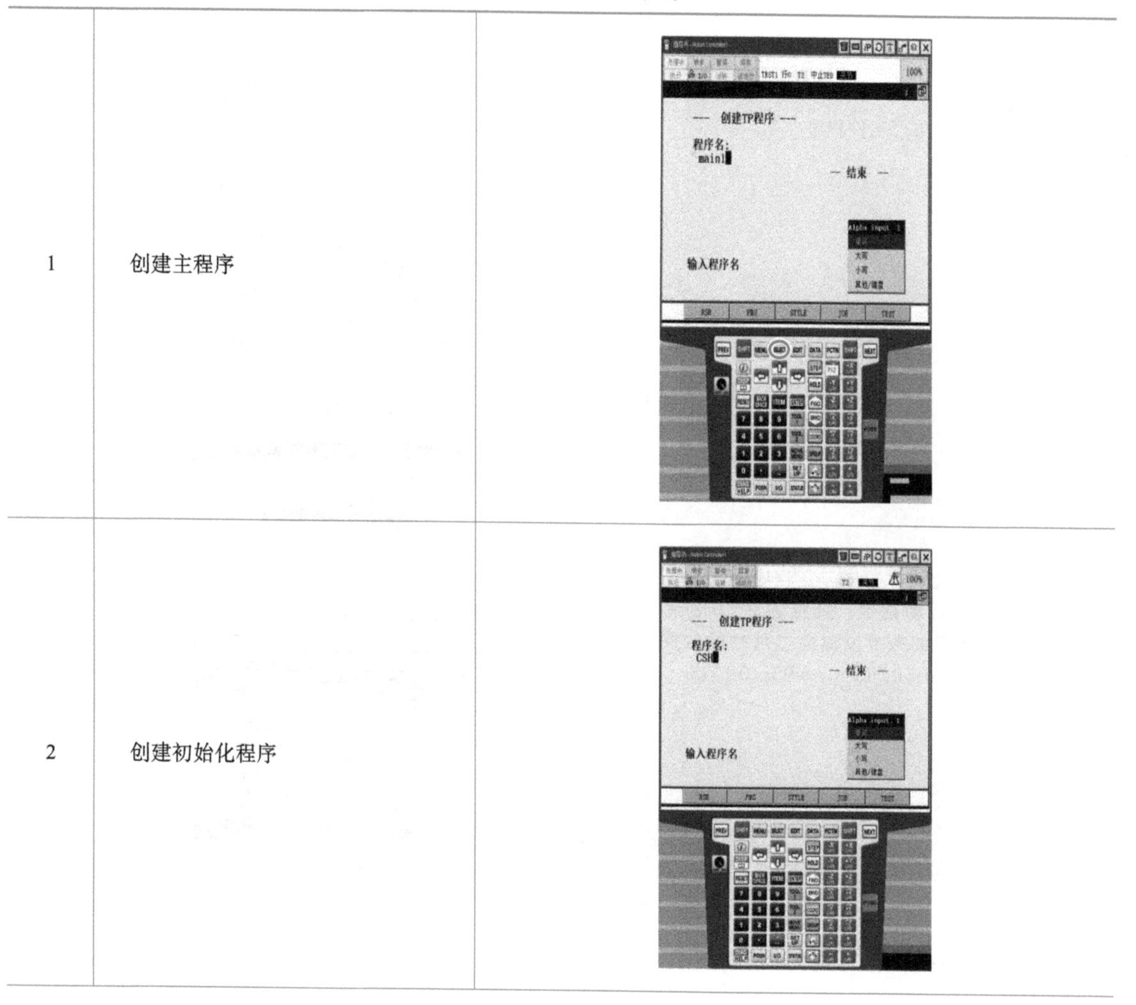

1	创建主程序	
2	创建初始化程序	

（续）

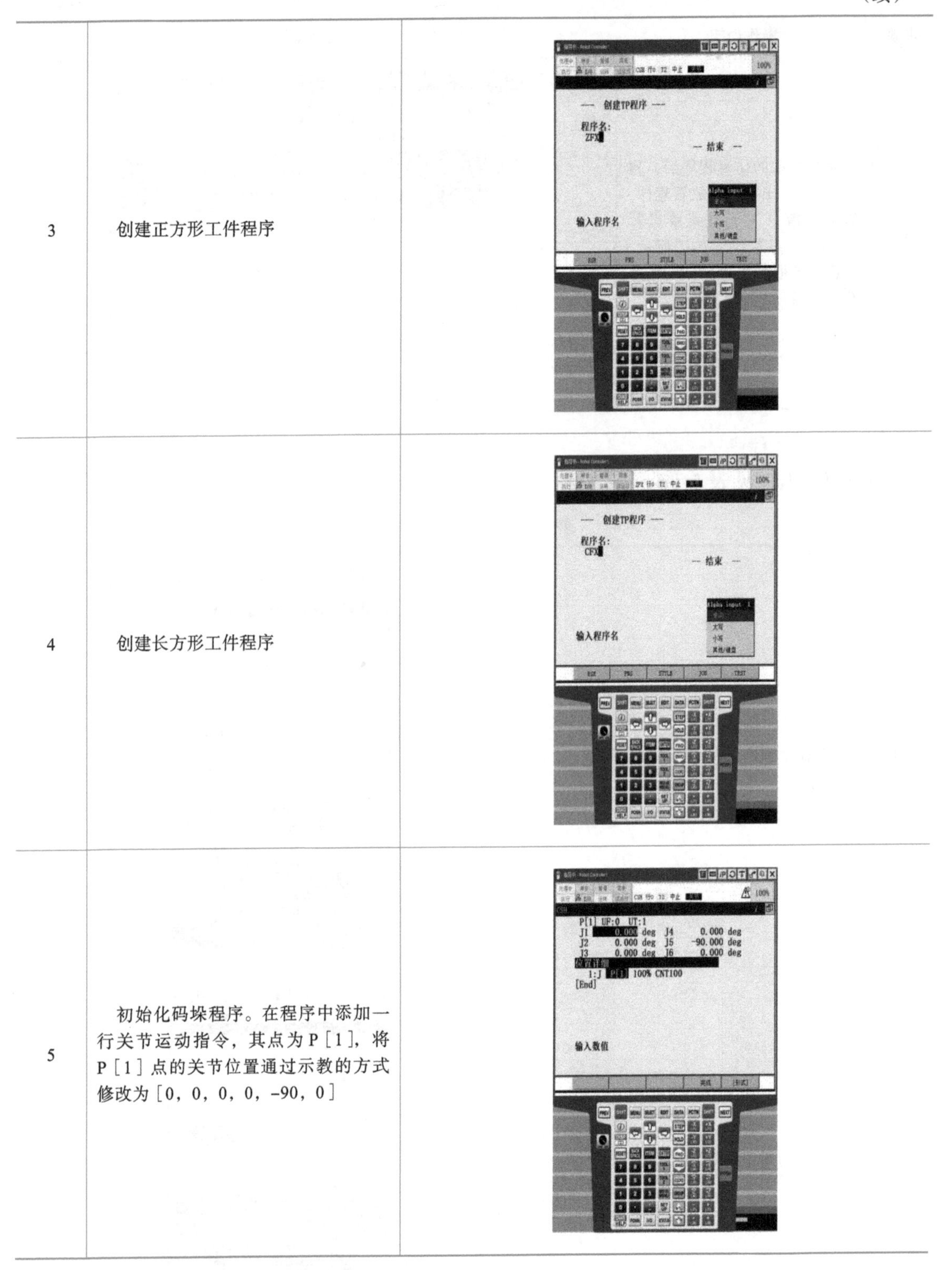

3	创建正方形工件程序	
4	创建长方形工件程序	
5	初始化码垛程序。在程序中添加一行关节运动指令，其点为 P［1］，将 P［1］点的关节位置通过示教的方式修改为［0，0，0，0，-90，0］	

3．正方形码垛程序编制

正方形码垛程序编制见表 5-18。

表 5-18　正方形码垛程序编制

步骤	操作说明	示意图
1	在指令栏中选择码垛指令，选择 PALETIZING_1。“类型”选择“拆垛”，“码垛寄存器”设为 1，正确输入“行、列、层”，设置完成	ZFX 行0 T2 中止中 100% 码垛配置 PALETIZING_1 [Z1] 类型 = [拆垛] INCR = [1] 码垛寄存器 = [1] 顺序 = [RCL] 行 = [2] 列 = [5] 层 = [1] 辅助位置 = [否] 接近点=[1] RTRT =[1] 按下ENTER键 PREV MENU SELECT EDIT DATA FCTN NEXT STEP HOLD
2	示教码垛底部点	ZFX 行0 T2 中止中 100% 码垛底部点 1:--P [1, 1, 1]— 1/1 2:--P [2, 1, 1]— 3:--P [1, 5, 1]— [End]
3	示教码垛线路点，分别有接近点 P［A_1］、抓取点 P［BTM］和离开点 P［R_1］。三点记录结束后，单击“完成”，进入下一设定界面	ZFX 行0 T2 中止中 100% 码垛线路点 IF PL[1]=[*, *, *] 1/1 接近点 1:关节 P [A_1] 30% FINE 抓取点 2:关节 P [BTM] 30% FINE 离开点 3:关节 P [R_1] 30% FINE [End] 接近点 抓取点 离开点 示教线路点
4	“类型”选择“码垛”，“码垛寄存器”设为 2，正确输入“行、列、层”，设置完成	TPIF-132 无法恢复该操作 TPIF-133 无法恢复该指令 100% 码垛配置 PALETIZING_2 [Z2] 类型 = [码垛] INCR = [1] 码垛寄存器 = [2] 顺序 = [RCL] 行 = [2] 列 = [2] 层 = [3] 辅助位置 = [否] 接近点=[1] RTRT =[1] 按下ENTER键 PREV MENU SELECT EDIT DATA FCTN NEXT STEP HOLD

（续）

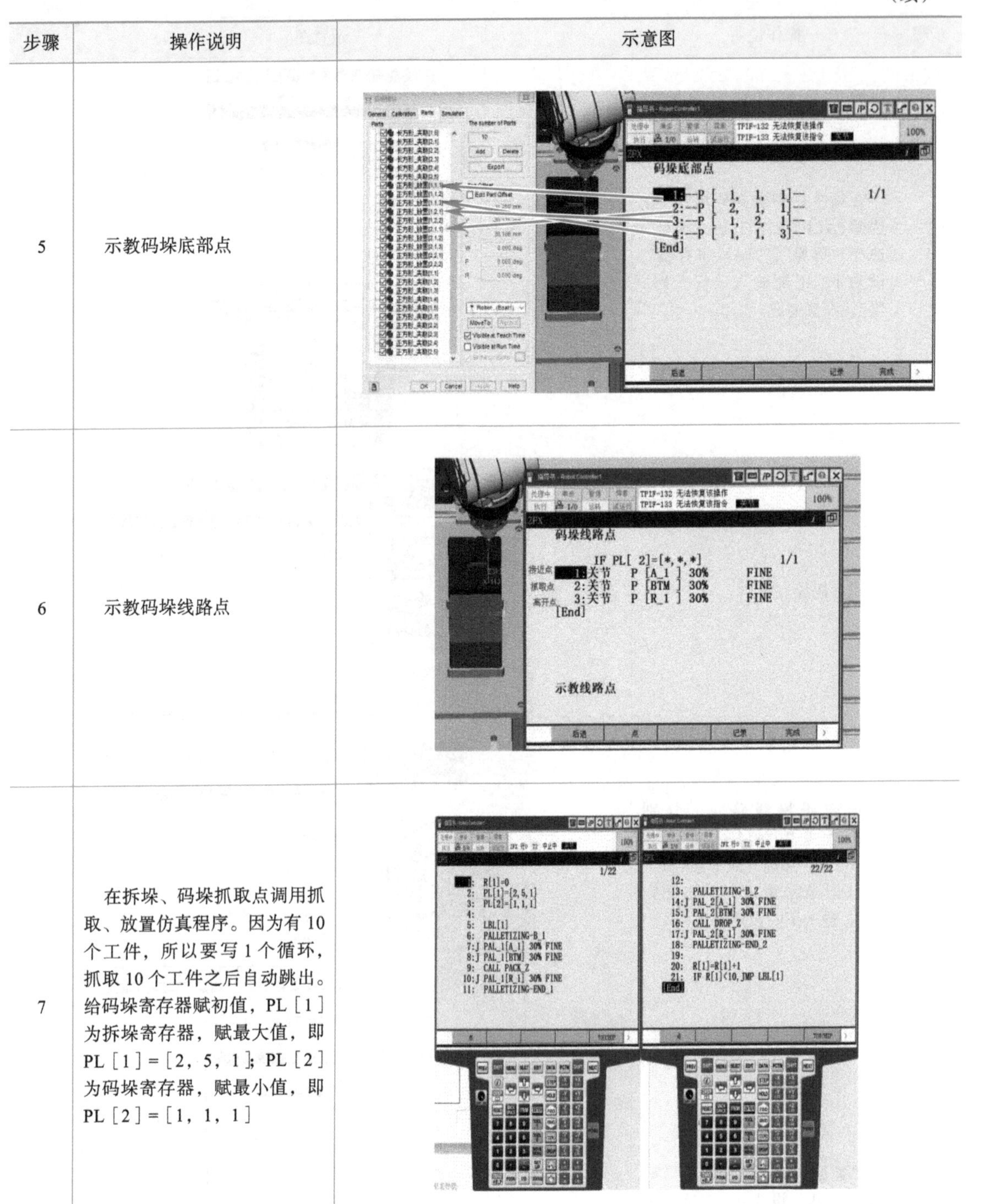

步骤	操作说明	示意图
5	示教码垛底部点	
6	示教码垛线路点	
7	在拆垛、码垛抓取点调用抓取、放置仿真程序。因为有 10 个工件，所以要写 1 个循环，抓取 10 个工件之后自动跳出。给码垛寄存器赋初值，PL［1］为拆垛寄存器，赋最大值，即 PL［1］=［2，5，1］；PL［2］为码垛寄存器，赋最小值，即 PL［2］=［1，1，1］	

4. 长方形码垛程序编制

5. 码垛主程序运行

码垛主程序运行见表 5-19。

表 5-19 码垛主程序运行

步骤	操作说明	示意图
1	在主程序中调用子程序。码垛程序编制完成后，选择主程序，打开执行面板，进行仿真运行	
2	码垛程序运行完成	

任务评价

1. 自我评价

由学生根据学习任务完成情况进行自我评价，评分值记录于表 5-20 中。

表 5-20 自我评价表

学习任务	学习内容	配分	评分标准	扣分	得分
任务3	1. 创建机器人工作站	10 分	未能完成码垛工作站的模型创建，每步扣 1 分		
	2. 搭建码垛工作站仿真环境	50 分	1）未能完成机器的属性设置，每步扣 2 分 2）未能完成正方形工件的属性设置，每步扣 2 分 3）未能完成长方形工件的属性设置，每步扣 2 分 4）未能完成夹爪的属性设置，每步扣 2 分 5）未能完成 TCP 设置，每步扣 2 分		
	3. 编写码垛程序	30 分	1）未能完成抓取 TP 程序编写，每步扣 2 分 2）未能完成放置 TP 程序编写，每步扣 2 分		
	4. 离线编程和应用调试	10 分	未能完成仿真程序调试实现码垛功能，每步扣 2 分		
总评分 =（1~4 项总分）× 40%					

2. 小组评价

由同小组的同学结合自评情况进行互评，并将评分值记录于表 5-21 中。

表 5-21　小组评价表

评价内容	配分	评分
1. 实训过程记录与自我评价情况	10 分	
2. 码垛项目实现情况	50 分	
3. TP 程序编写能力	20 分	
4. 安全、质量意识与责任心	20 分	
总评分 =（1~4 项总分）× 30%		

3. 教师评价

由指导教师结合自评与互评结果进行综合评价，并将意见与评分值记录于表 5-22 中。

表 5-22　教师评价表

教师总体评价意见：	
教师评分（30 分）	
总评分 = 自我评分 + 小组评分 + 教师评分	

项目6

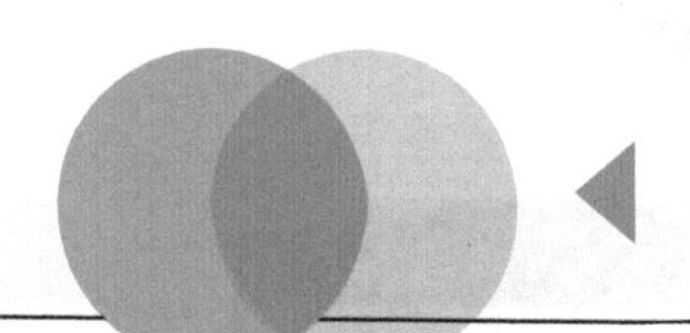

工业机器人写字应用离线编程

职业技能要求

工业机器人应用编程职业技能要求（中级）	
3.1.1	能够根据工作任务要求，进行模型创建和导入
3.1.2	能够根据工作任务要求，完成工作站系统布局
3.2.1	能够根据工作任务要求，配置模型布局、颜色、透明度等参数
3.2.2	能够根据工作任务要求，配置工具参数并生成对应工具等的库文件

知识目标

1. 了解工业机器人写字工作站的组成。
2. 掌握工业机器人写字工作站的创建。
3. 掌握工业机器人写字离线仿真方法。
4. 掌握工业机器人写字仿真视频的录制。
5. 掌握工业机器人离线程序导出和导入的方法。
6. 掌握工具坐标系和工件坐标系的标定。
7. 掌握工业机器人写字应用程序的调试。

能力目标

1. 能够正确搭建工业机器人写字工作站。
2. 能够正确标定绘图工具坐标系。
3. 能够正确标定写字板用户坐标系。
4. 能够正确完成工业机器人写字应用离线编程与仿真。
5. 能够正确录制工业机器人写字仿真视频。
6. 能够正确导出离线程序。
7. 能够正确应用离线程序，并通过写字效果调试离线程序。

平台准备

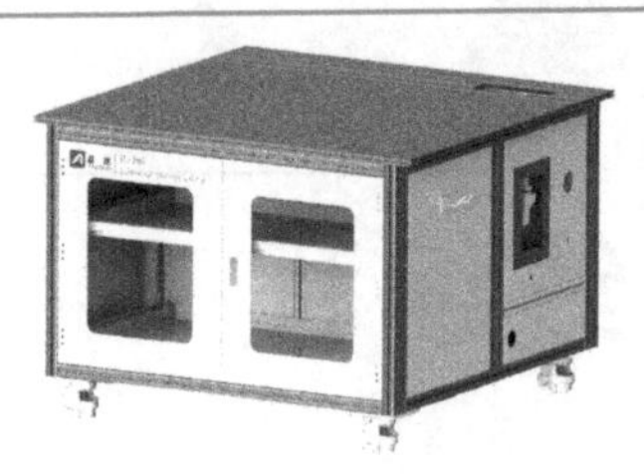 YL-18 工作台	 FANUC 工业机器人	 绘图工具
 绘图模块		

任务 1 写字工作站仿真环境搭建

学习目标

1. 写字工作站的布局与虚拟控制系统的创建。
2. 写字工作站用户坐标系的创建。
3. 自动生成写字路径。

知识准备

一、写字工作站的创建

工业机器人写字工作站是由工业机器人应用编程 YL-18 工作台、FANUC 工业机器人、绘图模块和绘图笔工具所组成的。

在 ROBOGUIDE 软件中，将相应型号的 FANUC 工业机器人、绘图模块按照要求安装到实训平台上，并将绘图工具安装到工业机器人末端，完成工业机器人写字工作站的基本布局，其中绘图工具需选中模型后才可以直接拖放到工业机器人法兰盘末端，绘图工具安装完成后，它的位置会随着工业机器人的运行而发生改变，表 6-1 中所示绘图工具数据为工业机器人处于原点时的位置数据。

表 6–1 写字工作站布局位置数据

序号	对象	位置 X/Y/Z/A/B/C	参考坐标系
1	LR Mate 200iD/4S	–2095/–220/895/0/0/90	世界坐标
2	工业机器人应用编程 YL-18 工作台	–2015/0/–2020/0/0/0	世界坐标

（续）

序号	对象	位置 X/Y/Z/A/B/C	参考坐标系
3	绘图模块	300/−50/−326/0/0/0	世界坐标
4	绘图工具	32.5/2/−19.5/0/0/−90	世界坐标

二、工业机器人的坐标系

坐标系是为确定机器人的位置和姿态而在机器人或空间上进行定义的位置指标系统。一般而言，机器人系统的坐标系主要有基础坐标系、关节坐标系、用户坐标系和工具坐标系。这里重点介绍工具坐标系和用户坐标系。

1. 工具坐标系

工具坐标系安装在机器人末端，原点及方向都是随着末端位置与角度的变化不断变化的，该坐标系实际是将基础坐标系通过旋转及位移变化而得到的。工具中心点（Tool Center Point，TCP）是机器人运动的基准，机器人的工具坐标系由 TCP 与坐标方位组成，机器人连动时，TCP 是必需的。当工业机器人安装新夹具时，需要重新定义工具坐标系，否则会影响机器人的稳定运行。系统自带的 TCP 在第 6 轴的法兰工具坐标系中心，工具坐标系需要在编程前先进行定义。如果未定义工具坐标系，则由机械接口坐标系替代工具坐标系，工具坐标系基于该坐标系而设定。最多可以设置 10 个工具坐标系，设置方法有三点法、六点法和直接输入法等。

2. 用户坐标系

用户坐标系即用户自定义坐标系，该坐标系实际是将基础坐标系改变轴向偏转角度而得到的，通过相对世界坐标系原点的位置（X，Y，Z）和 X 轴、Y 轴、Z 轴的旋转角（W，P，R）来定义，是用户对每个作业空间进行定义的笛卡儿坐标系。用户坐标系在尚未设定时，将被世界坐标系替代。在程序中，用户坐标系是记录了所有位置信息的参考坐标系。最多可以设置 9 个用户坐标系，设置方法有三点法、四点法和直接输入法。

任务实施

写字工作站的虚拟系统创建

1. 写字工作站的虚拟系统创建

写字工作站的虚拟系统创建见表 6-2。

表 6-2　写字工作站的虚拟系统创建

序号	操作说明	示意图
1	打开 ROBOGUIDE 软件，选择“新建工作单元”选项，创建工业机器人系统	

（续）

序号	操作说明	示意图
2	系统弹出“工作单元创建向导”对话框，根据需要选取所需工作单元，此处选择“Handing PRO”，单击“下一步”	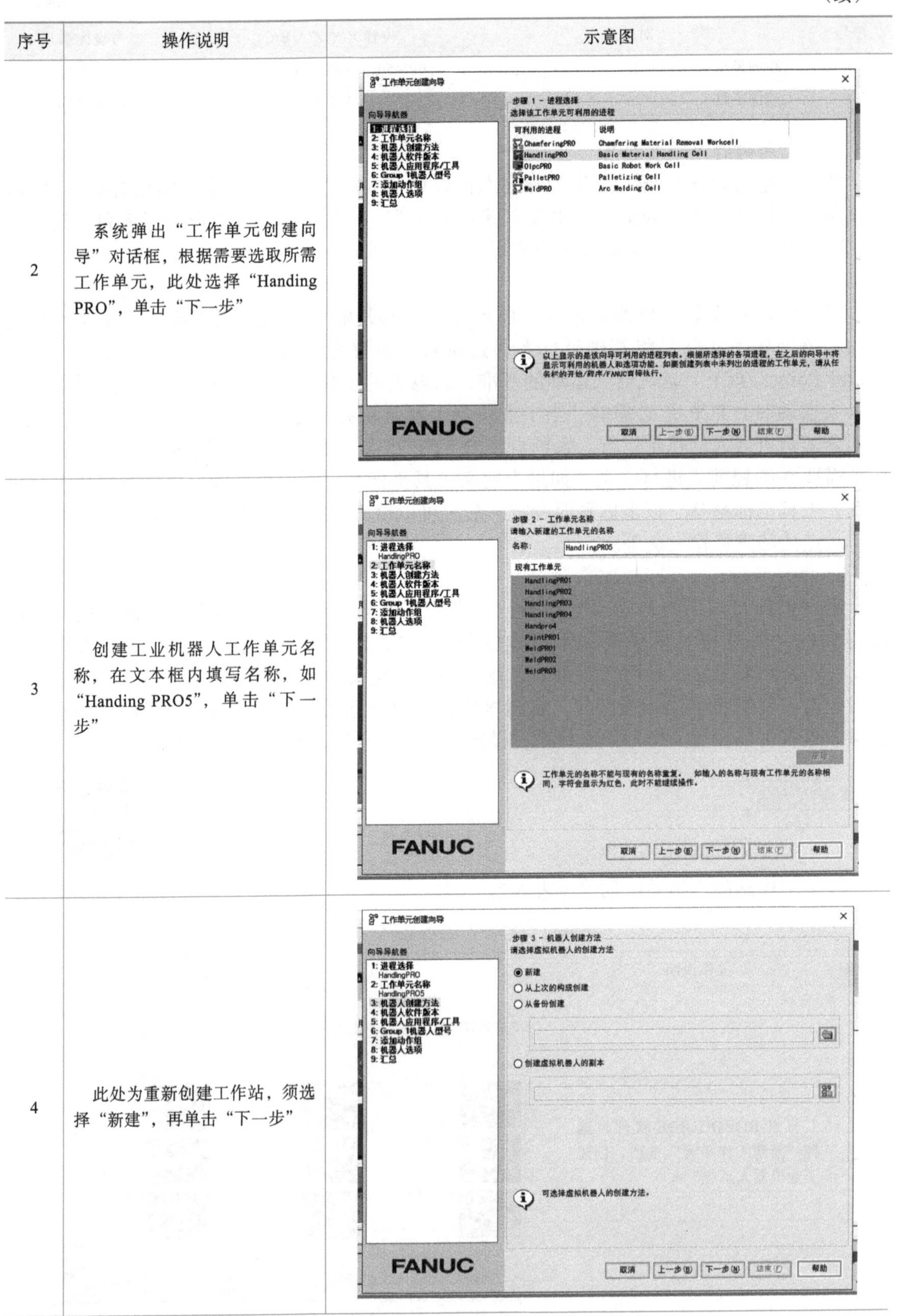
3	创建工业机器人工作单元名称，在文本框内填写名称，如“Handing PRO5”，单击“下一步”	
4	此处为重新创建工作站，须选择“新建”，再单击“下一步”	

（续）

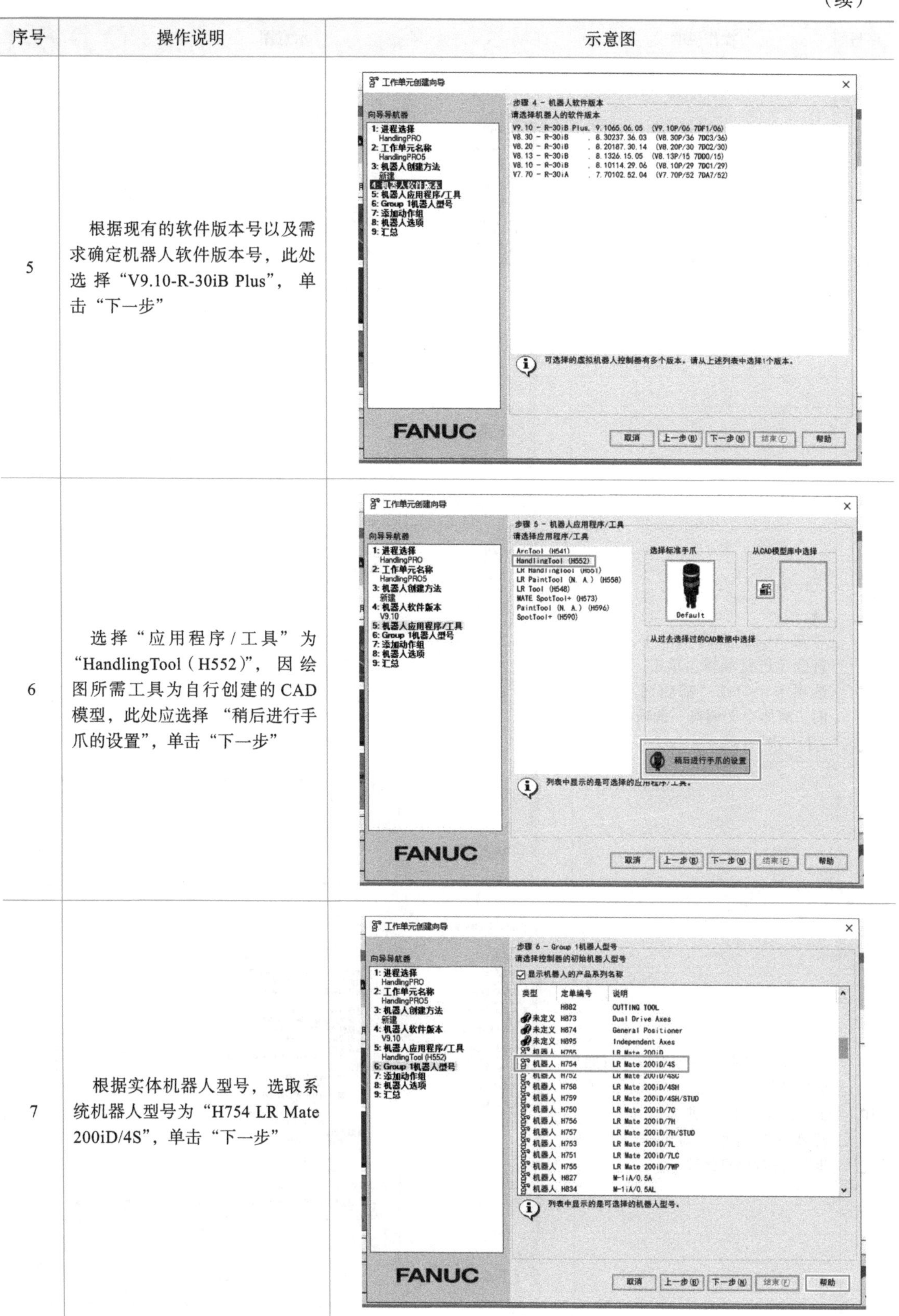

序号	操作说明	示意图
5	根据现有的软件版本号以及需求确定机器人软件版本号，此处选择“V9.10-R-30iB Plus”，单击“下一步”	
6	选择“应用程序/工具”为“HandlingTool（H552）”，因绘图所需工具为自行创建的CAD模型，此处应选择“稍后进行手爪的设置”，单击“下一步”	
7	根据实体机器人型号，选取系统机器人型号为“H754 LR Mate 200iD/4S”，单击“下一步”	

（续）

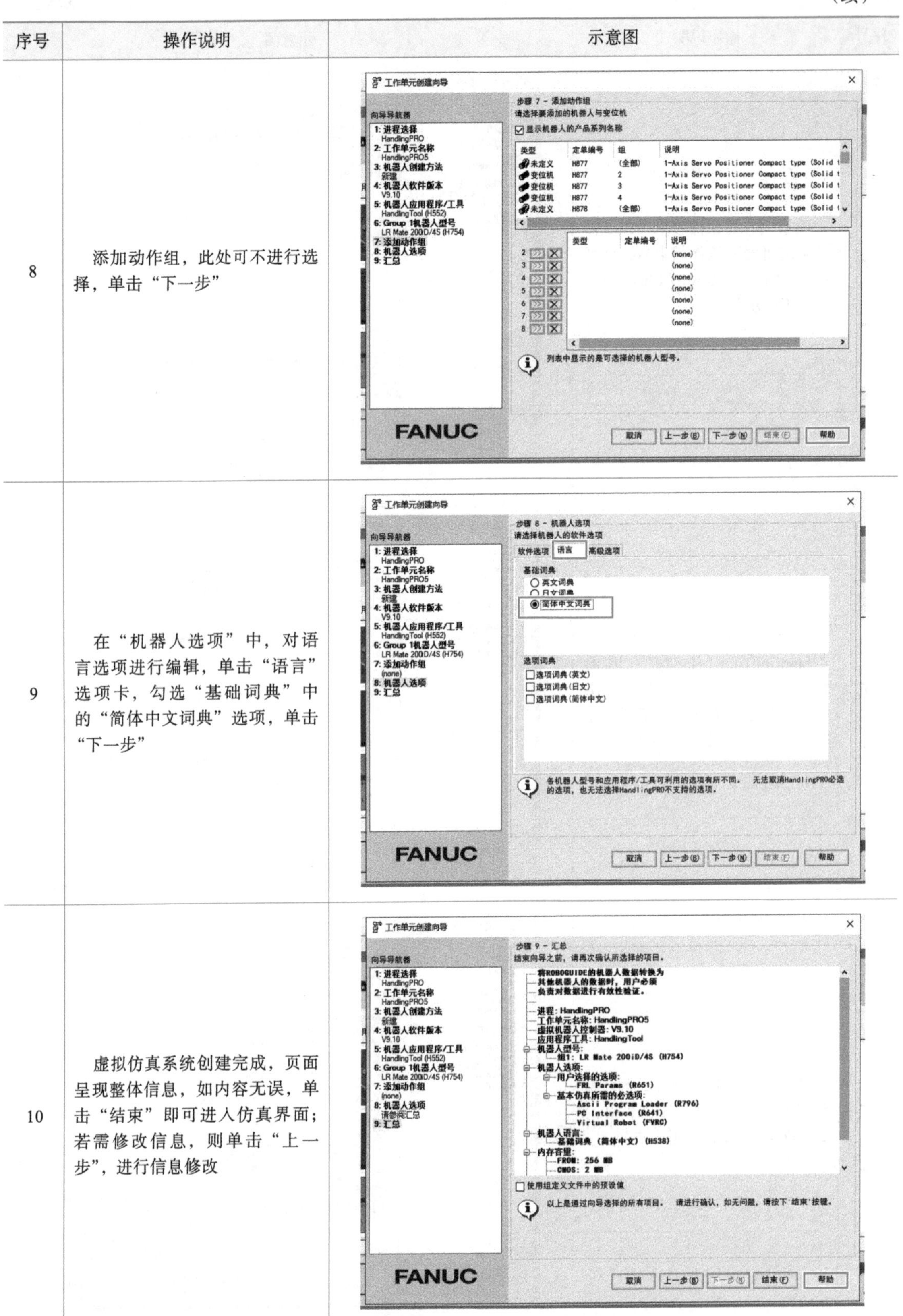

序号	操作说明	示意图
8	添加动作组，此处可不进行选择，单击“下一步”	
9	在“机器人选项”中，对语言选项进行编辑，单击“语言”选项卡，勾选“基础词典”中的“简体中文词典”选项，单击“下一步”	
10	虚拟仿真系统创建完成，页面呈现整体信息，如内容无误，单击“结束”即可进入仿真界面；若需修改信息，则单击“上一步”，进行信息修改	

（续）

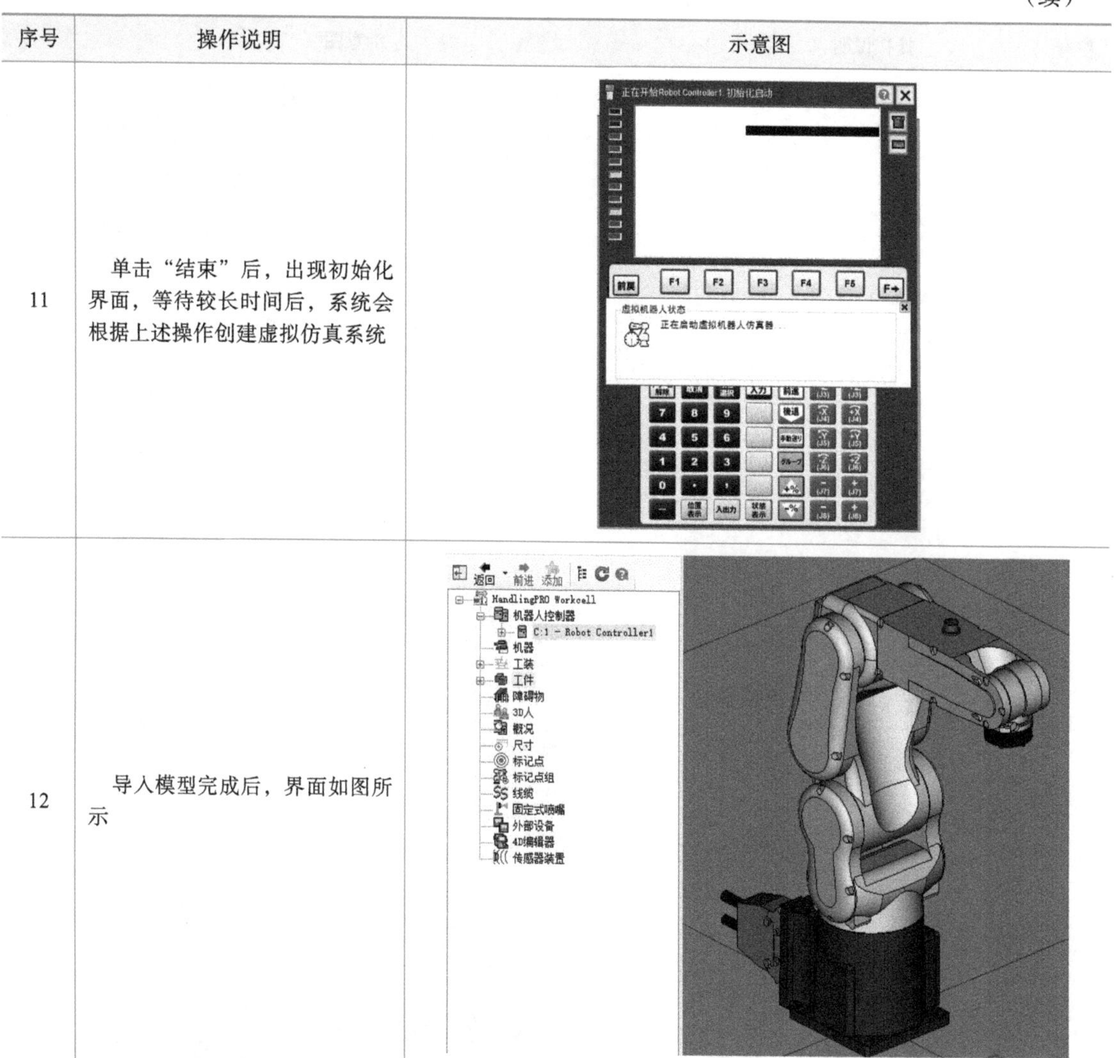

序号	操作说明	示意图
11	单击“结束”后，出现初始化界面，等待较长时间后，系统会根据上述操作创建虚拟仿真系统	
12	导入模型完成后，界面如图所示	

2. 工作站工具导入

工作站工具导入见表 6-3。

表 6-3　工作站工具导入

序号	操作说明	示意图
1	在软件界面的左侧，单击工作单元的“+”，然后右击 “工装”	

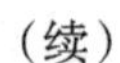
（续）

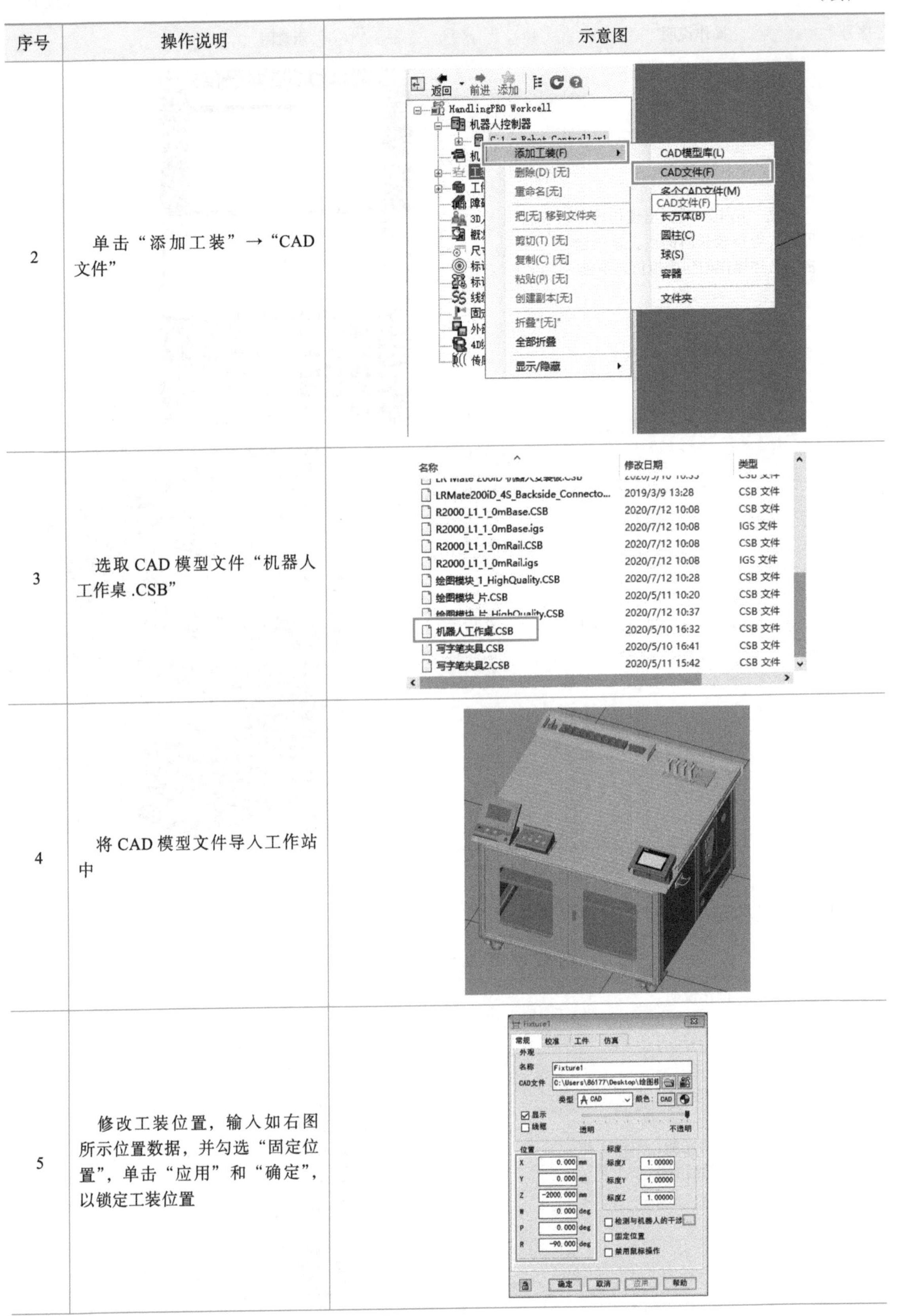

序号	操作说明	示意图
2	单击“添加工装”→“CAD文件”	
3	选取CAD模型文件“机器人工作桌.CSB”	
4	将CAD模型文件导入工作站中	
5	修改工装位置，输入如右图所示位置数据，并勾选“固定位置”，单击“应用”和“确定”，以锁定工装位置	

（续）

序号	操作说明	示意图
6	导入机器人安装板，步骤同1~4，可根据实际情况修改位置数据	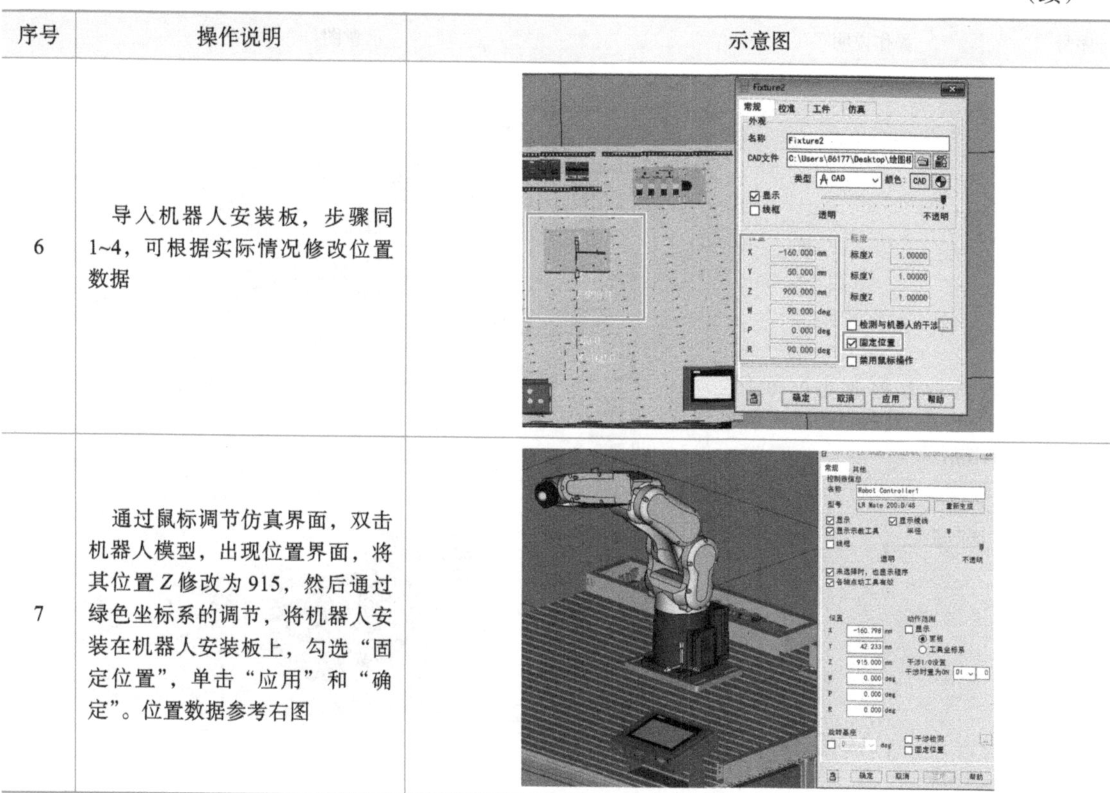
7	通过鼠标调节仿真界面，双击机器人模型，出现位置界面，将其位置 *Z* 修改为915，然后通过绿色坐标系的调节，将机器人安装在机器人安装板上，勾选“固定位置”，单击“应用”和“确定”。位置数据参考右图	

3. 工具坐标系创建

工具坐标系创建见表6-4。

表6-4　工具坐标系创建

序号	操作说明	示意图
1	单击图标	
2	在软件的左下角选择机器人的工具坐标系，单击下拉箭头，选择“各轴”	

（续）

序号	操作说明	示意图
3	将各轴数据改为0，0，0，0，-90，0，此时机器人的状态如右图所示	
4	单击机器人控制器“+”，选择“工具”中的“UT：1（Eoat1）”，双击	
5	在工具属性设置的对话框中选择“常规”选项卡，单击“CAD文件”，打开存放绘图工具的文件夹，选取对应的工具模型，单击“打开”	

（续）

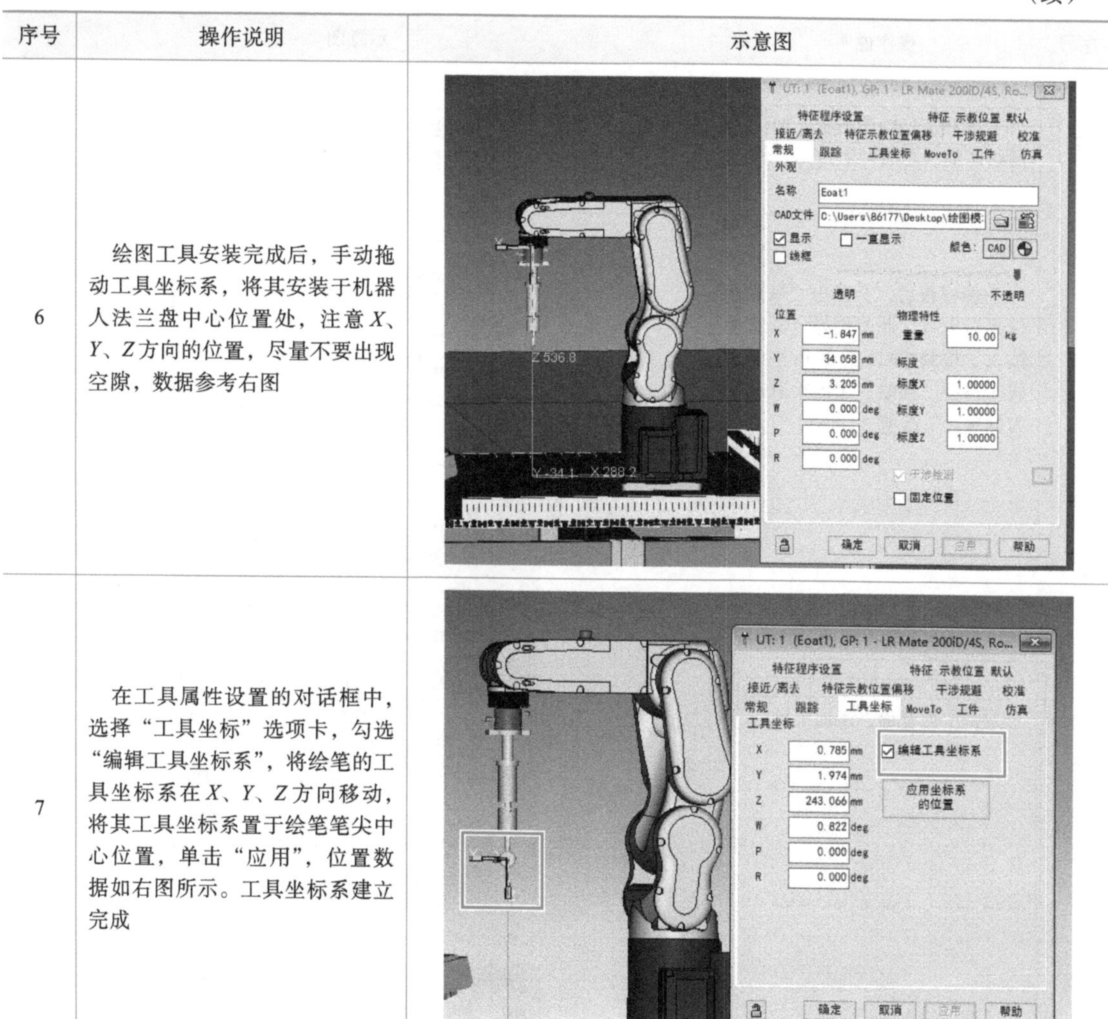

序号	操作说明	示意图
6	绘图工具安装完成后，手动拖动工具坐标系，将其安装于机器人法兰盘中心位置处，注意 *X*、*Y*、*Z* 方向的位置，尽量不要出现空隙，数据参考右图	
7	在工具属性设置的对话框中，选择“工具坐标”选项卡，勾选“编辑工具坐标系”，将绘笔的工具坐标系在 *X*、*Y*、*Z* 方向移动，将其工具坐标系置于绘笔笔尖中心位置，单击“应用”，位置数据如右图所示。工具坐标系建立完成	

4. 用户坐标系建立

用户坐标系建立见表 6-5。

表 6-5　用户坐标系建立

序号	操作说明	示意图
1	导入绘图模板。在左侧“目录树”窗口中，右击“工件”，选择“添加工件→ CAD 文件”	

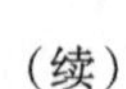
（续）

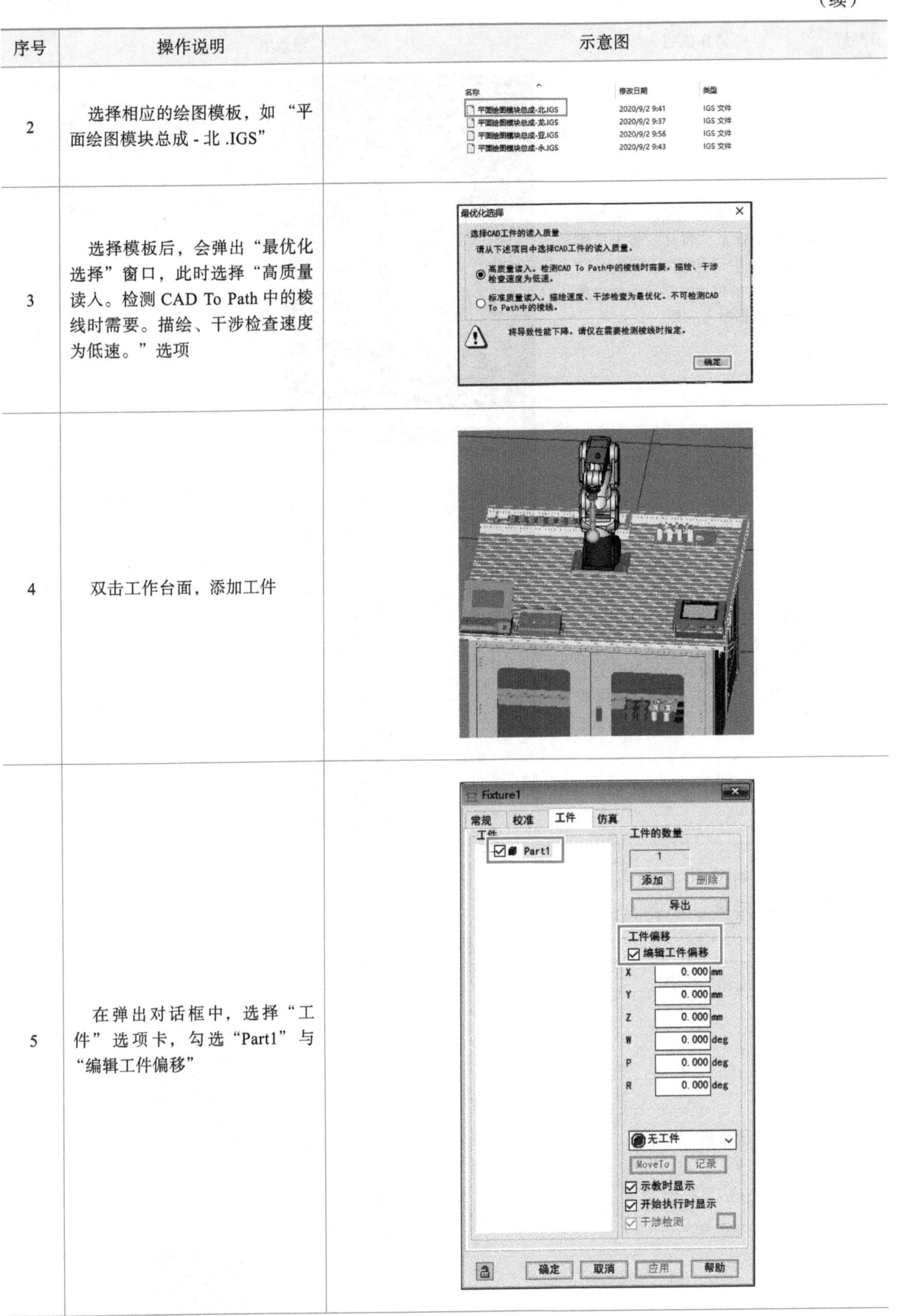

序号	操作说明	示意图
2	选择相应的绘图模板，如“平面绘图模块总成 - 北 .IGS”	
3	选择模板后，会弹出“最优化选择”窗口，此时选择“高质量读入。检测 CAD To Path 中的棱线时需要。描绘、干涉检查速度为低速。”选项	
4	双击工作台面，添加工件	
5	在弹出对话框中，选择“工件”选项卡，勾选“Part1”与“编辑工件偏移”	

（续）

序号	操作说明	示意图
6	调整工件坐标系，将工件放置于工作台上机器人前方合适位置，位置数据可参考右图	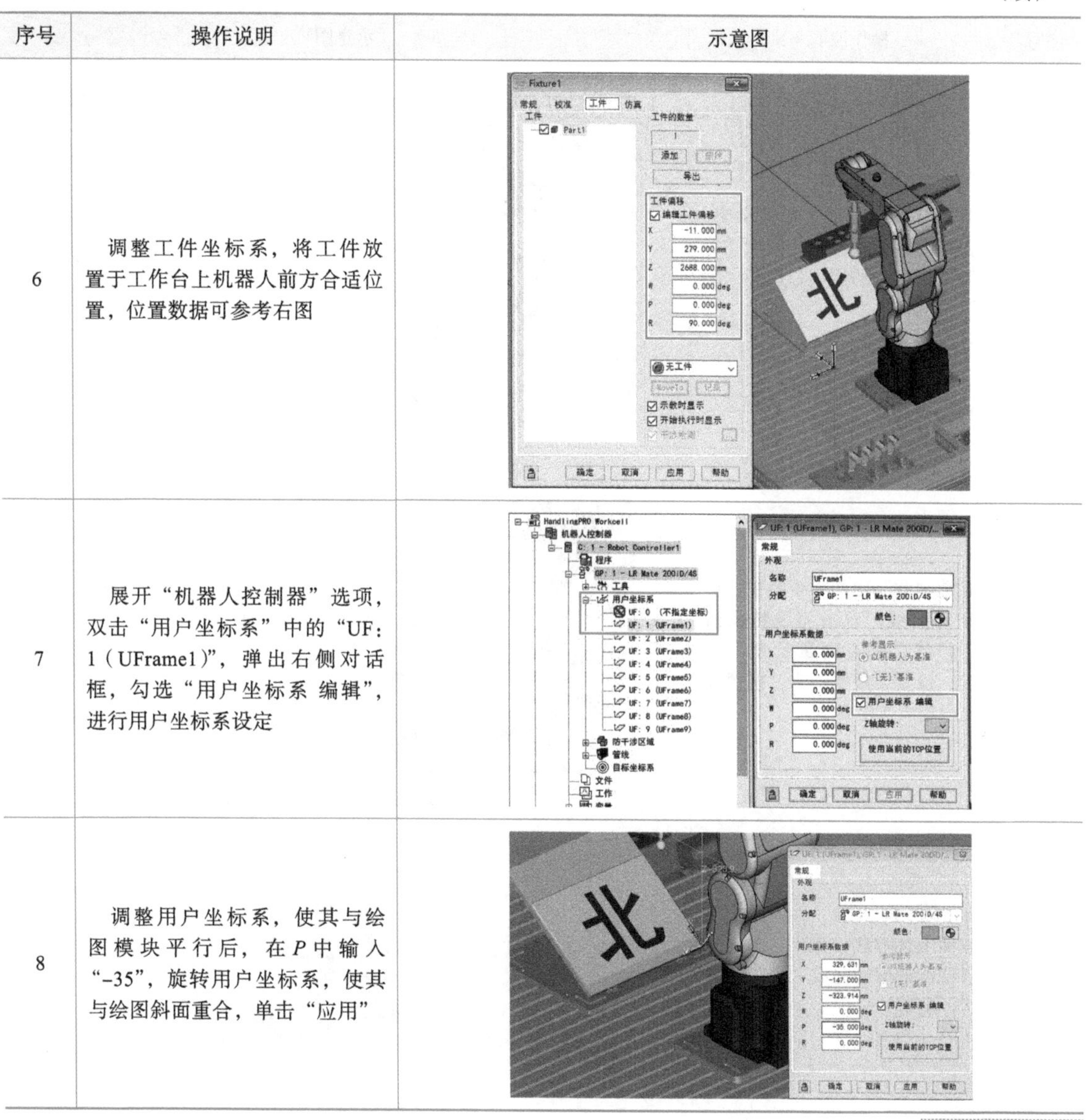
7	展开“机器人控制器”选项，双击“用户坐标系”中的“UF：1（UFrame1）”，弹出右侧对话框，勾选“用户坐标系 编辑”，进行用户坐标系设定	
8	调整用户坐标系，使其与绘图模块平行后，在 *P* 中输入“-35”，旋转用户坐标系，使其与绘图斜面重合，单击“应用”	

5. 写字路径规划

写字路径规划见表 6-6。

写字路径规划

表 6-6　写字路径规划

序号	操作说明	示意图
1	在“目录树”窗口中找到“工件”，单击前方“+”，右击“特征”，在弹出菜单中选择“特征图形”	

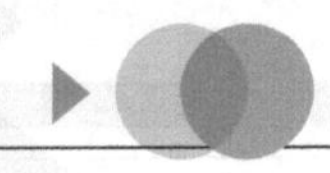

（续）

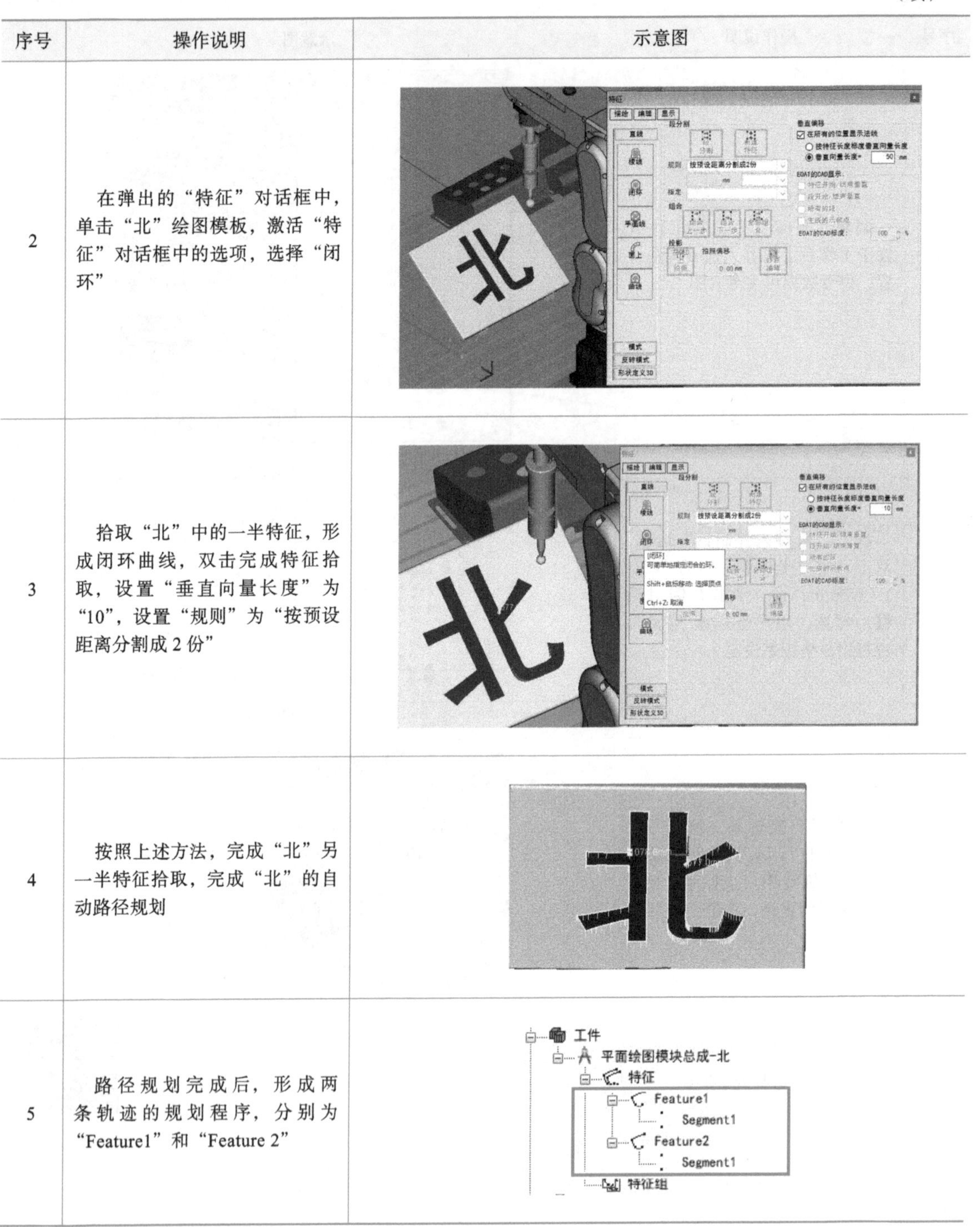

序号	操作说明	示意图
2	在弹出的“特征”对话框中，单击“北”绘图模板，激活“特征”对话框中的选项，选择“闭环”	
3	拾取“北”中的一半特征，形成闭环曲线，双击完成特征拾取，设置“垂直向量长度”为“10”，设置“规则”为“按预设距离分割成2份”	
4	按照上述方法，完成“北”另一半特征拾取，完成“北”的自动路径规划	
5	路径规划完成后，形成两条轨迹的规划程序，分别为“Feature1”和“Feature 2”	

任务评价

1. 自我评价

由学生根据学习任务完成情况进行自我评价，评分值记录于表6-7中。

表 6-7　自我评价表

学习任务	学习内容	配分	评分标准	扣分	得分
任务1	1. 创建写字工作站	10 分	未按照写字工作站要求创建工作站模型，每步扣 2 分		
	2. 搭建写字工作站仿真环境	50 分	1）未能完成机器人的导入，每步扣 2 分 2）未能完成工作台的导入，每步扣 2 分 3）未能完成写字工具的导入，每步扣 2 分 4）未能完成 TCP 设定，每步扣 2 分 5）未能完成工件的导入，每步扣 2 分		
	3. 正确设置坐标系	30 分	未完成工具坐标系和用户坐标系的设置，每步扣 2 分		
	4. 写字路径的自动生成	10 分	未能利用仿真程序调试写字路径规划，每步扣 2 分		
总评分 =（1~4 项总分）× 40%					

2. 小组评价

由同小组的同学结合自评情况进行互评，并将评分值记录于表 6-8 中。

表 6-8　小组评价表

评价内容	配分	评分
1. 实训过程记录与自我评价情况	30 分	
2. 写字项目实现情况	30 分	
3. 坐标系设定能力	20 分	
4. 安全、质量意识与责任心	20 分	
总评分 =（1~4 项总分）× 30%		

3. 教师评价

由指导教师结合自评与互评结果进行综合评价，并将意见与评分值记录于表 6-9 中。

表 6-9　教师评价表

教师总体评价意见：	
教师评分（30 分）	
总评分 = 自我评分 + 小组评分 + 教师评分	

任务 2　写字路径优化与仿真运行

学习目标

1. 掌握写字目标点的姿态调整。
2. 掌握写字路径的优化方法。
3. 掌握写字应用的仿真运行方法。

知识准备

一、目标点姿态调整

生成闭环路径 Feature 后，这些目标点的方向是自动生成且随路径变化而发生变化的。可打开 TP 文件，在示教器中调整工件上点的位置，可以在示教器中找到点的位置，然后把它拖到工件的合适位置。

当两个目标点很近，但其方向却差别很大时，工业机器人在运行过程中，从一点到另外一点时，末端工具的姿态变化较大，将会影响机器人的平稳运行，也不符合工艺要求，甚至可能出现工业机器人轴存在奇异点而无法运行的情况。因此，对于自动路径生成的目标点方向，一般需要根据工艺和实际要求进行调整，从而保证工业机器人可以根据任务要求平稳运行。

首先，在 TP 程序中选择一个目标点，此时在仿真环境中，绘图工具将会出现在所选取的目标点上，相应的工件坐标系也会变成可编辑的状态，通过拖动坐标系便可以调节目标点的位置到理想的状态，如图 6-1 所示。

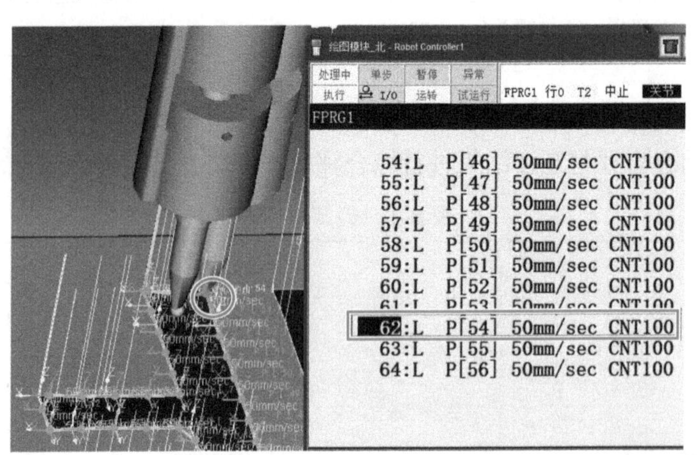

图 6-1　修改目标点位置

二、写字路径优化与指令编辑

工业机器人在绘图模块上写字的路径和目标点调整好以后，还需要根据工艺要求，对运行的起始点、过渡点等进行示教或设置。

写字路径优化与仿真运行

1. 写字路径优化

通过起始点坐标系的拖动，确定工业机器人起始点的位置与姿态，同时，双击Feature1中的Segment1，出现参数设置的对话框，对特征起点的插补形式、定位以及至特征起点的动作速度进行设置，如图6-2所示。

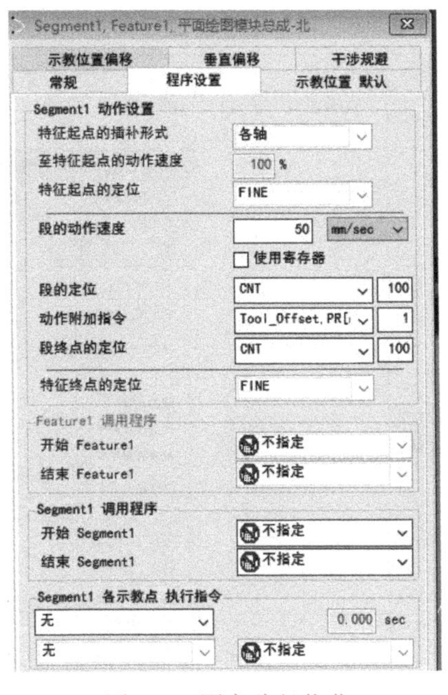

图6-2 写字路径优化

2. 写字路径指令编辑

在生成Segment1程序过程中，生成的默认指令为直线L，指令的参数也是自动生成的。在机器人运行写字路径时，需要对运动指令进行编辑。打开相应TP程序，根据工艺要求或者任务要求，对Segment1下的所有运动指令进行逐条编辑，如对点P［4］进行修改，将L P［4］50mm/sec CNT100修改为J P［4］50% CNT100，也可直接将光标移动到速度与定位精度修改位置，输入数值修改即可，如图6-3所示。

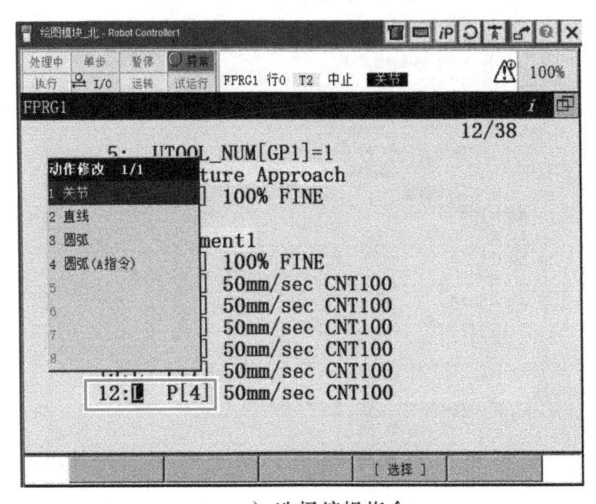

a）选择编辑指令

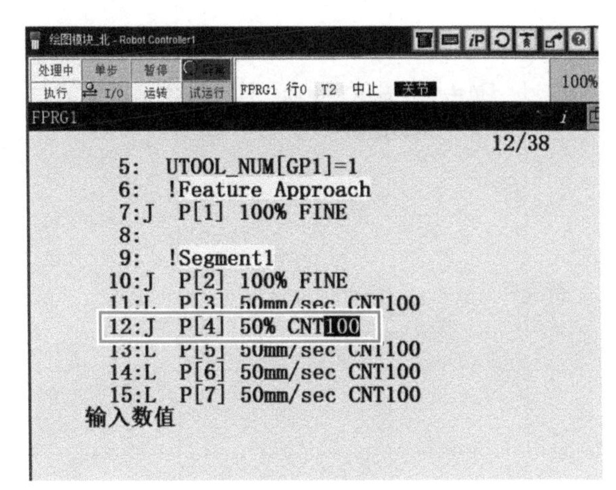

b）设定指令参数

图6-3 编辑运动指令

任务实施

1. 目标点姿态调整与路径优化

目标点姿态调整与路径优化见表 6-10。

表 6–10　目标点姿态调整与路径优化

序号	操作说明	示意图
1	双击“特征→Feature1→Segment1”，在弹出对话框中进行参数设置	Segment1, Feature1, 平面绘图模块总成-北 示教位置偏移　垂直偏移　干涉规避 常规　程序设置　示教位置 默认 Segment1 动作设置 特征起点的插补形式　各轴 至特征起点的动作速度　100 % 特征起点的定位　FINE 段的动作速度　50　mm/sec 使用寄存器 段的定位　CNT　100 动作附加指令　[无] 段终点的定位　CNT　100 特征终点的定位　FINE Feature1 调用程序 开始 Feature1　不指定 结束 Feature1　不指定 Segment1 调用程序 开始 Segment1　不指定 结束 Segment1　不指定 Segment1 各示教点 执行指令 无　0.000 sec 无　不指定
2	单击“目录树”中的“目标坐标系”，双击起始点“P［1］”	防干涉区域 管线 目标坐标系 文件 工作 变量 机器 夹具 LR Mate 200iD 机器人安装板 机器人工作桌 工件 平面绘图模块总成-北 特征 Feature1 Segment1 Feature2 Segment2 特征组 障碍物 3D人 概况 尺寸 目标坐标系 P[1]:GP1 P[1]:GP1 P[2]:GP1 P[3]:GP1 P[4]:GP1

（续）

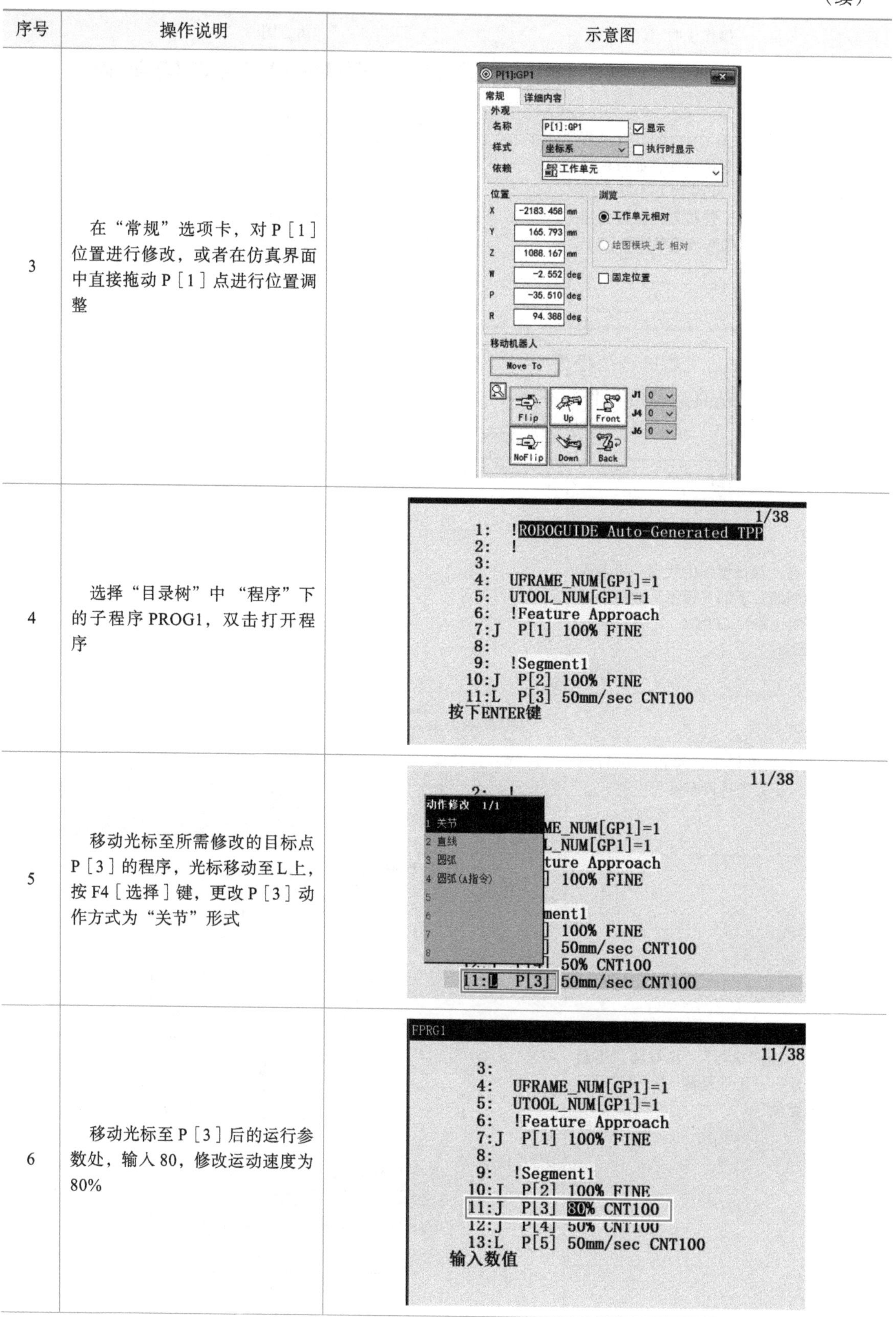

序号	操作说明	示意图
3	在“常规”选项卡，对P［1］位置进行修改，或者在仿真界面中直接拖动P［1］点进行位置调整	P[1]:GP1 常规 详细内容 外观 名称 P[1]:GP1 ☑显示 样式 坐标系 □执行时显示 依赖 工作单元 位置 浏览 X -2183.458 mm ◉工作单元相对 Y 165.793 mm ○绘图模块_北 相对 Z 1088.167 mm W -2.552 deg □固定位置 P -35.510 deg R 94.388 deg 移动机器人 Move To Flip Up Front J1 0 NoFlip Down Back J4 0 J6 0
4	选择“目录树”中“程序”下的子程序PROG1，双击打开程序	1/38 1: !ROBOGUIDE Auto-Generated TPP 2: ! 3: 4: UFRAME_NUM[GP1]=1 5: UTOOL_NUM[GP1]=1 6: !Feature Approach 7:J P[1] 100% FINE 8: 9: !Segment1 10:J P[2] 100% FINE 11:L P[3] 50mm/sec CNT100 按下ENTER键
5	移动光标至所需修改的目标点P［3］的程序，光标移动至L上，按F4［选择］键，更改P［3］动作方式为“关节”形式	11/38 动作修改 1/1 1 关节 2 直线 3 圆弧 4 圆弧(A指令) ME_NUM[GP1]=1 L_NUM[GP1]=1 ture Approach] 100% FINE ment1] 100% FINE] 50mm/sec CNT100] 50% CNT100 11:L P[3] 50mm/sec CNT100
6	移动光标至P［3］后的运行参数处，输入80，修改运动速度为80%	FPRG1 11/38 3: 4: UFRAME_NUM[GP1]=1 5: UTOOL_NUM[GP1]=1 6: !Feature Approach 7:J P[1] 100% FINE 8: 9: !Segment1 10:J P[2] 100% FINE 11:J P[3] 80% CNT100 12:J P[4] 50% CNT100 13:L P[5] 50mm/sec CNT100 输入数值

（续）

序号	操作说明	示意图
7	移动光标至 CNT100，可进行目标点接近程度修改，如目标点为过渡点，可设为 0~100 之间的任意数值，使机器人运行更流畅，其余点的修改可参照 P［3］	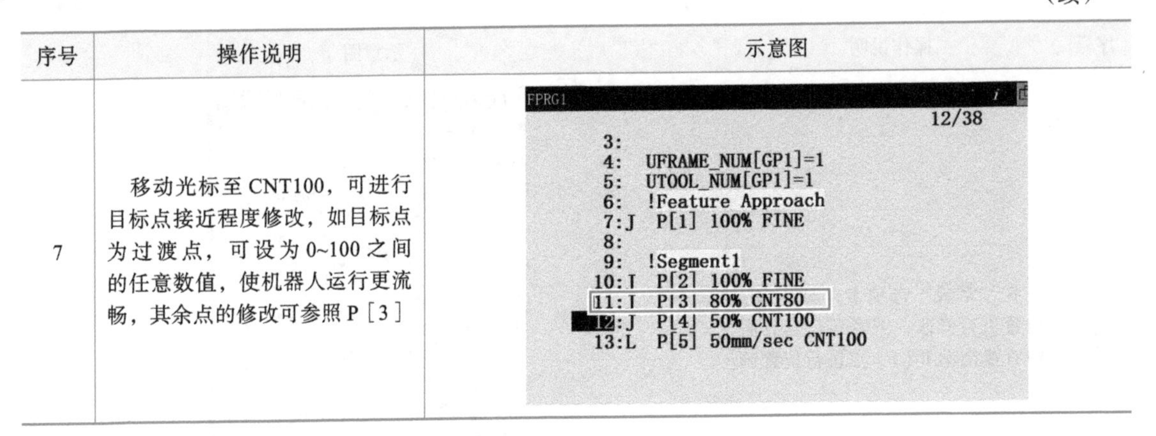

2. 写字工作站仿真运行的操作

写字工作站仿真运行的操作见表 6-11。

表 6-11　写字工作站仿真运行的操作

序号	操作说明	示意图
1	在“目录树”中找到“机器人控制器”下的“程序”选项，选择轨迹路径 FPRG1	HandlingPRO Workcell 机器人控制器 C: 1 - Robot Controller1 程序 FPRG1 FPRG2 MAIN GP: 1 - LR Mate 200iD/4S 文件 工作 变量
2	在菜单栏中，单击“执行测试”下的“执行面板”	ROBOGUIDE - Evaluation - (Expired) - 绘图模块_北 文件(F) 编辑(E) 视图(V) 工作单元(C) 机器人(R) 示教(T) 执行测试(S) 项目(P) 工具(O) 窗口(W) 帮助(H) 执行面板(R) 执行设置 执行面板(R) 逻辑仿真助手 分析器(P) 返回 前进 添加 C: 1 - Robot Controller1 程序
3	单击“执行”，并勾选“更新显示”“干涉检测”和“显示示教路径”	执行面板 录像 执行 暂停 停止 重置 已耗费的仿真时间 ——秒(-%) 仿真率 高速仿真 高速仿真有效 低速 高速 执行过程中的刷新率(帧/秒) 1 5 10 30 125 显示 更新显示 隐藏窗口 干涉检测 变更正在执行的观察点 显示示教路径 显示手臂姿态调整图 控制 发生报警时中断 连续执行程序 干涉、线缆断裂时停止报警 信息收集 收集分析器数据(抓取/放置 动画有效)

（续）

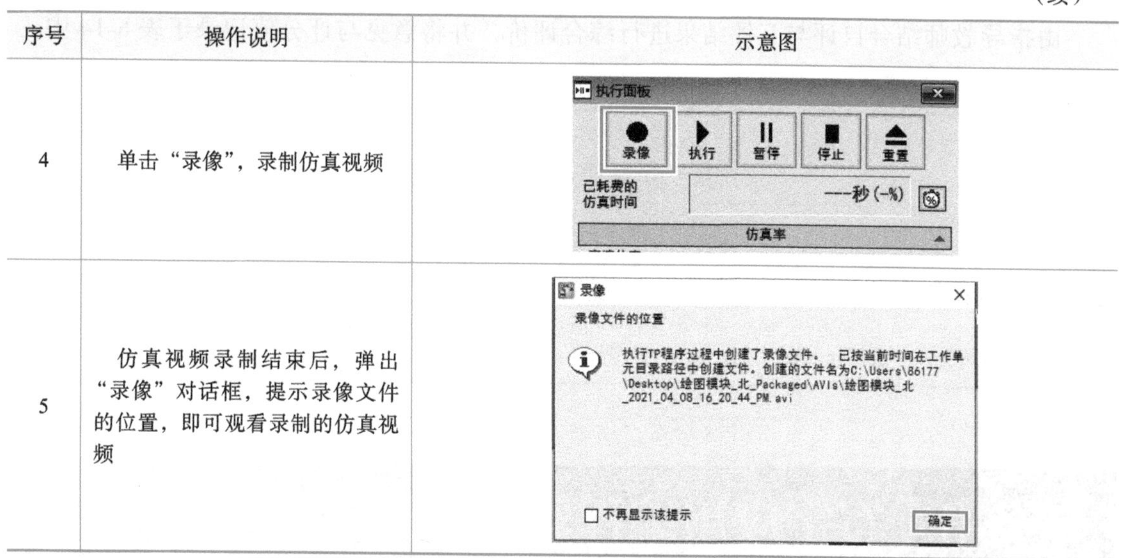

序号	操作说明	示意图
4	单击“录像”，录制仿真视频	执行面板 录像 执行 暂停 停止 重置 已耗费的仿真时间 ---秒(-%) 仿真率
5	仿真视频录制结束后，弹出“录像”对话框，提示录像文件的位置，即可观看录制的仿真视频	录像 录像文件的位置 执行TP程序过程中创建了录像文件。 已按当前时间在工作单元目录路径中创建文件。创建的文件名为C:\Users\86177\Desktop\绘图模块_北_Packaged\AVIs\绘图模块_北_2021_04_08_16_20_44_PM.avi 不再显示该提示 确定

任务评价

1. 自我评价

由学生根据学习任务完成情况进行自我评价，评分值记录于表 6-12 中。

表 6-12　自我评价表

学习任务	学习内容	配分	评分标准	扣分	得分
任务2	1. 目标点姿态的调整	20 分	未按照要求调整写字路径的目标点的姿态，每步扣 2 分		
	2. 写字路径的优化	50 分	通过分析写字路径规划的情况，对路径中不合理的目标点姿态进行调整，以达到优化的目的，离线仿真路径中出现 1 个卡顿点扣 10 分		
	3. 写字应用的仿真应用	30 分	未完成写字应用的仿真与视频录制，每步扣 5 分		
总评分 =（1~3 项总分）× 40%					

2. 小组评价

由同小组的同学结合自评情况进行互评，并将评分值记录于表 6-13 中。

表 6-13　小组评价表

评价内容	配分	评分
1. 实训过程记录与自我评价情况	30 分	
2. 写字工作站仿真实现情况	30 分	
3. 调整目标点姿态的能力	20 分	
4. 安全、质量意识与责任心	20 分	
总评分 =（1~4 项总分）× 30%		

3. 教师评价

由指导教师结合自评与互评结果进行综合评价，并将意见与评分值记录于表 6-14 中。

表 6-14 教师评价表

教师总体评价意见：	
教师评分（30 分）	
总评分 = 自我评分 + 小组评分 + 教师评分	

任务 3 写字应用编程验证

学习目标

1. 掌握机器人仿真程序的导入方法。
2. 掌握仿真程序的运行与调试流程。

知识准备

ROBOGUIDE 是发那科（FANUC）机器人公司提供的一种用于创建 FANUC 系列机器人仿真工作单元（Workcell，也称机器人工作站）的配套仿真软件平台。在该软件所建立的仿真环境里，集成工程师可以根据实际机器人工作站的工艺流程，对工程项目进行模拟设计。其过程包含设备的选择与布局、电气接口资源的分配、工业机器人的轨迹示教、以及机器人工作站系统软件的编制、调试与修改等主要环节，通过在三维环境内的仿真运行，对项目设计方案进行可行性验证，并获得较准确的运行时间。

在实际操作中，可以通过 ROBOGUIDE 软件实现仿真机器人与现场机器人本体的连接，从而达到仿真中的机器人与现场的机器人同步动作的目的。

硬件部分是由一根网线分别连接到机器人本体控制柜主板网络接口与 PC 的网络接口，硬件连接完成后，可以通过网络设置以实现二者之间的同步仿真。

通过机器人本体与 PC 的网络设置，使用操控现场机器人的示教单元 TP，可以让仿真系统中的虚拟机器人与真实的机器人同步运行，可以说，同步功能是通过仿真软件监视机器人的动作。

任务实施

1. 仿真程序的导入与导出

工业机器人仿真程序的导入与导出有两种方式，一种是通过网线将 ROBOGUIDE 中的软件直接与机器人相连接，将机器人程序导出与导入；另一种是通过 U 盘插入示教器 USB 接口，将工业机器人程序导出与导入。

1）使用 ROBOGUIDE 软件导入与导出仿真程序见表 6-15。

表 6-15 使用 ROBOGUIDE 软件导入与导出仿真程序

序号	操作说明	示意图
1	设置示教器 TCP/IP。依次选择 ROBOGUIDE 虚拟示教器中的“MENU→设置→主机通信→TCP/IP”	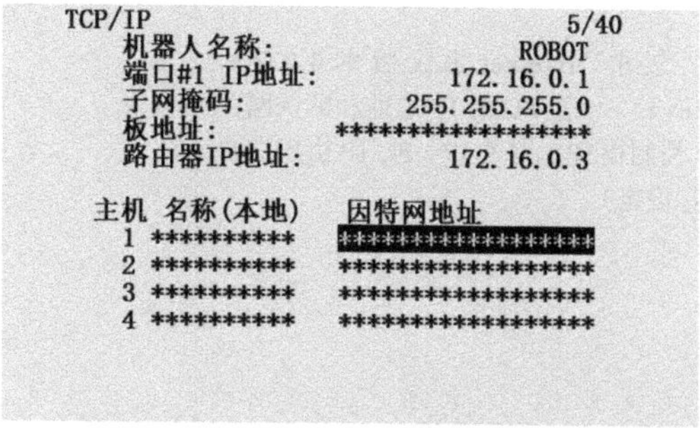 TCP/IP 5/40 机器人名称: ROBOT 端口#1 IP地址: 172.16.0.1 子网掩码: 255.255.255.0 板地址: ****************** 路由器IP地址: 172.16.0.3 主机 名称(本地) 因特网地址 1 ********** ****************** 2 ********** ****************** 3 ********** ****************** 4 ********** ******************
2	使用机器人示教单元 TP 设置 FTP。依次选择 ROBOGUIDE 虚拟示教器中的“MENU→设置→主机通信→F4（显示）→服务器→F3（列表）”，设置机器人 FTP，确保启动状态为“开始”	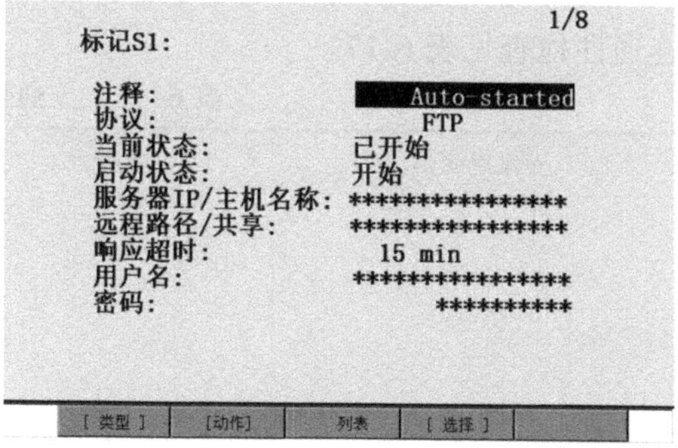 1/8 标记S1: 注释: Auto-started 协议: FTP 当前状态: 已开始 启动状态: 开始 服务器IP/主机名称: **************** 远程路径/共享: **************** 响应超时: 15 min 用户名: **************** 密码: ********** [类型] [动作] 列表 [选择]

需要注意的是，以上设置，每次修改后，必须关机重启，才能生效。

2）PC 的网络设置见表 6-16。

表 6-16 PC 的网络设置

序号	操作说明	示意图
1	设置 PC 的 IP 地址。选择“控制面板→网络连接”，右击“本地连接”，选择“属性”	 连接时使用: Sangfor SSL VPN CS Support System VNIC 配置(C)... 此连接使用下列项目(O): ☑ Microsoft 网络客户端 ☑ VMware Bridge Protocol ☑ Microsoft 网络的文件和打印机共享 ☑ QoS 数据包计划程序 ☑ Internet 协议版本 4 (TCP/IPv4) ☐ Microsoft 网络适配器多路传送器协议 ☑ PROFINET IO protocol (DCP/LLDP) ☑ Microsoft LLDP 协议驱动程序 安装(N)... 卸载(U) 属性(R) 描述 允许你的计算机访问 Microsoft 网络上的资源。

（续）

序号	操作说明	示意图
2	双击“Internet 协议版本 4（TCP/IPv4）”设置 PC 的 IP 地址和默认网关（控制柜 IP、网关 IP、PC IP 由用户自行设定）	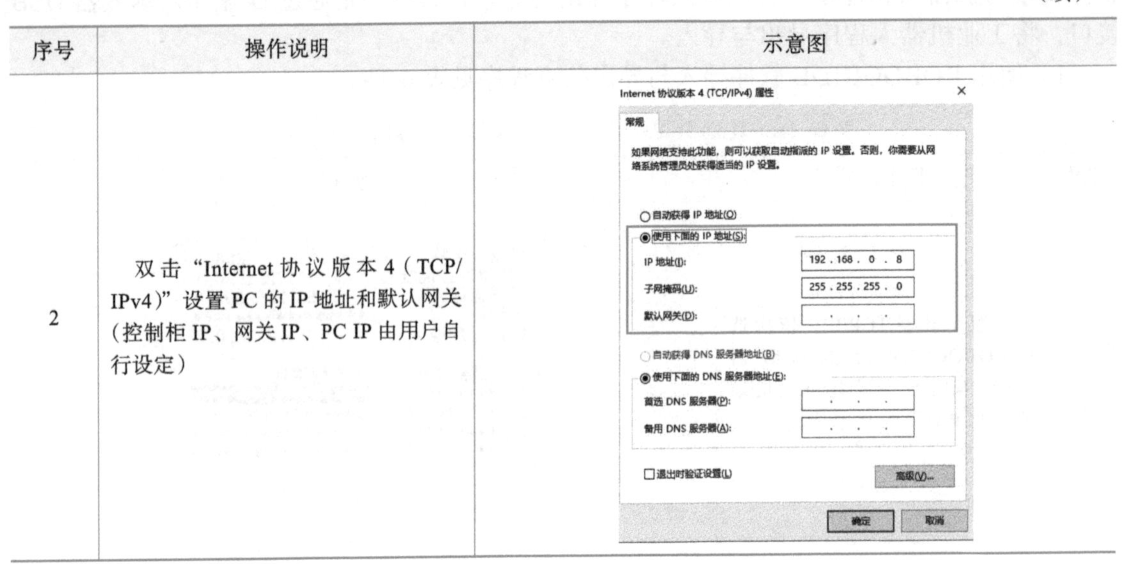

3）连通性检查见表 6-17。

表 6-17　连通性检查

序号	操作说明	示意图
1	ROBOGUIDE 工作站创建完成之后，进入仿真环境，选择“工具→仿真器”	
2	单击“网络定义”，进入“控制器网络设置”界面，继续单击“设置…”	

（续）

序号	操作说明	示意图
3	设置“连接类型”为“仿真器”，主机名称设置为“172.168.0.1”。单击“OK”按钮，当通信成功时，指示灯会变成绿色。此时操作机器人，仿真软件中的机器人也会发生同样的变化	

4）通过 USB 导入与导出仿真程序见表 6-18。

通过 USB 导出与导入程序

表 6–18　通过 USB 导入与导出仿真程序

序号	操作说明	示意图
1	将仿真程序导入可用的 USB 中，选择“程序→PROG”，右击 PROG，单击“保存”，选择“二进制（.TP）”	
2	选择文件的保存地址，单击“保存”	
3	将可用的 USB 插入 TP 接口	

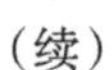
（续）

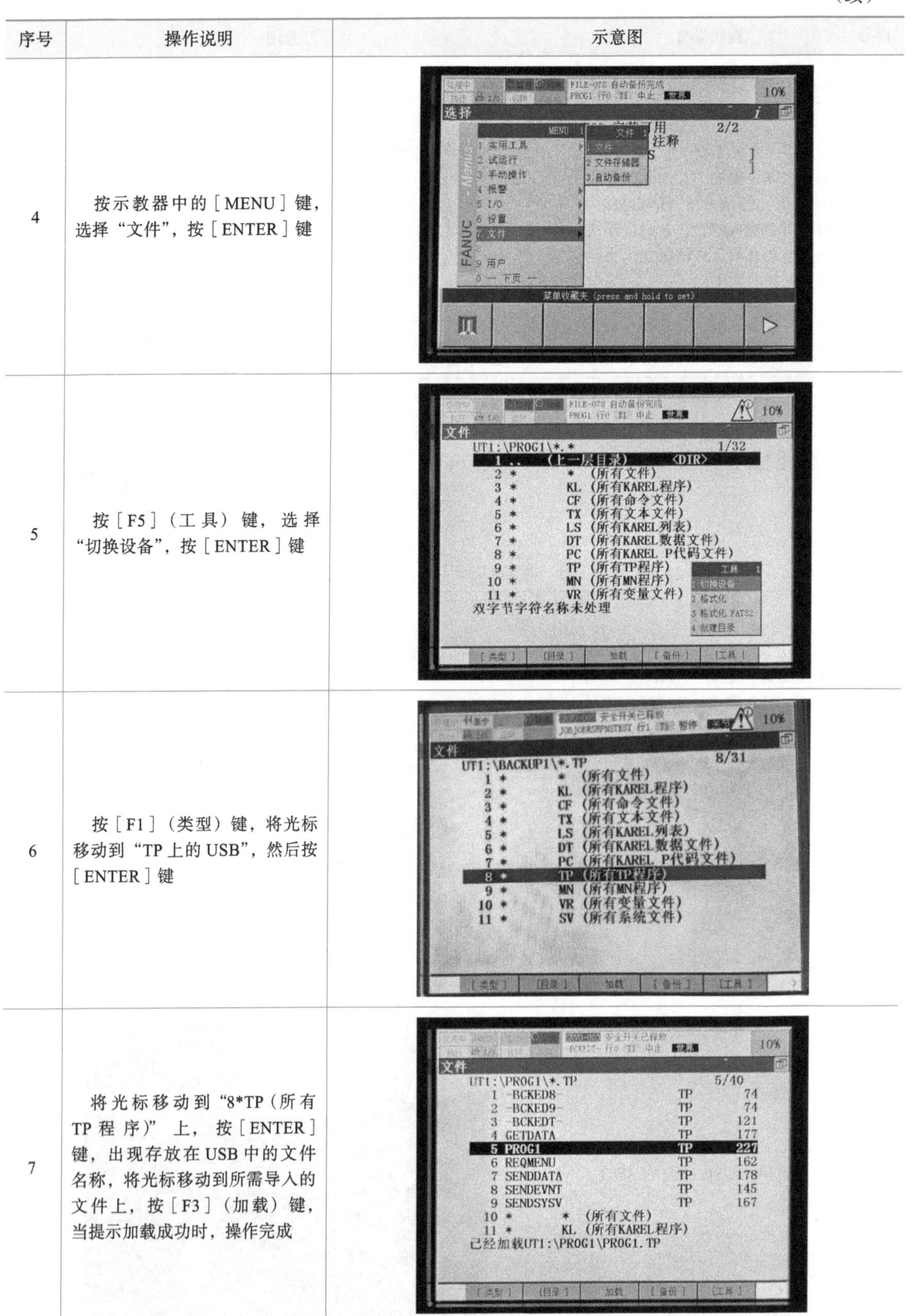

序号	操作说明	示意图
4	按示教器中的［MENU］键，选择“文件”，按［ENTER］键	
5	按［F5］（工具）键，选择“切换设备”，按［ENTER］键	
6	按［F1］（类型）键，将光标移动到“TP 上的 USB”，然后按［ENTER］键	
7	将光标移动到“8*TP（所有TP程序）”上，按［ENTER］键，出现存放在USB中的文件名称，将光标移动到所需导入的文件上，按［F3］（加载）键，当提示加载成功时，操作完成	

（续）

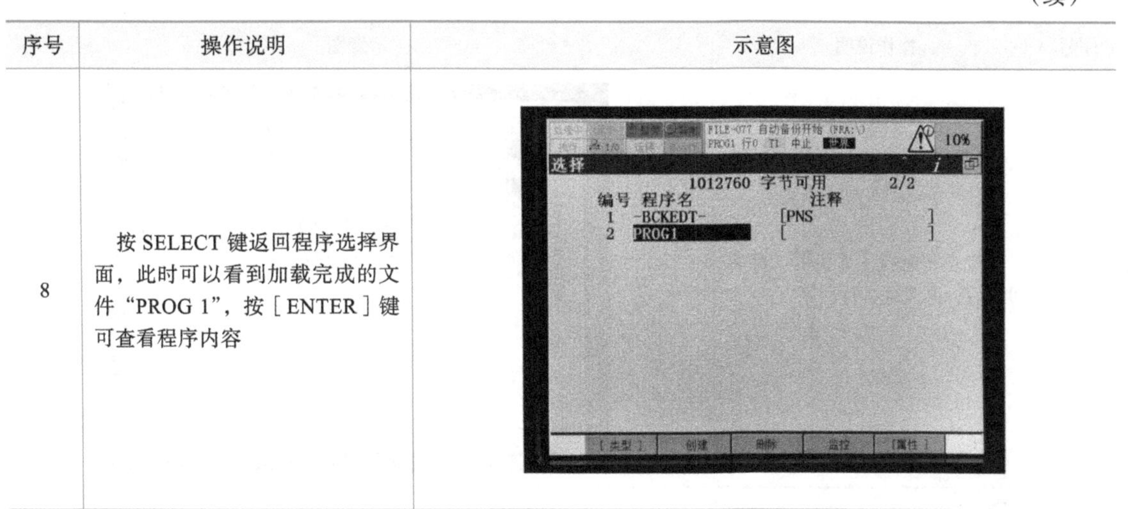

序号	操作说明	示意图
8	按 SELECT 键返回程序选择界面，此时可以看到加载完成的文件“PROG 1”，按［ENTER］键可查看程序内容	

2. 写字程序的运行与调试

写字程序的运行与调试见表 6-19。

表 6-19 写字程序的运行与调试

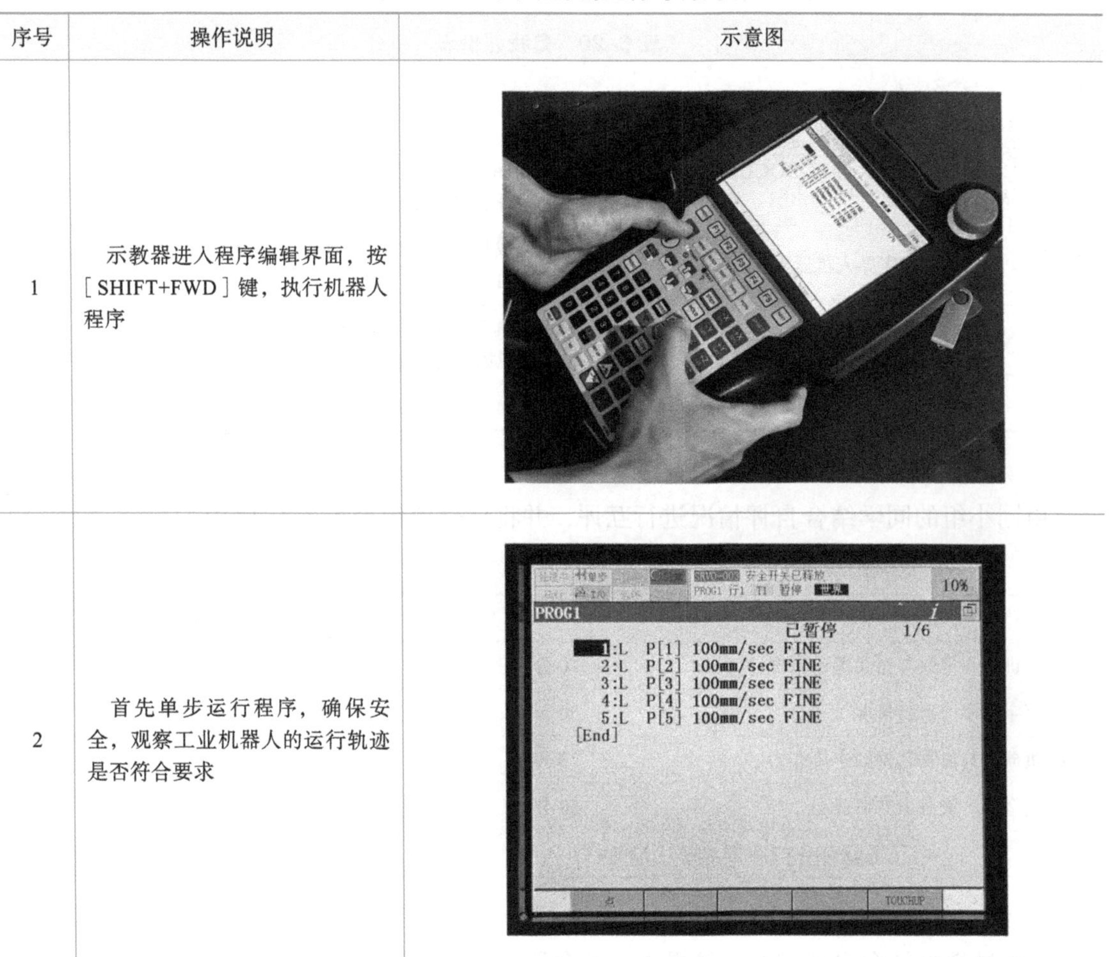

序号	操作说明	示意图
1	示教器进入程序编辑界面，按［SHIFT+FWD］键，执行机器人程序	
2	首先单步运行程序，确保安全，观察工业机器人的运行轨迹是否符合要求	

（续）

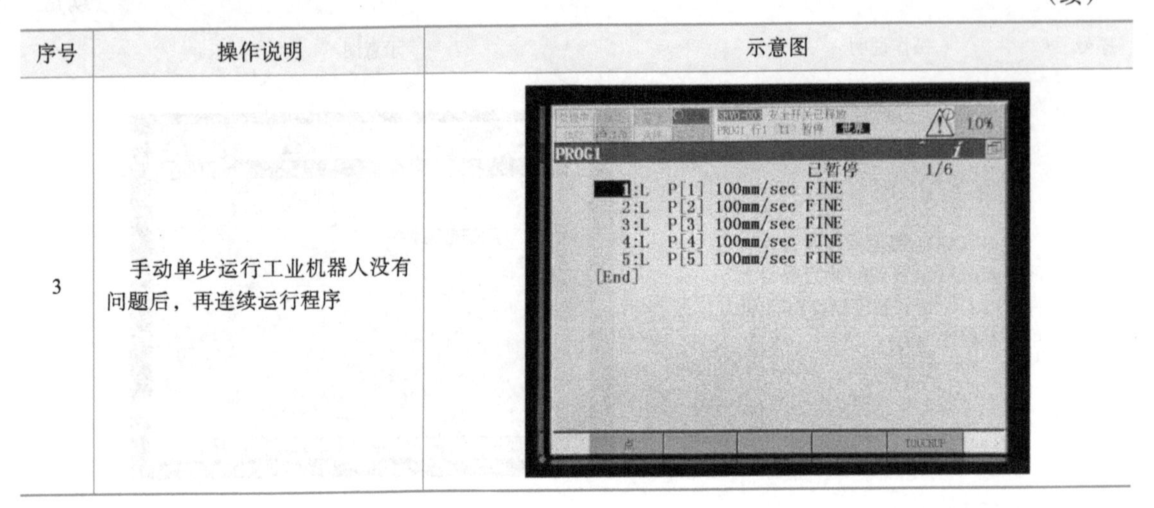

序号	操作说明	示意图
3	手动单步运行工业机器人没有问题后，再连续运行程序	

任务评价

1. 自我评价

由学生根据学习任务完成情况进行自我评价，评分值记录于表 6-20 中。

表 6–20　自我评价表

学习任务	学习内容	配分	评分标准	扣分	得分
任务 3	1. 完成机器人与 ROBOGUIDE 的连接	30 分	未能按照连接要求完成机器人与仿真软件虚实连接，每步扣 2 分		
	2. 仿真程序导入机器人	30 分	未能完成从 ROBOGUIDE 向机器人的程序导入，每步扣 2 分		
	3. 写字程序的运行与调试	40 分	利用仿真程序向机器人导入后，未能完成写字程序的现场运行与验证，每步扣 2 分		
总评分 =（1~3 项总分）× 40%					

2. 小组评价

由同小组的同学结合自评情况进行互评，并将评分值记录于表 6-21 中。

表 6–21　小组评价表

评价内容	配分	评分
1. 实训过程记录与自我评价情况	10 分	
2. 写字程序的运行情况	50 分	
3. 机器人与仿真软件的连接能力	20 分	
4. 安全、质量意识与责任心	20 分	
总评分 =（1~4 项总分）× 30%		

3. 教师评价

由指导教师结合自评与互评结果进行综合评价，并将意见与评分值记录于表 6-22 中。

表 6-22　教师评价表

教师总体评价意见：	
教师评分（30 分）	
总评分 = 自我评分 + 小组评分 + 教师评分	

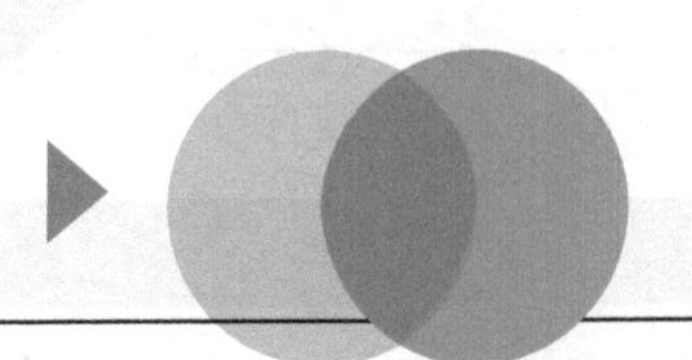

项目7 工业机器人的参数标定与测试

职业技能要求

工业机器人应用编程职业技能要求（中级）	
3.4.1	能够根据工业机器人性能参数要求，配置测试环境，搭建测试系统
3.4.2	能够根据操作规范，对工业机器人杆长、关节角、零点等基本参数进行标定
3.4.3	能够根据工业机器人性能参数要求，对工作空间、速度、加速度、定位精度等参数进行测试

知识目标

1. 了解工业机器人需设定的参数。
2. 掌握工业机器人参数设定的方法。
3. 掌握工业机器人零点标定的概念与方法。
4. 掌握工业机器人参考点设定的方法。
5. 掌握工业机器人关节可动范围的设定方法。
6. 掌握工业机器人负载设定的意义与方法。

能力目标

1. 能够根据工业机器人性能参数要求配置测试环境，搭建测试系统。
2. 能够根据工作任务，完成工业机器人零点标定。
3. 能够根据工作任务，完成工业机器人参考点设定、特殊区域功能设定、关节可动范围设定和负载设定。
4. 能够根据工作任务，完成工业机器人产品及用户要求，撰写测试分析报告。

平台准备

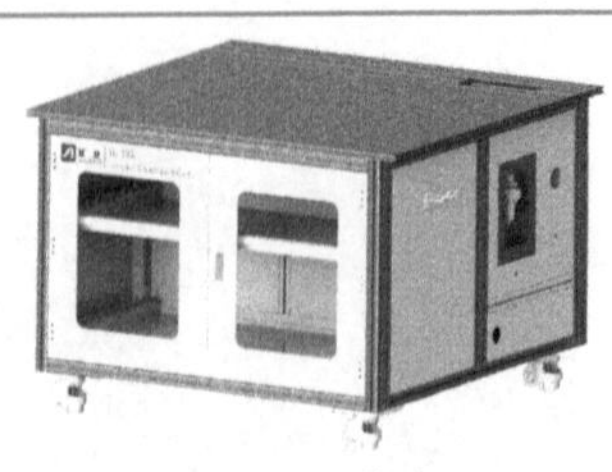 YL-18 工作台	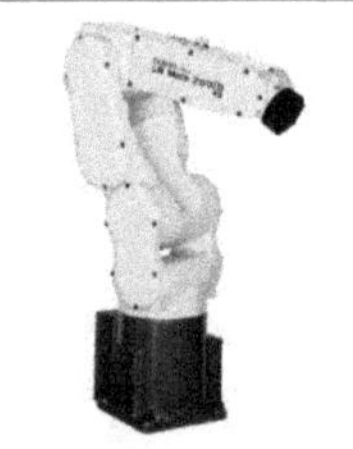 FANUC 工业机器人

任务1 工业机器人测试系统的搭建

学习目标

1. 能够准确理解机器人测试运转的定义及设置步骤。
2. 能够掌握逐步测试运转的设置步骤。
3. 能够掌握连续测试运转的设置步骤。
4. 能够掌握程序监控画面的设置步骤。

知识准备

一、测试运转的定义

测试运转就是指机器人到现场生产线执行自动运行之前，单步确认其动作。程序的测试对于确保作业人员和外围设备的安全十分重要。测试运转有如下两种方法。

（1）逐步测试运转　通过示教器逐行执行程序。

（2）连续测试运转　通过示教器或操作面板从当前行执行程序直到结束（程序末尾记号或程序结束指令）。

通过示教器来执行测试运转时，示教器必须处在有效状态，示教器的有效开关接通。

通过操作面板 / 操作箱来执行测试运转时，操作面板必须处在有效状态。要设定为该状态，下列操作面板有效条件必须成立。

1）示教器的有效开关断开。

2）本地方式。

3）外围设备 I/O 的 *SFSPD 输入处在 ON。

此外，要启动包含动作（组）的程序，下列动作条件也必须成立。

1）外围设备 I/O 的 ENBL 输入处在 ON。

2）没有报警发生（报警已被解除）。

二、工业机器人典型的测试步骤

1）将示教器的使能开关按下。

2）通过示教器来执行按步骤运转，确认机器人的动作、程序指令和 I/O。

3）通过示教器低速执行连续运转。

4）通过操作面板高速执行连续运转，确认机器人的位置和动作时机。

在测试执行界面上，设定程序的测试运转条件，如图 7-1 所示，相关说明见表 7-1。

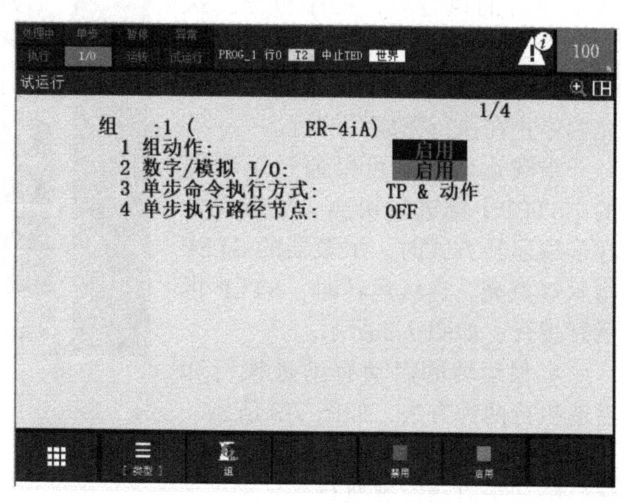

图 7-1　设定程序的测试运转条件

表 7-1 设定程序的测试运转条件说明

设定条目	说明
组动作	对是否进行机器人的动作进行设定 1）若设为“禁用”，机器人将忽视所有的动作指令（机器锁住状态） 2）若设为“启用”（有效），机器人通常将执行动作指令 3）通过机床锁住，SYSRDY 输出始终保持在 ON 状态。假设伺服电源已被接通。可以通过 RESET（解除报警）键来解除与伺服相关的所有报警 注：即使在按下了急停按钮的状态下也可以启动。
数字 / 模拟 I/O	数字 / 模拟 I/O 设定是否通过数字 I/O、模拟 I/O、组 I/O 与外围设备进行通信 1）设定为“禁用”时，机器人不通过数字 I/O 及模拟 I/O 与外部装置进行通信 2）其内部的所有 I/O 都被赋予仿真旗标（S），仿真旗标在将设定置于“有效”之前无法解除 向外围设备输出的信号对外部持续保持将设定置于“无效”时刻的输出状态。可以通过基于手动的仿真输出来更改内部状态。将设定重新置于“有效”时，解除所有的仿真旗标，返回原先的输出状态 3）来自外围设备的输入信号在内部持续保持将设定置于“无效”时刻的输入状态。可以通过基于手动的仿真输入来更改内部状态。此时，对于更改了内部状态的信号，恢复原来的设定不解除仿真旗标。通过手动解除来反映当前的输入状态
单步命令执行方式	单步状态，即指定在单步方式下执行程序时的执行状态 1）STATEMENT：针对每一行使程序执行暂停 2）MOTION：针对每一动作指令使程序执行暂停 3）ROUTINE：虽然与 STATEMENT（每个指令）大致相同，但是在调用指令目的地不予暂停 4）TP & 动作：在动作指令以外的 KAREL 指令不予暂停
单步执行路径节点	当单步执行路径节点指定为 ON 时，执行 KAREL 的“MOVE ALONG”指令在每个节点都暂停

任务实施

1. 逐步测试运转

逐步测试运转（步骤运转）指机器人逐行执行当前行的程序语句。结束单行的执行后，程序暂停。执行逻辑指令后，当前行与光标一起移动到下一行，执行动作指令后，光标停止在执行完成后的行。

步骤运转方式可以通过示教器的［STEP］键进行切换。机器人处在步骤运转方式时，示教器的 STEP 指示灯点亮。连续运转时，STEP 指示灯熄灭，如图 7-2 所示。

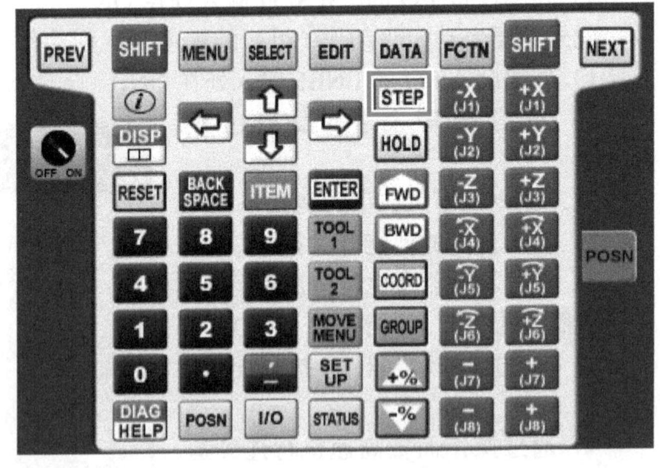

图 7-2 ［STEP］键

步骤运转的启动有前进执行和后退执行两种方法，如图 7-3 所示。

（1）前进执行　顺向执行程序。按住示教器上的［SHIFT］键的同时按下［FWD］键，然后松开来启动前进执行。

当从结束状态启动程序时，程序执行当前光标所在行的程序指令（单行），完成后

暂停。

执行动作指令时，光标停止在已执行的行。执行逻辑指令时，光标移动到下一行。连续启动前进执行时，程序执行下一行的程序指令。

在步骤运转方式下执行圆弧动作指令时，机器人在圆弧经由点附近暂停。此外，在接近经由点因保持而暂停时，再启动后机器人不会停止在经由点，如图 7-3 所示。

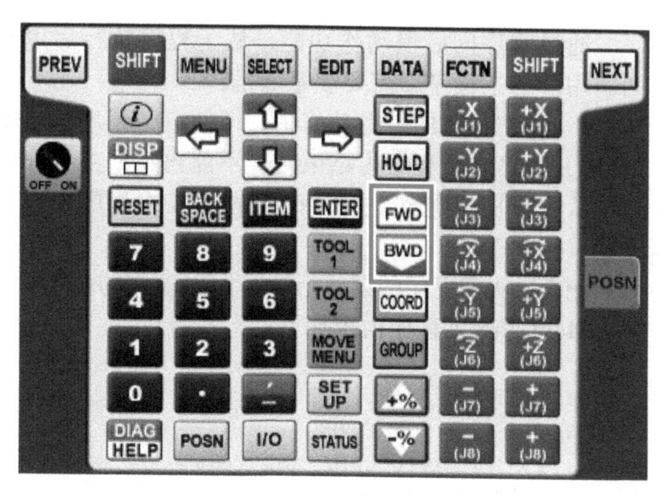

图 7-3 步骤运转的启动

（2）后退执行　逆向执行程序。按住示教器上的［SHIFT］键的同时按下［BWD］键，然后松开来启动后退执行。

后退执行只执行动作指令。但是，在执行程序时忽略跳过指令、先执行指令、后执行指令、软浮动指令等动作附加指令。光标在执行后移动到上一行。

机器人不能后退执行到程序指令之前的位置，如果需要后退执行这些指令，光标要返回到该行之后的行。无法后退执行的指令见表 7-2。

表 7–2　无法后退执行的指令

序号	具体指令
1	暂停指令（PAUSE）
2	强制结束指令（ABORT）
3	程序结束指令（End）
4	跳跃指令（JMP LBL［ ］）
5	用户报警指令（UALM［ ］）
6	执行指令（RUN）
7	增量程序指令

当从结束状态启动程序时，程序执行当前光标所在行的动作指令（单行），完成后暂停。

连续启动后退执行时，使用当前行的动作类型 / 移动速度和上一行的动作指令的位置数据 / 定位类型执行程序。

当前行的动作指令为圆弧动作时，机器人通过当前行的经由点后移动到上一行的目标点（前进执行时圆弧动作的开始点）。

上一行的动作指令为圆弧动作时，机器人使用当前行的动作类型 / 移动速度向上一行的目标点移动。

在程序运行中禁止后退执行时，在该处插入暂停指令（PAUSE）。执行暂停指令后，光标返回到程序执行前位置，程序暂停。只要光标的上一行有暂停指令，程序的后退执行就不能进行。手动使光标移动到比暂停指令更前面的行，即可进行程序的后退执行。

通过程序间后退动作功能，从子程序执行后退动作（［SHIFT＋BWD］键），即可返回调用源的主程序，需要注意的是：

1）在主程序的后退动作中，即使有子程序，也不能调用子程序。

2）程序在子程序内结束时，不能再返回主程序。

从子程序后退到主程序时，光标在主程序中所示教的子程序的 CALL（调用）指令行暂停。

例 1：从子程序的第 4 行执行后退动作的情形。

Main_Prg 主程序内容如下。

```
1. R[1]=R[1]+1
2. J P[1]100% FINE
3. IF R[1]=100,JMP LBL[100]
4. CALL Sub_Prog
5. [End]
```

Sub_Prog 子程序内容如下。

```
1. DO[1]= ON
2. DO[2]= ON
3. L P[2]1000mm/sec FINE
4. L P[3]1000mm/sec FINE
5. [End]
```

例 1 程序解释：

1）从光标位于子程序第 4 行的状态开始执行后退动作。

2）通过后退动作（［SHIFT＋BWD］键），使 P［3］后退到 P［2］，光标被定位在子程序的第 3 行。

3）通过后退动作（［SHIFT＋BWD］键），示教器执行程序后退到主程序的第 5 行（CALL Sub_ Prog），光标被定位在主程序的第 5 行。

4）通过后退动作（［SHIFT＋BWD］键），使 P［2］后退到 P［1］，光标从主程序的第 5 行移动到主程序的第 3 行。

将系统变量 $BWD_ABORT 设定为 TRUE（有效）的情况下，后退执行到达程序开始行时，该程序就进入结束状态。

2. 连续测试运转

连续测试运转指从程序的当前行到程序的末尾（程序末尾记号或程序结束指令）顺向执行程序。不能通过后退执行来进行连续测试运转。

连续测试运转可通过示教器或操作面板启动。利用示教器执行连续测试运转时，按住示教器上的［SHIFT］键的同时按下［FWD］键，然后松开，程序从当前行开始执行；利用操作面板 / 操作箱执行连续测试运转（循环运转）时，按操作面板 / 操作箱的启动按钮，程序从当前行开始执行。

注：连续测试运转只能进行前进执行。

3. 测试系统的确认与监控操作

执行程序时，示教器的画面成为显示程序执行状态的监控画面。监控画面上，光标随着程序执行行移动，成为不能编辑的状态，如图 7-4 所示。

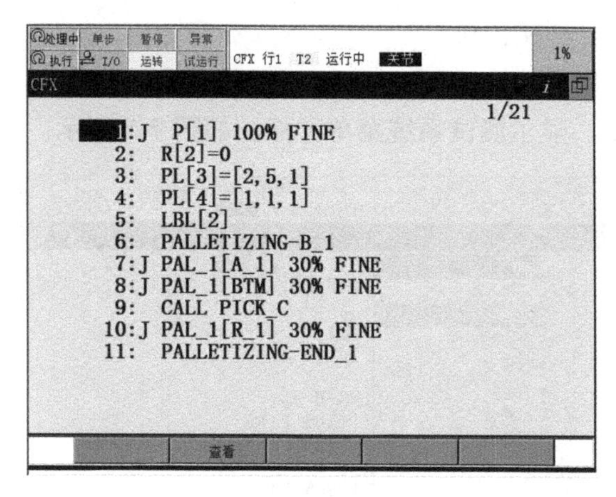

图 7-4　监控画面

按［F2］（查看）键，切换到程序确认界面，停止正在执行中的程序的光标移动（程序执行照样进行），按光标的上下移动键，即可确认执行行以外的部分，如图 7-5 所示。

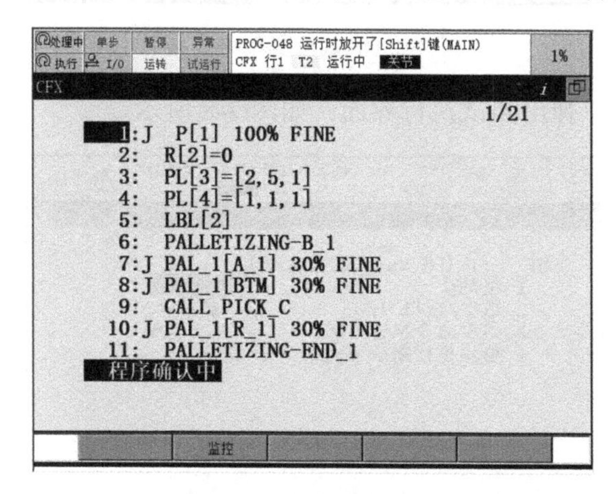

图 7-5　程序确定界面

“程序确认中”在提示行反相显示，表示正在确认程序。若要返回监控器画面，按［F2］（监控）键。返回监控画面时，光标显示该时刻正在执行的部分。

确认中的程序执行暂停或已结束时，退出确认界面，返回程序编辑界面，如图 7-6 所示。

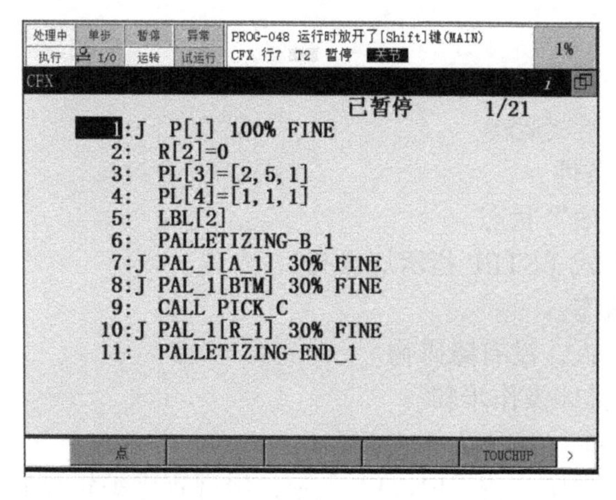

图 7-6　程序编辑界面

4. 工业机器人测试系统的搭建

工业机器人测试系统搭建的具体步骤如下：

1）按［MENU］键，显示测试系统菜单界面，如图 7-7 所示。

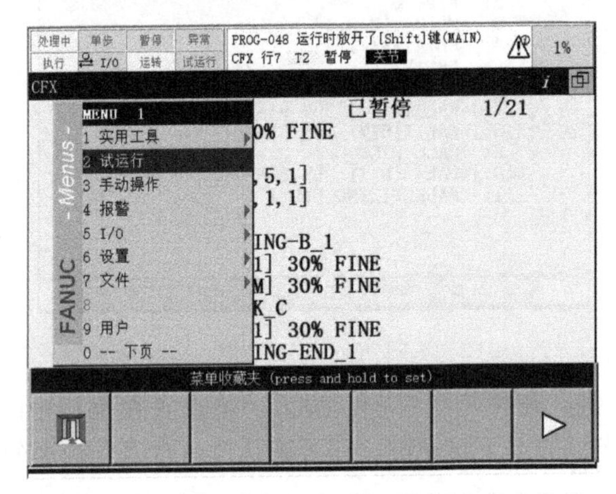

图 7-7　测试系统菜单界面

2）选择“试运行”，弹出测试执行界面，如图 7-8 所示。

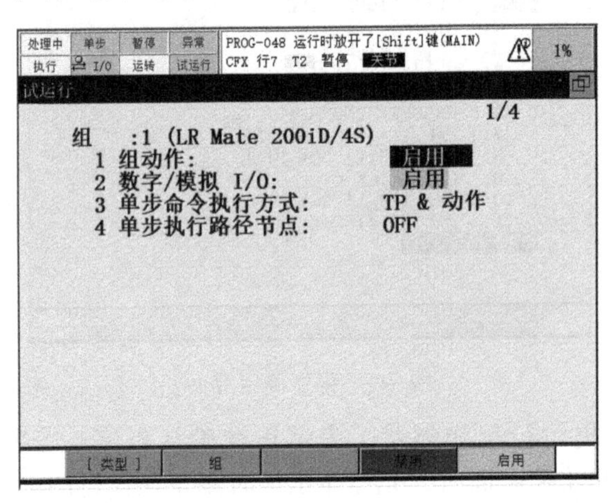

图 7-8　测试执行界面

3）设定测试条件。

4）若要替换组编号，按［F2］（组）键。

5. 工业机器人逐步测试运转

（1）逐步测试运转条件

1）示教器处在“有效”状态。

2）处在步骤运转方式（STEP 指示灯点亮）。

3）处在动作允许状态。

4）作业空间内没有人，没有障碍物。

（2）逐步测试运转具体操作步骤

1）按［SELECT］键，出现程序一览界面。

2）选择希望测试的程序，按［ENTER］键，出现程序编辑界面。

3）按［STEP］键，进入步骤运转状态，STEP 指示灯点亮（按住［STEP］键直到 STEP 指示灯点亮）。

4）将光标移动到程序的开始行。

5）按下使能开关，将示教器的有效开关置于 ON。

6）启动程序。

① 当执行程序的前进动作时，按住［SHIFT］键的同时按下［FWD］键，然后松开。在程序语句执行完成之前，持续按住［SHIFT］键。

② 当执行程序的后退动作时，按住［SHIFT］键，按下［BWD］键，然后松开。在程序语句的执行完成之前，持续按住［SHIFT］键。

7）在执行完单行程序后，程序进入暂停状态。

① 执行动作指令时，光标停止在已执行的行。通过下一次的前进执行，程序执行下一行。

② 执行控制指令时，光标移动到下一行。

8）要解除步骤运转状态，按［STEP］键。

9）将示教器有效开关置于 OFF，松开使能开关。

6. 工业机器人连续测试运转（从示教器启动）

（1）连续运转的执行条件

1）示教器应处在有效状态。

2）处在连续运转方式（STEP 指示灯没有点亮）。

3）处在动作允许状态。

4）作业空间内没有人，没有障碍物。

（2）连续测试运转执行步骤

1）按［SELECT］键，出现程序一览界面。

2）选择希望测试的程序，按［ENTER］键，出现程序编辑界面。

3）选定连续运转方式。确认 STEP 指示灯尚未点亮（当 STEP 指示灯已经点亮时，按［STEP］键，使 STEP 指示灯熄灭）。

4）将光标移动到希望开始的行。

5）按下使能开关，将示教器的有效开关置于 ON。

6）按住［SHIFT］键的同时按下［FWD］键，然后松开。在程序的执行结束之前，持续按住［SHIFT］键。松开［SHIFT］键时，程序在执行的中途暂停。但是，若按住［SHIFT］键的同时将示教器有效键置于 OFF，即使松开［SHIFT］键，程序也不会暂停而继续执行。

程序执行到末尾后强制结束，光标返回到程序的第一行。

7. 工业机器人连续测试运转（从操作面板启动）

（1）连续运转测试执行条件

1）示教器应处在有效状态。

2）处在连续运转方式（STEP 指示灯没有点亮）。

3）处在动作允许状态。

4）作业空间内没有人，没有障碍物。

（2）连续运转测试执行具体步骤

1）按［SELECT］键，出现程序一览界面。

2）选择希望测试的程序，按［ENTER］键，出现程序编辑界面。

3）选定连续运转方式。确认 STEP 指示灯尚未点亮（当 STEP 指示灯已经点亮时，按［STEP］键，使 STEP 指示灯熄灭）。

4）将光标移动到希望开始的行。

5）按下使能开关，将示教器的有效开关置于 ON。

6）按住［SHIFT］键的同时按下［FWD］键，然后松开。在程序的执行结束之前，持续按住［SHIFT］键。松开［SHIFT］键时，程序在执行的中途暂停。

但是，若按住［SHIFT］键的同时将示教器有效键置于 OFF，即使松开［SHIFT］键，程序也不会暂停而继续执行。

程序执行到末尾后强制结束。光标返回到程序的第一行。

任务评价

1. 自我评价

由学生根据学习任务完成情况进行自我评价，评分值记录于表 7-3 中。

表 7-3　自我评价表

学习任务	学习内容	配分	评分标准	扣分	得分
任务1	1. 安全意识	10 分	1）不遵守相关安全规范操作，酌情扣 2~5 分 2）有其他的违反安全操作规范的行为，扣 2 分		
	2. 熟悉工业机器人测试系统的搭建	80 分	1）没有完成测试系统的搭建，每步扣 2 分 2）未能完成逐步测试运转，每步扣 2 分 3）未能完成从示教器启动的连续测试运转，每步扣 2 分 4）未能完成从操作面板启动的连续测试运转，每步扣 2 分		
	3. 职业规范与环境保护	10 分	1）在工作过程中工具和器材摆放凌乱，扣 3 分 2）不爱护设备、工具，不节约材料，扣 3 分 3）在完成工作后不清理现场，在工作中产生的废弃物不按规定进行处理，各扣 2 分		
总评分 =（1~3 项总分）× 40%					

2. 小组评价

由同小组的同学结合自评情况进行互评，并将评分值记录于表 7-4 中。

表 7-4　小组评价表

评价内容	配分	评分
1. 实训过程记录与自我评价情况	20 分	
2. 工业机器人测试系统的搭建	20 分	
3. 工业机器人逐步 / 连续测试运转实施	20 分	
4. 相互帮助与协作能力	20 分	
5. 安全、质量意识与责任心	20 分	
总评分 =（1~5 项总分）× 30%		

3. 教师评价

由指导教师结合自评与互评结果进行综合评价，并将意见与评分值记录于表7-5中。

表7-5 教师评价表

教师总体评价意见：	
教师评分（30分）	
总评分 = 自我评分 + 小组评分 + 教师评分	

任务2 工业机器人的零点标定

学习目标

1. 机器人在恢复出厂设置时，能够完成对机器人的零点标定工作。
2. 机器人在出现轴报警时，能够选取合适的方法进行零点标定，消除报警。
3. 掌握不同的零点标定方法。

知识准备

机器人零点标定时需要将机器人的机械信息与位置信息同步，来定义机器人的物理位置。必须正确操作机器人进行零点标定。通常机器人在出厂之前已经进行了零点标定。但是，机器人在零点标定后还是有可能丢失零点数据，需要重新进行零点标定。机器人通过闭环伺服系统来控制本体各运动轴。控制器输出控制命令来驱动每一个电动机，装配在电动机上的反馈装置——串行脉冲编码器（SPC）将信号反馈给控制器。在机器人操作过程中，控制器不断地分析反馈信号、修改命令信号，从而使机器人在整个过程中一直保持正确的位置和速度。

控制器必须“知晓”每个轴的位置，以使机器人能够准确地按原定位置移动。控制器通过比较操作过程中读取的串行脉冲编码器的信号与机器人上已知的机械参考点信号的不同来达到这一目的。零点标定记录了已知机械参考点的串行脉冲编码器的读数。这些零点标定数据与其他用户数据保存在控制器存储卡中，在断电后，这些数据由主板电源维持。

当控制器正常断电时，每个串行脉冲编码器的当前数据将保留在脉冲编码器中，由机器人上的后备电源供电维持。当控制器重新上电时，控制器将请求从脉冲编码器读取数据。当控制器收到脉冲编码器的数据时，伺服系统才可以正确操作。这一过程可以称为校准。校准在每次控制器开启时自动进行。

如果在控制器断电时，断开了脉冲编码器的后备电源，则上电时校准操作将失败，机器人唯一可能做的动作只有关节模式的手动操作。要恢复正确的操作，必须重新对机器人进行零点标定与校准。

因为零点标定的数据出厂时就设置好了，所以，在正常情况下，没有必要做零点标定，但是只要发生以下情况之一，就必须进行零点标定。

1）机器人执行一个初始化启动。

2）SPC（串行脉冲编码器）备份电源的电压下降，导致 SPC 数据丢失。

3）在关机状态下卸下机器人底座电源盒盖子。

4）编码器电源线断开。

5）更换 SPC。

6）更换伺服电动机。

7）机械拆卸。

8）机器人的机械部分因为撞击导致脉冲编码器不能指示轴的角度。

9）机器人在非备份状态时，SRAM（CMOS）备份电源的电压下降，导致零点标定数据丢失。

零点标定的方法见表 7-6，可根据出现的问题选择合适的方式进行标定。

表 7–6　零点标定的方法

零点标定的方法	解释
专门夹具校核方式	出厂时设置。需卸下机器人上的所有负载，用专门的校正工具完成
零点校核方式	由于机械拆卸或维修导致机器人零点数据丢失。需要将六轴同时点动到零度位置，且由于靠肉眼观察零度刻度线，误差相对大一点
单轴校核方式	由于单个坐标轴的机械拆卸或维修（通常是更换电动机引起）
快速校核方式	由于电气或软件问题导致零点标定数据丢失，恢复已经存入的零点标定数据作为快速示教调试基准。若由于机械拆卸或维修导致机器人零点标定数据丢失，则不能采取此方法 条件：在机器人正常时设置零点标定数据

任务实施

1. 零点校核方式

零点校核方式的具体步骤见表 7-7。

表 7–7　零点校核方式

序号	操作详情	示意图
1	进入零点标定界面，依次选择：［MENU］键 → 下页 → 系统 → 零点标定 / 校准	

（续）

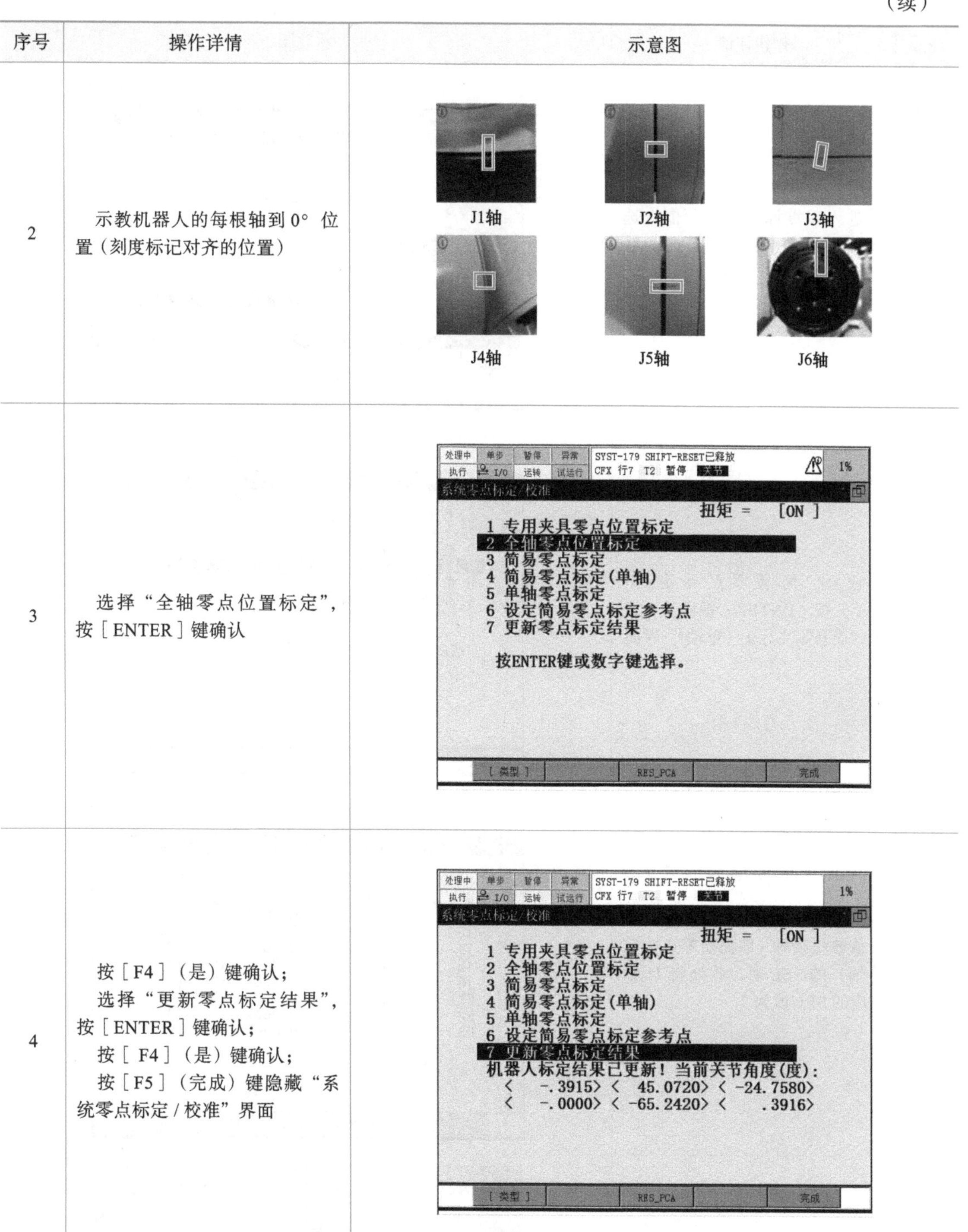

序号	操作详情	示意图
2	示教机器人的每根轴到0° 位置（刻度标记对齐的位置）	J1轴 J2轴 J3轴 J4轴 J5轴 J6轴
3	选择“全轴零点位置标定”，按［ENTER］键确认	处理中 单步 暂停 异常 执行 I/O 运转 试运行 SYST-179 SHIFT-RESET已释放 CFX 行7 T2 暂停 关节 1% 系统零点标定/校准 扭矩 = [ON] 1 专用夹具零点位置标定 2 全轴零点位置标定 3 简易零点标定 4 简易零点标定(单轴) 5 单轴零点标定 6 设定简易零点标定参考点 7 更新零点标定结果 按ENTER键或数字键选择。 [类型] RES_PCA 完成
4	按［F4］（是）键确认； 选择“更新零点标定结果”，按［ENTER］键确认； 按［ F4］（是）键确认； 按［F5］（完成）键隐藏“系统零点标定 / 校准”界面	处理中 单步 暂停 异常 执行 I/O 运转 试运行 SYST-179 SHIFT-RESET已释放 CFX 行7 T2 暂停 关节 1% 系统零点标定/校准 扭矩 = [ON] 1 专用夹具零点位置标定 2 全轴零点位置标定 3 简易零点标定 4 简易零点标定(单轴) 5 单轴零点标定 6 设定简易零点标定参考点 7 更新零点标定结果 机器人标定结果已更新！当前关节角度(度)： < -.3915> < 45.0720> < -24.7580> < -.0000> < -65.2420> < .3916> [类型] RES_PCA 完成

2. 单轴校核方式

当仅有单轴出现报警信息时，可以采用单轴校核方式进行零点标定，操作系统与零点校核界面相同。

单轴校核方式具体操作步骤见表7-8。

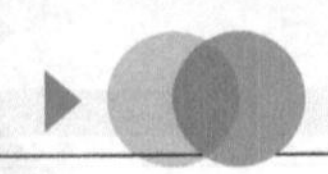

表 7–8　单轴校核方式具体操作步骤

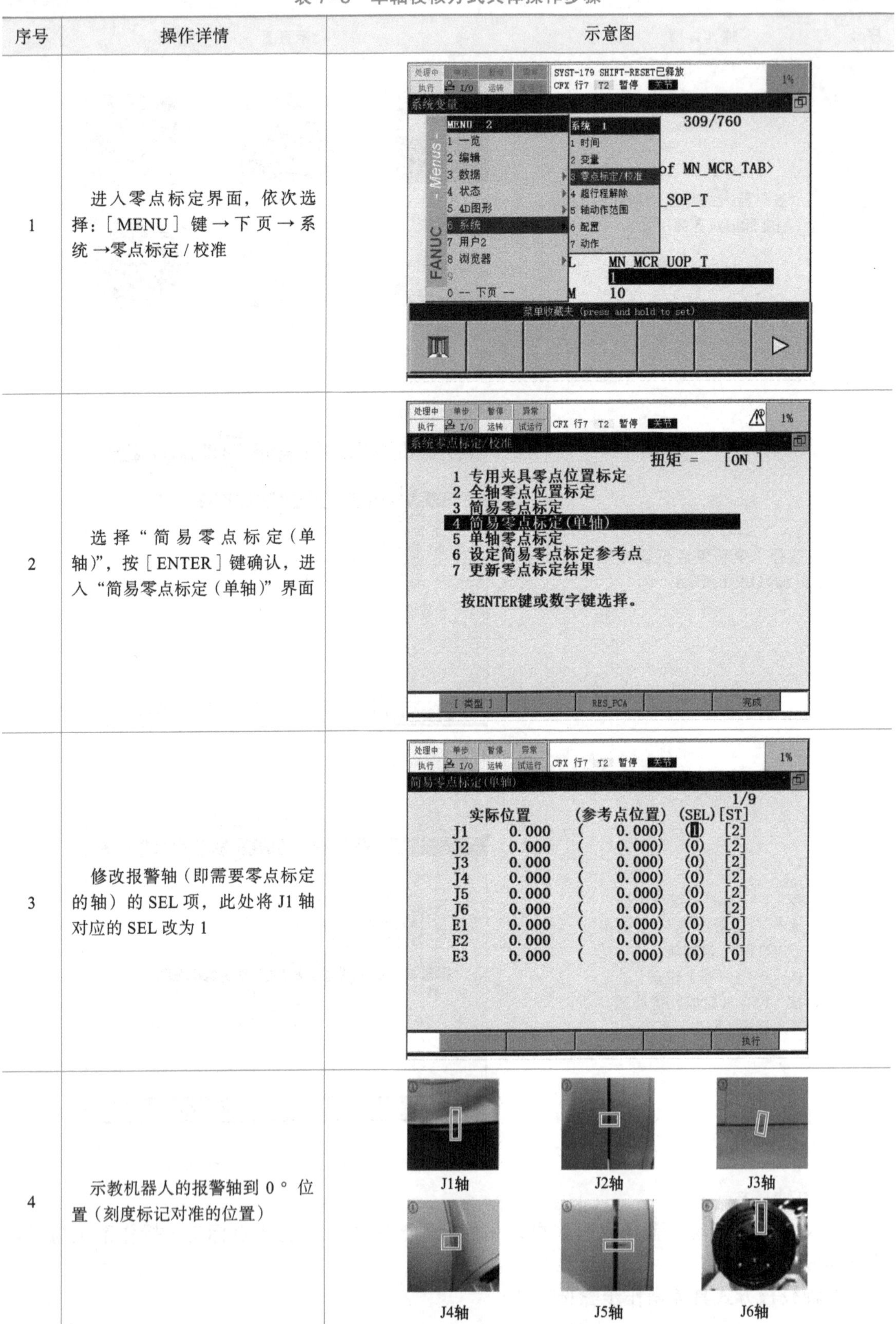

序号	操作详情	示意图
1	进入零点标定界面，依次选择：[MENU] 键 → 下页 → 系统 →零点标定 / 校准	
2	选择“简易零点标定（单轴）”，按 [ENTER] 键确认，进入“简易零点标定（单轴）”界面	
3	修改报警轴（即需要零点标定的轴）的 SEL 项，此处将 J1 轴对应的 SEL 改为 1	
4	示教机器人的报警轴到 0 ° 位置（刻度标记对准的位置）	J1轴 J2轴 J3轴 J4轴 J5轴 J6轴

（续）

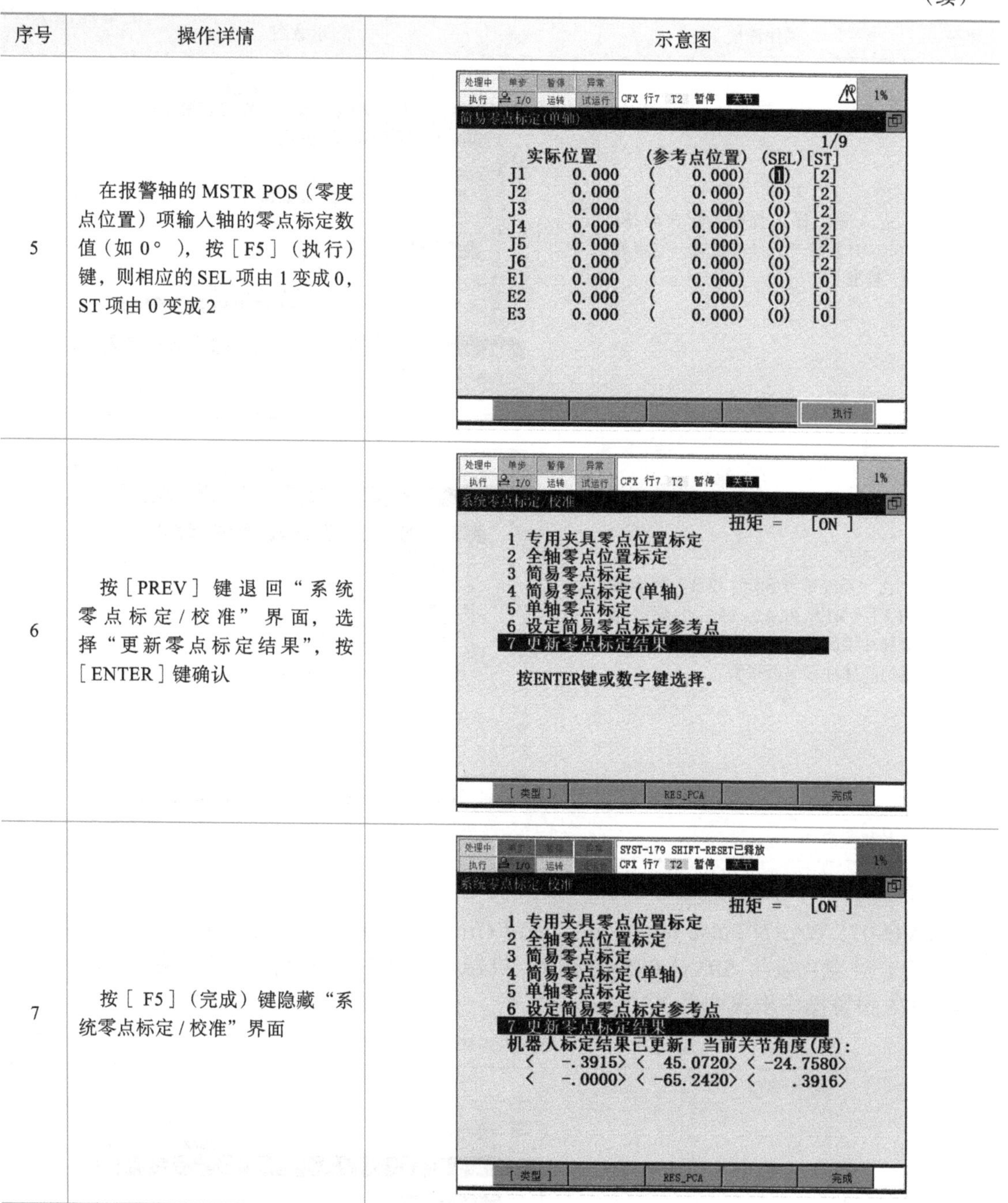

序号	操作详情	示意图
5	在报警轴的 MSTR POS（零度点位置）项输入轴的零点标定数值（如 0°），按［F5］（执行）键，则相应的 SEL 项由 1 变成 0，ST 项由 0 变成 2	
6	按［PREV］键退回“系统零点标定/校准”界面，选择“更新零点标定结果”，按［ENTER］键确认	
7	按［F5］（完成）键隐藏“系统零点标定/校准”界面	

注意：如果需对 J3 轴做单轴校核，则需先将 J2 轴示教到 0° 位置。

3. 脉冲编码器故障信号的消除

（1）消除 SRVO-062 报警

SRVO-062 SVAL2 BZAL alarm（Group：i Axis：j）为脉冲编码器数据丢失报警信息。

发生 SRVO-062 报警时，机器人无法动作。要恢复机器人正常的运行，需要三个步骤消除报警，见表 7-9。

表 7-9　消除 SRVO-062 报警步骤

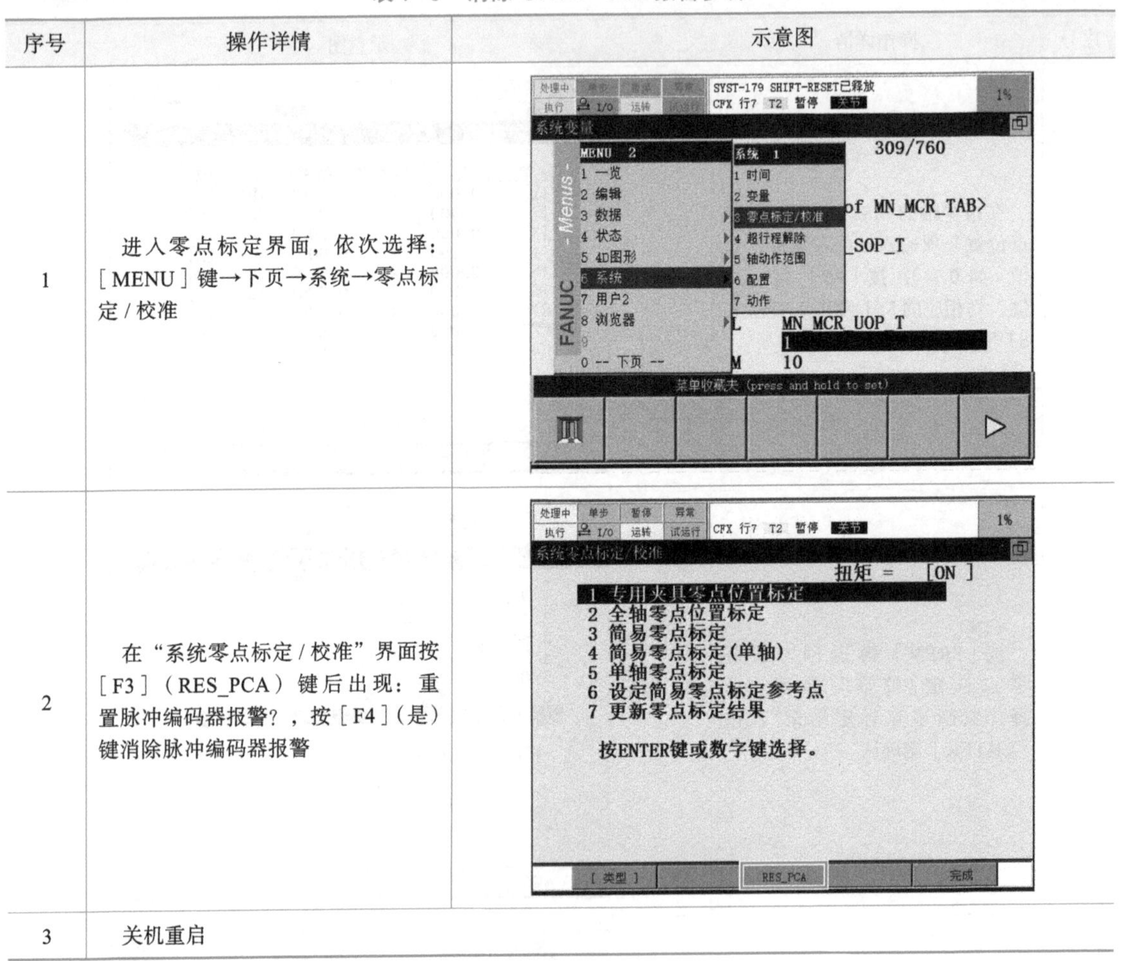

序号	操作详情	示意图
1	进入零点标定界面，依次选择：[MENU] 键→下页→系统→零点标定 / 校准	
2	在“系统零点标定 / 校准”界面按 [F3]（RES_PCA）键后出现：重置脉冲编码器报警？，按 [F4]（是）键消除脉冲编码器报警	
3	关机重启	

（2）消除 SRVO-075 报警

SRVO-075 WARN Pulse not established（Group：i Axis：j）为脉冲编码器无法计数报警信息。注意：发生 SRVO-075 报警时，机器人只能在关节坐标系下单关节运动。消除 SRVO-075 报警操作步骤见表 7-10。

表 7-10　消除 SRVO-075 报警操作步骤

序号	操作详情	示意图
1	机器人开机，查看是否出现 SRVO-075 报警，注意：若屏幕上无此报警，可在报警历史中查看：[MENU] 键→异常履历 →[F3]（履历）	

（续）

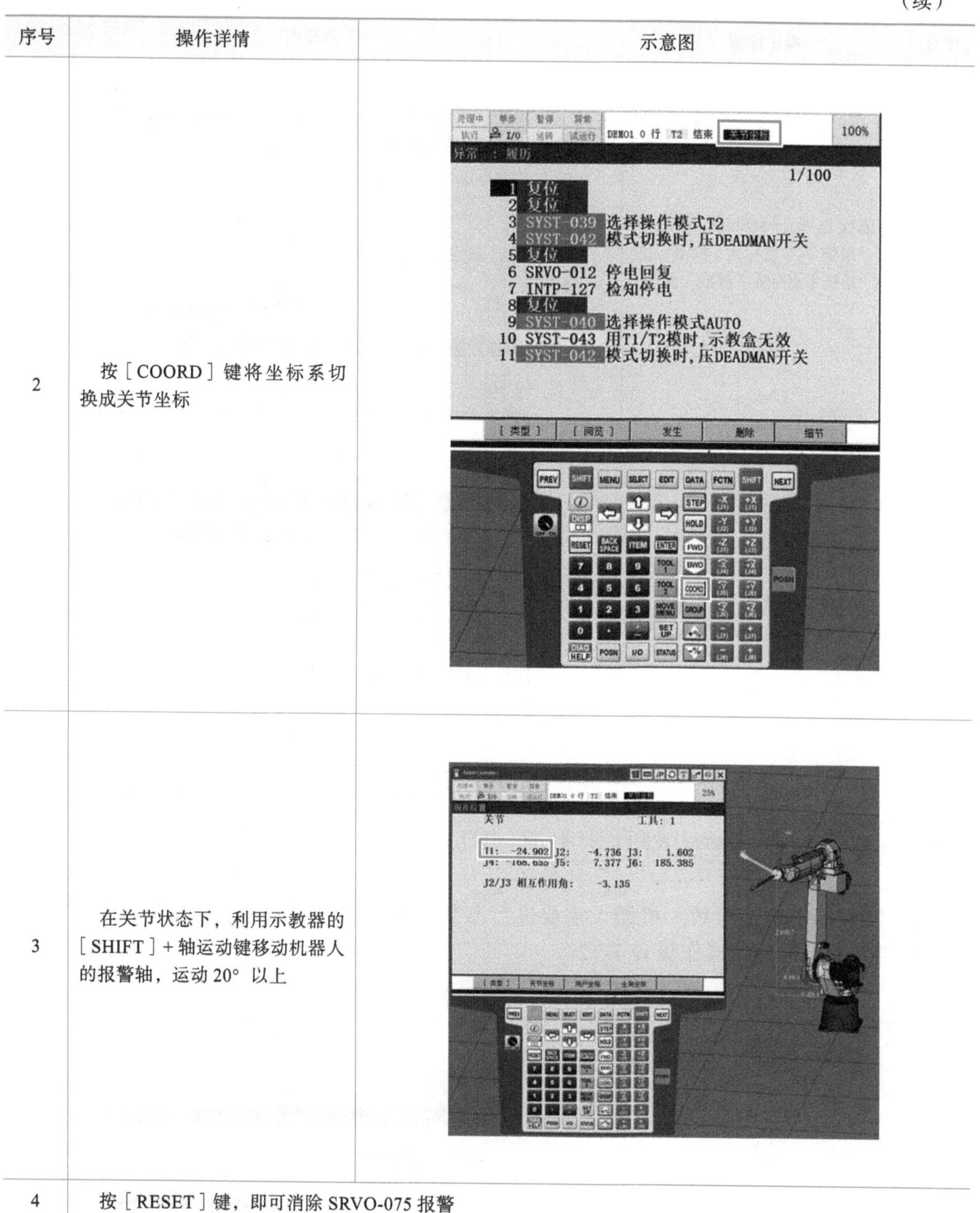

序号	操作详情	示意图
2	按［COORD］键将坐标系切换成关节坐标	
3	在关节状态下，利用示教器的［SHIFT］+轴运动键移动机器人的报警轴，运动 20° 以上	
4	按［RESET］键，即可消除 SRVO-075 报警	

（3）选择合适的方式进行零点标定

1）消除 SRVO-038 报警。产生 SRVO-038 报警后，机器人无法动作，必须消除报警，并进行零点标定后才能恢复运行。

SRVO-038 为脉冲编码器数据不匹配报警。消除 SRVO-038 报警具体操作见表 7-11。

表 7-11　消除 SRVO-038 报警具体操作

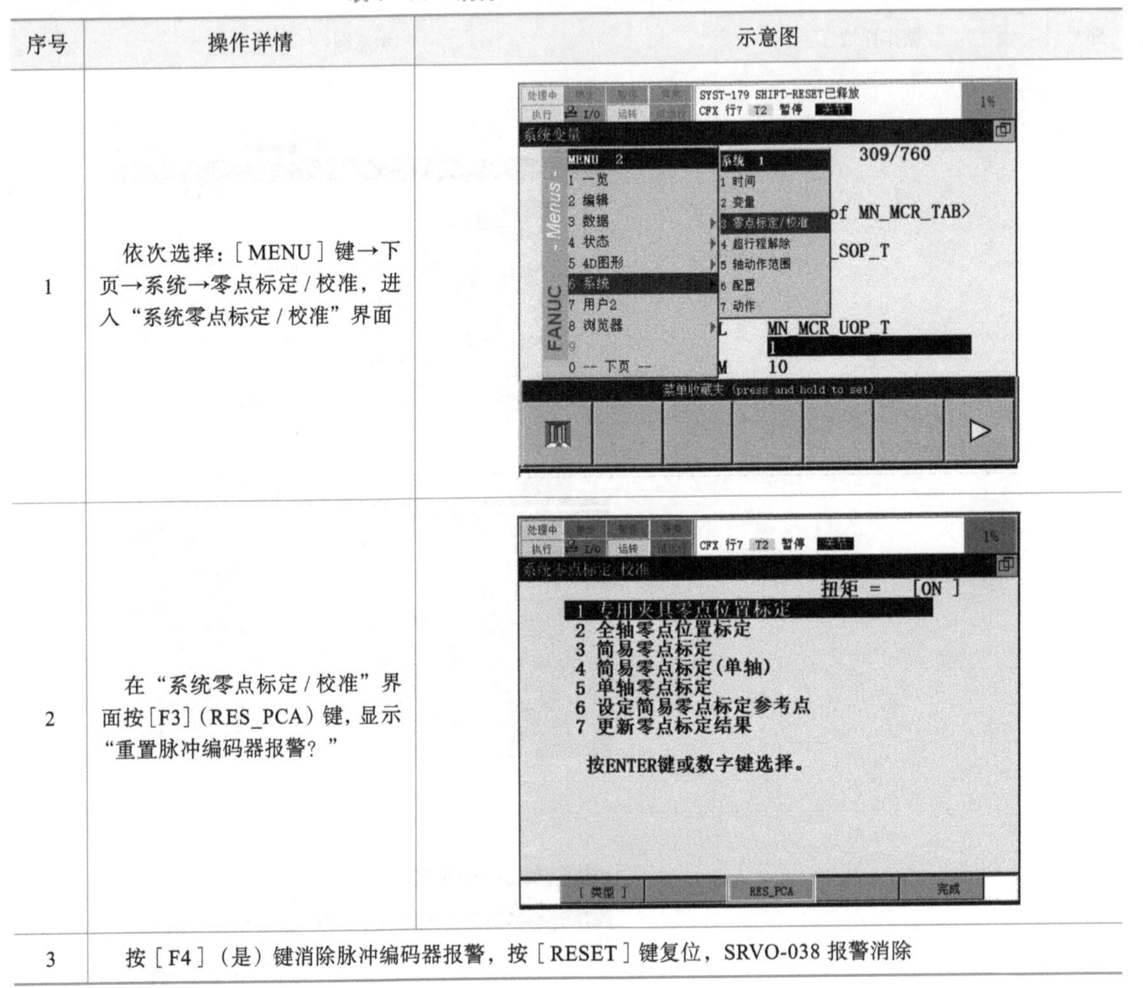

序号	操作详情	示意图
1	依次选择：[MENU] 键→下页→系统→零点标定 / 校准，进入“系统零点标定 / 校准”界面	
2	在“系统零点标定 / 校准”界面按[F3]（RES_PCA）键，显示“重置脉冲编码器报警？”	
3	按［F4］（是）键消除脉冲编码器报警，按［RESET］键复位，SRVO-038 报警消除	

2）零点标定修改参数。机器人需要进行参数修改后才可进入零点标定界面进行设置，零点标定修改参数具体操作见表 7-12。

表 7-12　零点标定修改参数具体操作

序号	操作详情	示意图
1	依次选择：[MENU] 键→下页→系统→变量→ $DMR_GRP	

（续）

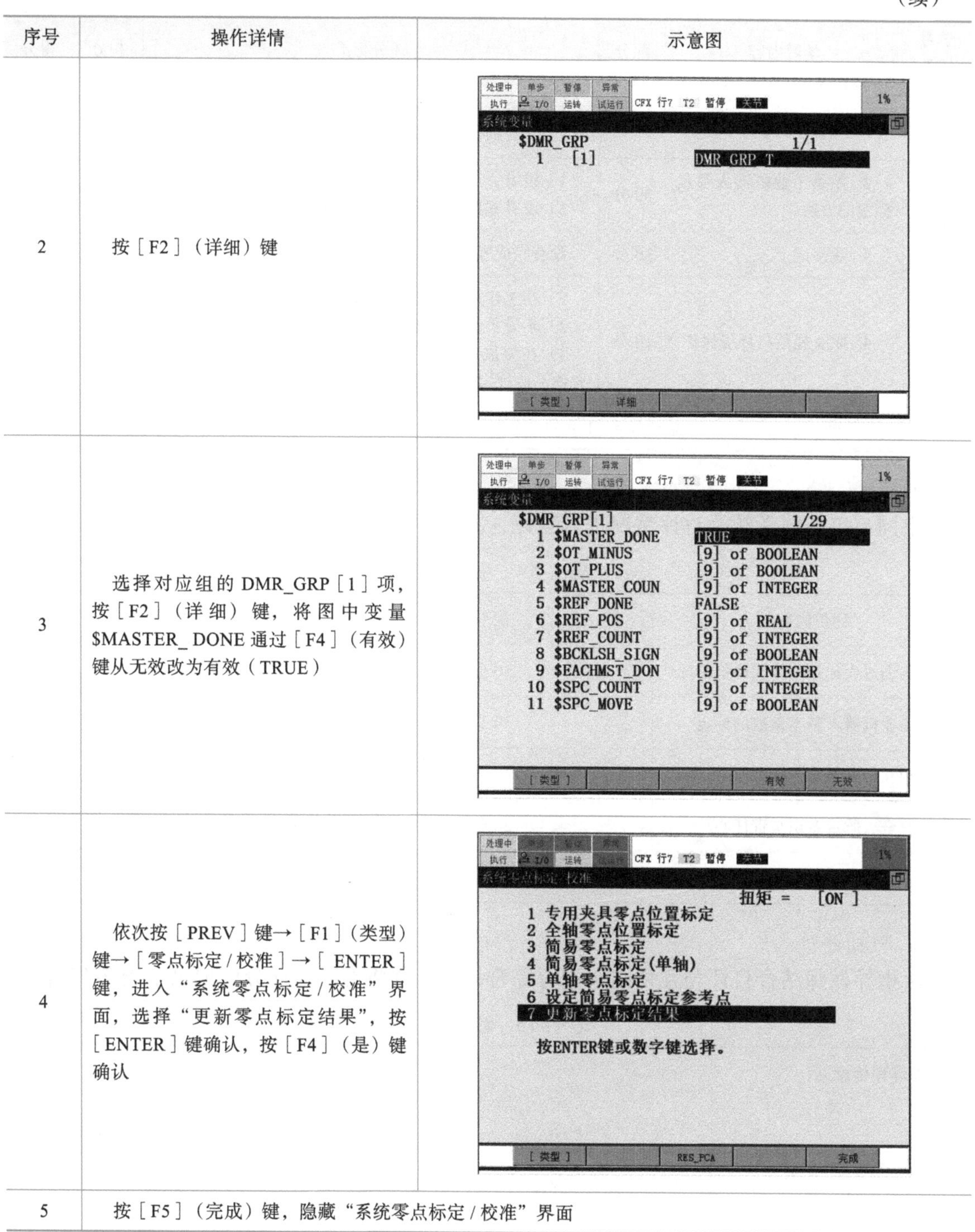

序号	操作详情	示意图
2	按［F2］（详细）键	
3	选择对应组的 DMR_GRP［1］项，按［F2］（详细）键，将图中变量 $MASTER_ DONE 通过［F4］（有效）键从无效改为有效（TRUE）	
4	依次按［PREV］键→［F1］（类型）键→［零点标定 / 校准］→［ENTER］键，进入“系统零点标定 / 校准”界面，选择“更新零点标定结果”，按［ENTER］键确认，按［F4］（是）键确认	
5	按［F5］（完成）键，隐藏“系统零点标定 / 校准”界面	

任务评价

1. 自我评价

由学生根据学习任务完成情况进行自我评价，评分值记录于表 7-13 中。

表 7–13　自我评价表

学习任务	学习内容	配分	评分标准	扣分	得分
任务2	1. 安全意识	10 分	1）不遵守相关安全规范操作，酌情扣 2~5 分 2）有其他的违反安全操作规范的行为，扣 2 分		
	2. 熟悉工业机器人零点标定的方法	50 分	1）没有完成机器人零点标定，每步扣 5 分 2）没有完成参数标定步骤，每步扣 5 分		
	3. 观察记录	30 分	没有完成零点标定记录表，每步扣 5 分		
	4. 职业规范与环境保护	10 分	1）在工作过程中工具和器材摆放凌乱，扣 3 分 2）不爱护设备、工具，不节约材料，扣 3 分 3）在完成工作后不清理现场，在工作中产生的废弃物不按规定进行处理，各扣 2 分		
总评分 =（1~4 项总分）× 40%					

2. 小组评价

由同小组的同学结合自评情况进行互评，并将评分值记录于表 7-14 中。

表 7–14　小组评价表

评价内容	配分	评分
1. 实训过程记录与自我评价情况	30 分	
2. 工业机器人基本参数的标定	30 分	
3. 相互帮助与协作能力	20 分	
4. 安全、质量意识与责任心	20 分	
总评分 =（1~4 项总分）× 30%		

3. 教师评价

由指导教师结合自评与互评结果进行综合评价，并将意见与评分值记录于表 7-15 中。

表 7–15　教师评价表

教师总体评价意见：	
教师评分（30 分）	
总评分 = 自我评分 + 小组评分 + 教师评分	

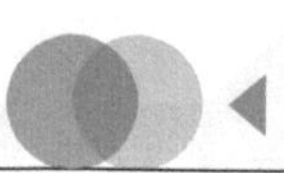

任务3 工业机器人工作环境参数设定

学习目标

1. 能够掌握机器人参考点的设置。
2. 了解机器人关节可动范围及相关设置。
3. 了解机器人的负载设定方法。
4. 了解机器人其他的相关设定。

知识准备

一、参考点概述

参考点是一个基准位置，机器人在这一位置时基本上是远离工件和周边的机器。当机器人在参考点时，会发出信号给其他远端控制设备（如 PLC），根据此信号，远端控制设备可以判断机器人是否在规定位置。机器人可以设置三个参考点，如图 7-9 所示。

图 7-9 参考点位置示意图

当机器人在参考点位置时，系统指定的 UO［7］（ATPERCH）将发出信号给外部设备，但到达其他位置的输出信号需要定义。当机器人在参考点时，可以用 DO/RO 给外部设备发出信号。

机器人返回参考点时，创建一个指定返回路径，并调用该程序，此时有关轴的返回顺序也通过程序来指定，若将返回的程序作为宏指令，预先登录，将带来诸多方便。

二、关节可动范围概述

关节可动范围是通过软件来限制机器人动作范围的一种功能。通过设定关节可动范围，可以将机器人的可动范围在标准值的基础上进行变更。关节可动范围通过［MENU］→［系统］→［轴动作范围］进行设定。

关节可动范围的变更对机器人的动作范围产生影响。为避免故障，在变更各轴可动范围之前，需要重新考虑变更后造成的影响。若不加充分考虑地变更可动范围，则有可能出现机器人在以前示教的位置发生报警等意想不到的结果。

上限值表示关节可动范围的上限，这是正方向的可动范围。

下限值表示关节可动范围的下限，这是负方向的可动范围。

在变更了关节可动范围的情况下，要使设定有效，需要暂时断开控制装置的电源，然后重新通电。

三、负载设定概述

负载设定是与安装在机器人的负载信息（重量、重心位置）相关的设定。通过适当地设定负载信息，会带来如下效果。

1）提高动作性能（减小振动，改善周期）。

2）更加有效地发挥与动力学相关的功能。

如果负载信息与系统不匹配，则有可能导致振动加大，或错误检测出碰撞。为了更加有效地利用机器人，用户应对配置在机械手、工件、机器人手臂上的设备等负载信息进行适当的设定。

负载信息在动作性能界面上进行设定，可以设定 10 种。可以预先设定多个负载信息，只要切换负载设定编号就可对应改变负载，此外，可通过程序指令，在程序中任意、随机地切换负载设定编号。动作性能界面功能介绍见表 7-16。

表 7-16　动作性能界面功能介绍

界面名称	内容
负载设定 （一览界面）	负载信息一览（No.0~No.10） 实际使用的负载设定编号的确认、切换也可以在此界面上进行
动作 / 负载设定	负载信息的详细设定界面 可以进行负载的重量、重心位置、惯量的显示以及设定 针对每个负载设定编号进行设置
动作 / 手臂负载设定	可以设定机器人设备重量的界面 可以对 J1 手臂上（=J2 基座部）和 J3 手臂上的负载重量进行设定

任务实施

1. 工作环境相关参数设定

1）参考点设定的步骤见表 7-17。

表 7-17　参考点设定的步骤

序号	操作详情	示意图
1	按［MENU］键，显示出菜单界面，选择“设置”，在弹出界面按［F1］（类型）键，显示出画面切换界面，选择“参考位置”，弹出参考位置一览界面	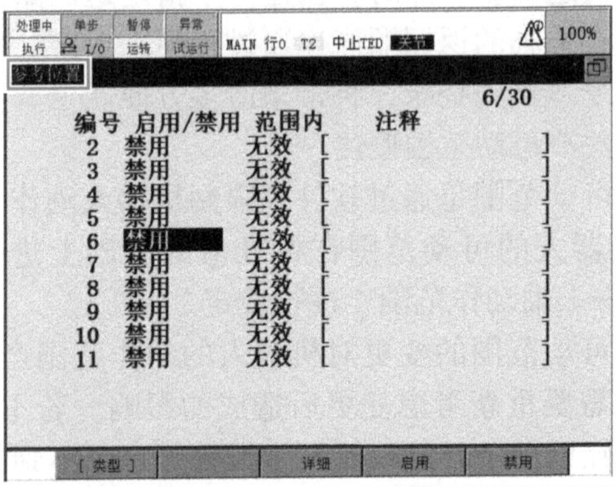 处理中 单步 暂停 异常 执行 I/O 运转 试运行 MAIN 行0 T2 中止TED 关节 100% 参考位置 6/30 编号 启用/禁用 范围内 注释 2 禁用 无效 [ ] 3 禁用 无效 [ ] 4 禁用 无效 [ ] 5 禁用 无效 [ ] 6 禁用 无效 [ ] 7 禁用 无效 [ ] 8 禁用 无效 [ ] 9 禁用 无效 [ ] 10 禁用 无效 [ ] 11 禁用 无效 [ ] [类型] 详细 启用 禁用
2	按［F3］（详细）键，出现参考位置详细设置界面	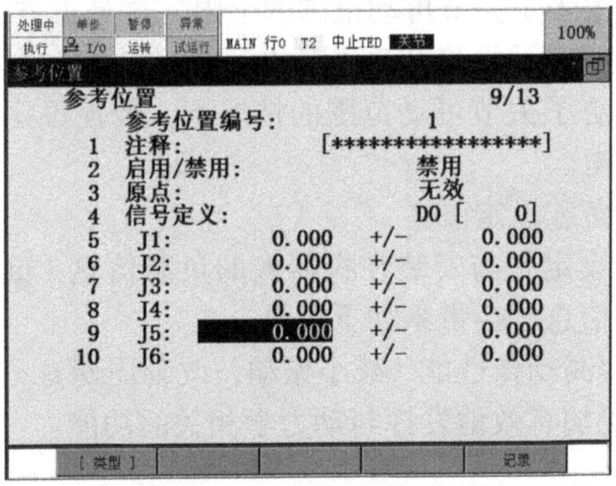 处理中 单步 暂停 异常 执行 I/O 运转 试运行 MAIN 行0 T2 中止TED 关节 100% 参考位置 参考位置 9/13 参考位置编号: 1 1 注释: [******************] 2 启用/禁用: 禁用 3 原点: 无效 4 信号定义: DO [0] 5 J1: 0.000 +/- 0.000 6 J2: 0.000 +/- 0.000 7 J3: 0.000 +/- 0.000 8 J4: 0.000 +/- 0.000 9 J5: 0.000 +/- 0.000 10 J6: 0.000 +/- 0.000 [类型] 记录

（续）

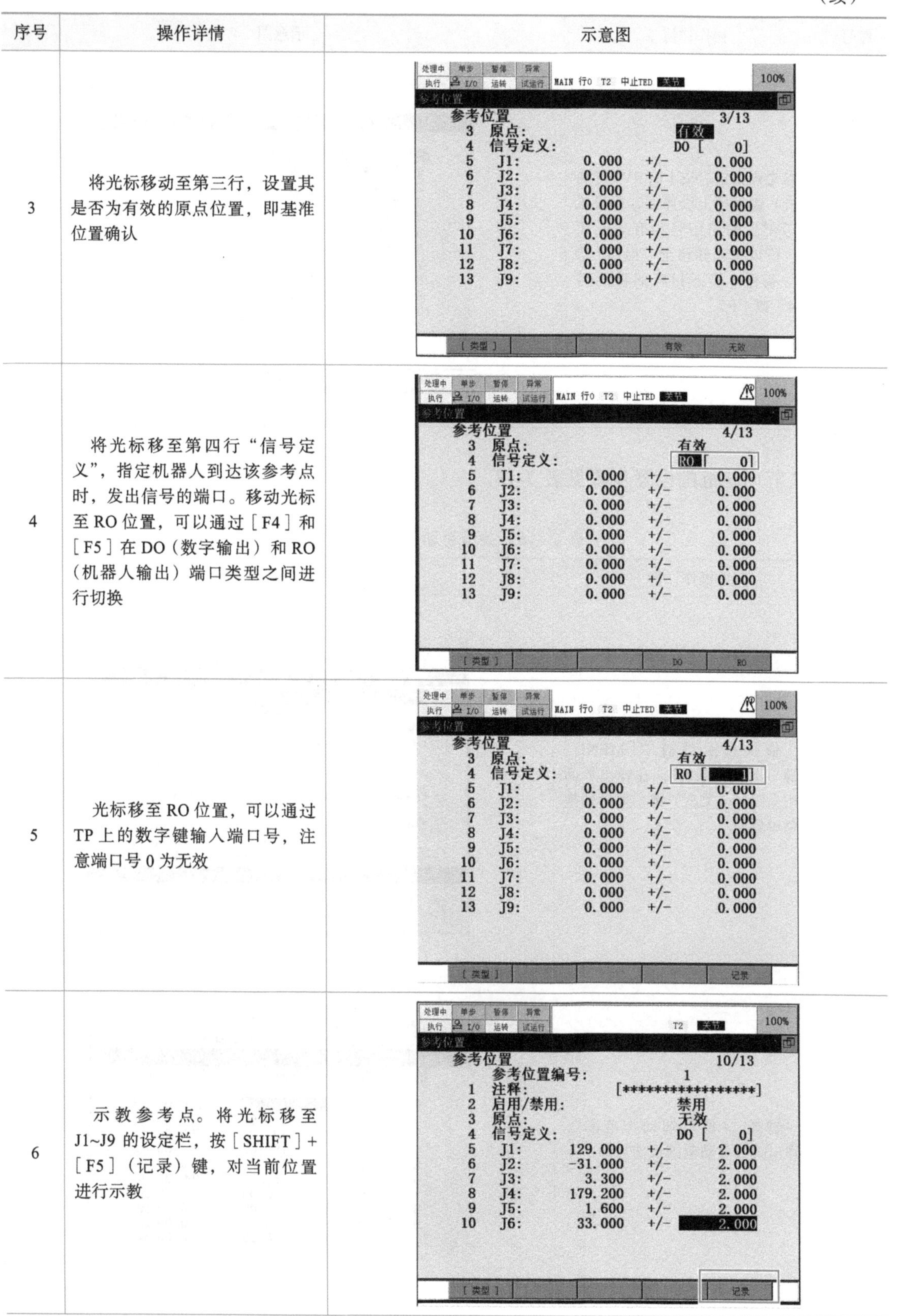

序号	操作详情	示意图
3	将光标移动至第三行，设置其是否为有效的原点位置，即基准位置确认	
4	将光标移至第四行“信号定义”，指定机器人到达该参考点时，发出信号的端口。移动光标至 RO 位置，可以通过［F4］和［F5］在 DO（数字输出）和 RO（机器人输出）端口类型之间进行切换	
5	光标移至 RO 位置，可以通过 TP 上的数字键输入端口号，注意端口号 0 为无效	
6	示教参考点。将光标移至 J1~J9 的设定栏，按［SHIFT］+［F5］（记录）键，对当前位置进行示教	

（续）

序号	操作详情	示意图
7	参考点指定后按［PERV］（前一页）键返回上级界面，要设置参考位置输出信号为有效或无效，可以将光标移至“启用/禁用”条目，按下相应的功能键［F4］或［F5］	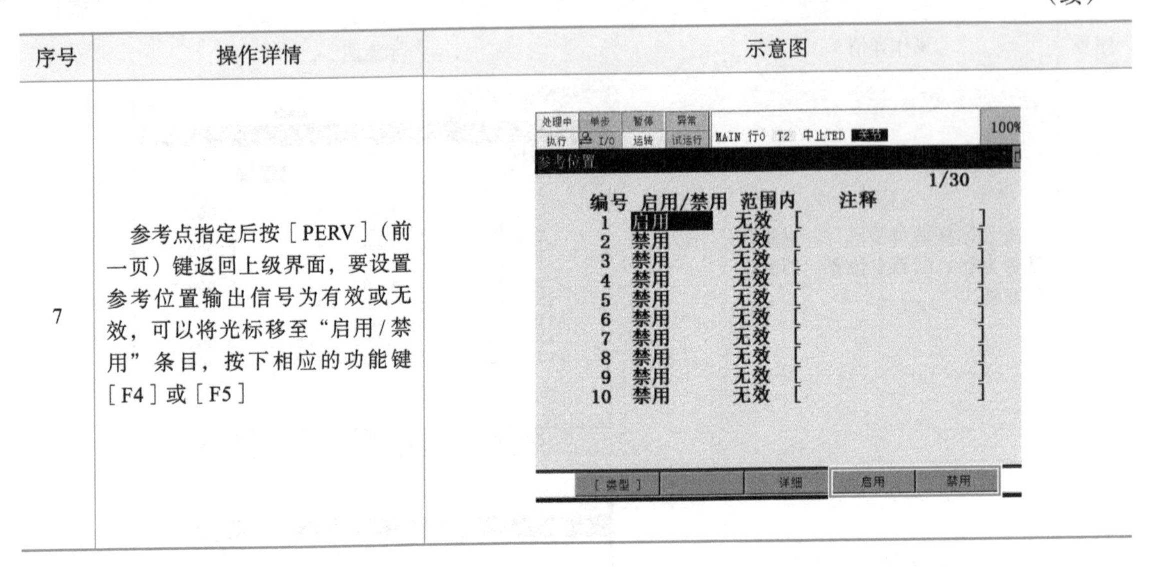

2）关节可动范围设置步骤见表 7-18。

表 7–18　关节可动范围设置步骤

序号	操作详情	示意图
1	依次按示教器“［MENU］键→下页→系统”，在弹出界面按［F1］（类型）键，显示切换菜单界面	
2	选择“4 设定轴动作范围”，弹出关节可动范围设定界面	

（续）

序号	操作详情	示意图
3	将光标移至要设定的轴范围，使用示教器的数字键输入新的设定值，对所有轴进行设定	系统 轴动作范围 轴 组 下限 上限 2/84 1 1 -170.00 170.00 dg 2 1 50.00 120.00 dg 3 1 -122.29 280.00 dg 4 1 -190.00 190.00 dg 5 1 -120.00 120.00 dg 6 1 -360.00 360.00 dg 7 0 0.00 0.00 mm 8 0 0.00 0.00 mm 9 0 0.00 0.00 mm 10 0 0.00 0.00 mm [类型]
4	断电，重新启动，使所有数据设定有效	

3）负载设定具体步骤见表 7-19。

表 7–19　负载设定具体步骤

序号	操作详情	示意图
1	依次按“MENU 键→下页→系统动作”，进入设定界面	处理中 单步 暂停 异常 执行 I/O 运转 试运行 MAIN 行0 T2 中止TED 关节 100% 动作性能 FANUC - Menus - MENU 2 1 一览 2 编辑 3 数据 4 状态 5 4D图形 6 系统 7 用户2 8 浏览器 9 0 -- 下页 -- 系统 1 1 时间 2 变量 3 超行程解除 4 轴动作范围 5 配置 动作 1/10 注释 4.00 [ ] 4.00 [ ] 4.00 [ ] 4.00 [ ]
2	显示负载信息一览界面	动作性能 组1 1/10 编号 负载[kg] 注释 1 4.00 [ ] 2 4.00 [ ] 3 4.00 [ ] 4 4.00 [ ] 5 4.00 [ ] 6 4.00 [ ] 7 4.00 [ ] 8 4.00 [ ] 9 4.00 [ ] 10 4.00 [ ] 当前负载编号= 0 [类型] 组 详细 手臂负载 选负载 >
3	将光标移至任一编号行，按［F3］（详细）键，即可进入负载设定界面，分别设定负载的重量、负载中心、负载惯量，使设定的负载有效	处理中 单步 暂停 异常 执行 I/O 运转 试运行 MAIN 行0 T2 中止TED 关节 100% 动作性能/负载设定 1/8 组 1 1 设定编号 [1]:[****************] 2 负载 [kg] 4.00 3 负载中心X [cm] 0.00 4 负载中心Y [cm] 0.00 5 负载中心Z [cm] 0.00 6 负载惯量X [kgfcms^2] 0.00 7 负载惯量Y [kgfcms^2] 0.00 8 负载惯量Z [kgfcms^2] 0.00

（续）

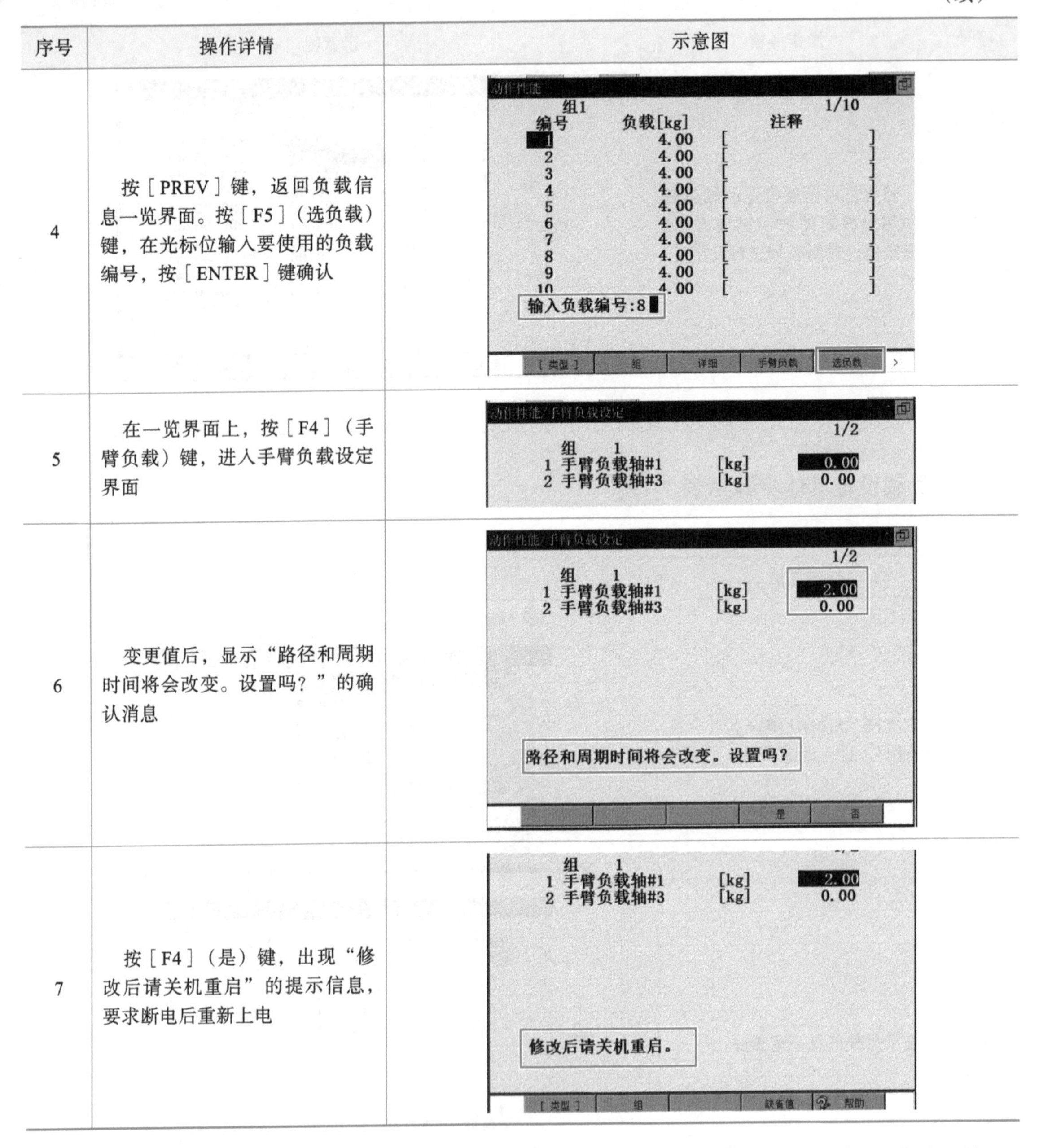

序号	操作详情	示意图
4	按［PREV］键，返回负载信息一览界面。按［F5］（选负载）键，在光标位输入要使用的负载编号，按［ENTER］键确认	
5	在一览界面上，按［F4］（手臂负载）键，进入手臂负载设定界面	
6	变更值后，显示“路径和周期时间将会改变。设置吗？”的确认消息	
7	按［F4］（是）键，出现“修改后请关机重启”的提示信息，要求断电后重新上电	

负载设定界面上显示的 X、Y、Z 方向相当于标准的（尚未设定刀具坐标系状态下）刀具坐标，负载的中心位置及惯量如图 7-10 所示。

4）其他设定是指倍率恢复功能。倍率恢复功能是指在打开安全防护栅栏且 *SFSPD 输入断开时将速度倍率降低到预先指定的值，而在关闭安全栅栏时迅速恢复速度倍率。该功能在如下条件发挥作用。

1）$SCR.$RECOV_OVRD=TRUE（需要控制启动）。

2）处在遥控状态。

3）安全防护栅栏开启中，速度倍率尚未被改变。

其他设定可通过菜单界面中的“系统 → 变量”进行。

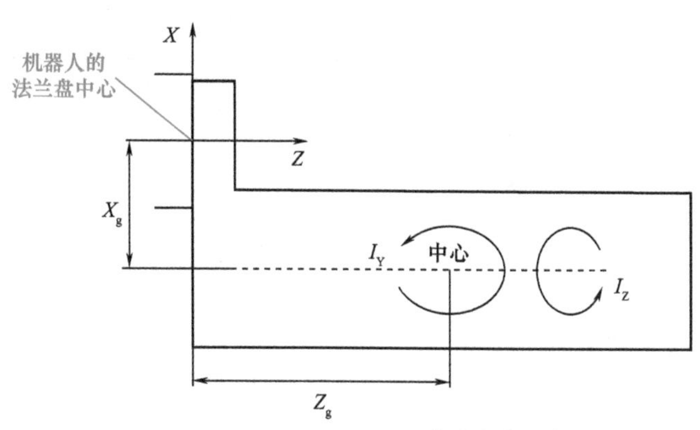

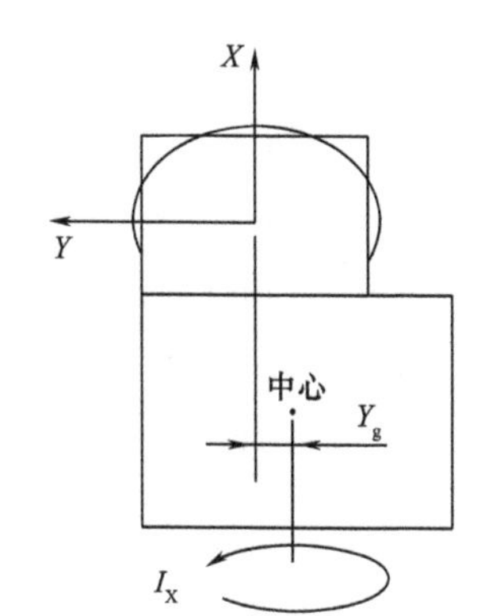

X_g：负载的中心位置 X（cm）
Y_g：负载的中心位置 Y（cm）
Z_g：负载的中心位置 Z（cm）
I_X：负载的惯量 X（kg·cm·s^2）
I_Y：负载的惯量 Y（kg·cm·s^2）
I_Z：负载的惯量 Z（kg·cm·s^2）

注：1kg·cm·s^2=980kg·cm^2

图 7-10　负载的中心位置及惯量

任务评价

1. 自我评价

由学生根据学习任务完成情况进行自我评价，评分值记录于表 7-20 中。

表 7-20　自我评价表

学习任务	学习内容	配分	评分标准	扣分	得分
任务3	1. 安全意识	10 分	1）不遵守相关安全规范操作，酌情扣 2~5 分 2）有其他的违反安全操作规范的行为，扣 2 分		
	2. 熟悉机器人工作环境参数	50 分	1）没有完成参考点的设定，每步扣 2 分 2）未能完成关节可动范围的设定，每步扣 2 分 3）未能完成负载的设定，每步扣 2 分 4）未能完成其他相关设定，每步扣 2 分		
	3. 观察记录	30 分	没有完成参数设定记录表，每步扣 5 分		
	4. 职业规范与环境保护	10 分	1）在工作过程中工具和器材摆放凌乱，扣 3 分 2）不爱护设备、工具，不节约材料，扣 3 分 3）在完成工作后不清理现场，在工作中产生的废弃物不按规定进行处理，各扣 2 分		
总评分 =（1~4 项总分）× 40%					

2. 小组评价

由同小组的同学结合自评情况进行互评，并将评分值记录于表 7-21 中。

表 7-21　小组评价表

评价内容	配分	评分
1. 实训过程记录与自我评价情况	30 分	
2. 工业机器人工作环境参数设定	30 分	
3. 相互帮助与协作能力	20 分	
4. 安全、质量意识与责任心	20 分	
总评分 =（1~4 项总分）×30%		

3. 教师评价

由指导教师结合自评与互评结果进行综合评价，并将意见与评分值记录于表 7-22 中。

表 7-22　教师评价表

教师总体评价意见：	
教师评分（30 分）	
总评分 = 自我评分 + 小组评分 + 教师评分	

附录

工业机器人应用编程职业技能等级标准

1. 职业技能等级划分

工业机器人应用编程职业技能等级分为初级、中级、高级三个等级。三个级别依次递进，高级别涵盖低级别职业技能要求。

工业机器人应用编程（初级）：能遵守安全操作规范，对工业机器人进行参数设定；能手动操作工业机器人；能按照工艺要求熟练使用基本指令对工业机器人进行示教编程；可以在相关工作岗位从事工业机器人操作编程、工业机器人应用维护、工业机器人安装调试等工作。

工业机器人应用编程（中级）：能遵守安全规范，对工业机器人单元进行参数设定；能对工业机器人及常用外围设备进行连接和控制；能按照实际需求编写工业机器人单元应用程序；能按照实际工作站搭建对应的仿真环境，对典型工业机器人单元进行离线编程；可以在相关工作岗位从事工业机器人系统操作编程、自动化系统设计、工业机器人单元离线编程及仿真、工业机器人单元运维、工业机器人测试等工作。

工业机器人应用编程（高级）：能对带有扩展轴的工业机器人系统进行配置和编程；能对工业机器人生产线进行虚拟调试；能按照工艺要求完成工业机器人二次开发；能对工业机器人系统及生产线编程与优化；可以在相关工作岗位从事工业机器人系统及生产线应用编程、工业机器人系统及生产线运维、工业机器人系统及生产线集成、自动化系统升级改造、工业机器人系统及生产线虚拟调试、工业机器人应用系统测试等工作。

2. 职业技能等级要求描述见附表 1~ 附表 3

附表 1　工业机器人应用编程（初级）

工作领域	工作任务	职业技能要求
1. 工业机器人参数设置	1.1 工业机器人运行参数设置	1.1.1 能够通过示教器或控制柜设定工业机器人手动、自动等运行模式
		1.1.2 能够根据工作任务要求，用示教器设定运行速度
		1.1.3 能够根据操作手册，设定语言界面、系统时间、用户权限等环境参数
	1.2 工业机器人坐标系设置	1.2.1 能够根据工作任务要求，选择和调用世界坐标、基坐标、用户（工件）坐标、工具坐标等坐标系
		1.2.2 能够根据操作手册，创建工具坐标系，并使用四点法、六点法等方法进行工具坐标系标定

（续）

工作领域	工作任务	职业技能要求
1. 工业机器人参数设置	1.2 工业机器人坐标系设置	1.2.3 能够根据工作任务要求，创建用户（工件）坐标系，并使用三点法等方法进行用户（工件）坐标系标定
2. 工业机器人操作	2.1 工业机器人手动操作	2.1.1 能够根据安全规程，正确起动、停止工业机器人，安全操作工业机器人
		2.1.2 能够及时判断外部危险情况，操作紧急停止按钮等安全装置
		2.1.3 能够根据工作任务要求，选择和使用手爪、吸盘、焊枪等末端执行器
		2.1.4 能够根据工作任务要求，使用示教器，对工业机器人进行单轴、线性、重定位等操作
	2.2 工业机器人试运行	2.2.1 能够根据工作任务要求，选择和加载工业机器人程序
		2.2.2 能够使用单步、连续等方式，运行工业机器人程序
		2.2.3 能够根据运行结果对位置、姿态、速度等工业机器人程序参数进行调整
	2.3 工业机器人系统备份与恢复	2.3.1 能够根据用户要求，对工业机器人系统程序、参数等数据进行备份
		2.3.2 能够根据用户要求，对工业机器人系统程序、参数等数据进行恢复
		2.3.3 能够进行工业机器人程序、配置文件等导入导出
3. 工业机器人示教编程	3.1 基本程序示教编程	3.1.1 能够使用示教器创建程序，对程序进行复制、粘贴、重命名等编辑操作
		3.1.2 能够根据工作任务要求，使用直线、圆弧、关节等运动指令进行示教编程
		3.1.3 能够根据工作任务要求，修改直线、圆弧、关节等运动指令参数和程序
	3.2 简单外围设备控制示教编程	3.2.1 能够根据工作任务要求，运用机器人 I/O 设置传感器、电磁阀等 I/O 参数，编制供料等装置的工业机器人的上下料程序
		3.2.2 能够根据工作任务要求，设置传感器、电动机驱动器等参数，编制输送等装置的工业机器人的上下料程序
		3.2.3 能够根据工作任务要求，设置传感器等 I/O 参数，编制立体仓库等装置的工业机器人上下料程序
	3.3 工业机器人典型应用示教编程	3.3.1 能够根据工作任务要求，编制搬运、装配、码垛、涂胶等工业机器人应用程序
		3.3.2 能够根据工作任务要求，编制搬运、装配、码垛、涂胶等综合流程的工业机器人应用程序
		3.3.3 能够根据工艺流程调整要求及程序运行结果，对搬运、装配、码垛、涂胶等工业机器人应用程序进行调整

附表 2　工业机器人应用编程（中级）

工作领域	工作任务	职业技能要求
1. 工业机器人参数设置	1.1 工业机器人系统参数设置	1.1.1 能够根据工作任务要求，设置总线、数字量 I/O、模拟量 I/O 等扩展模块参数
		1.1.2 能够根据工作任务要求设置、编辑 I/O 参数
		1.1.3 能够根据工作任务要求，设置工业机器人工作空间
	1.2 工业机器人示教器设置	1.2.1 能够根据操作手册，使用示教器配置亮度、校准等参数
		1.2.2 能够根据用户需求，配置示教器预定义键
	1.3 工业机器人系统外部设备参数设置	1.3.1 能够按照作业指导书，安装焊接、打磨、雕刻等工业机器人系统等外部设备
		1.3.2 能够根据操作手册，设定焊接、打磨、雕刻等工业机器人系统的外部设备参数
		1.3.3 能够根据操作手册，调试焊接、打磨、雕刻等工业机器人系统的外部设备
2. 工业机器人系统编程	2.1 扩展 I/O 应用编程	2.1.1 能够根据工作任务要求，利用扩展的数字量对供料、输送等典型单元进行机器人应用编程
		2.1.2 能够根据工作任务要求，利用扩展的模拟量信号对输送、检测等典型单元进行机器人应用编程
		2.1.3 能够根据工作任务要求，通过组信号与 PLC 实现通信
	2.2 工业机器人高级编程	2.2.1 能够根据工作任务要求，使用高级功能调整程序位置
		2.2.2 能够根据工作任务要求，进行中断、触发程序的编制
		2.2.3 能够根据工作任务要求，使用偏移、旋转等方式完成程序变换
		2.2.4 能够根据工作任务要求，使用多任务方式编写机器人程序
	2.3 工业机器人系统外部设备通信与编程	2.3.1 能够根据工作任务要求，编制工业机器人与 PLC 等外部控制系统的应用程序
		2.3.2 能够根据工作任务要求，编制工业机器人结合机器视觉等智能传感器的应用程序
		2.3.3 能够根据产品定制及追溯要求，编制 RFID 应用程序
		2.3.4 能够根据工作任务要求，编制基于工业机器人的智能仓储应用程序
		2.3.5 能够根据工作任务要求，编制工业机器人单元人机界面程序
	2.4 工业机器人典型系统应用编程	2.4.1 能够根据工作任务要求，编制工业机器人焊接、打磨、喷涂、雕刻等应用程序
		2.4.2 能够根据工作任务要求，编制多种工艺流程组成的工业机器人系统的综合应用程序
		2.4.3 能够根据工艺流程调整要求及程序运行结果，对多工艺流程的工业机器人系统的综合应用程序进行调整和优化
3. 工业机器人系统离线编程与测试	3.1 仿真环境搭建	3.1.1 能够根据工作任务要求，进行模型创建和导入
		3.1.2 能够根据工作任务要求，完成工作站系统布局

（续）

工作领域	工作任务	职业技能要求
3. 工业机器人系统离线编程与测试	3.2 参数配置	3.2.1 能够根据工作任务要求，配置模型布局、颜色、透明度等参数
		3.2.2 能够根据工作任务要求，配置工具参数并生成对应工具等的库文件
	3.3 编程仿真	3.3.1 能够根据工作任务要求，实现搬运、码垛、焊接、抛光、喷涂等典型工业机器人应用系统的仿真
		3.3.2 能够根据工作任务要求，对搬运、码垛、焊接、抛光、喷涂等典型应用的工业机器人系统进行离线编程和应用调试
	3.4 工业机器人标定与测试	3.4.1 能够根据工业机器人性能参数要求，配置测试环境，搭建测试系统
		3.4.2 能够根据操作规范，对工业机器人杆长、关节角、零点等基本参数进行标定
		3.4.3 能够根据工业机器人性能参数要求，对工作空间、速度、加速度、定位精度等参数进行测试
		3.4.4 能够根据工业机器人产品及用户要求，撰写测试分析报告

附表 3　工业机器人应用编程（高级）

工作领域	工作任务	职业技能要求
1. 工业机器人系统参数设置	1.1 带外部轴的系统设置	1.1.1 能够根据操作手册，配置外部轴参数
		1.1.2 能够将系统配置参数导入工业机器人控制器
		1.1.3 能够根据工作任务要求，配置系统各单元间的联锁信号
	1.2 带外部轴的系统标定	1.2.1 能够根据操作手册，完成工业机器人本体与直线型外部轴的坐标系标定
		1.2.2 能够根据操作手册，完成工业机器人本体与旋转型外部轴的坐标系标定
		1.2.3 能够根据操作手册，完成多工业机器人本体间的坐标系标定
2. 工业机器人系统编程	2.1 工业机器人系统编程与优化	2.1.1 能够根据工艺要求，调试工业机器人系统程序及参数
		2.1.2 能够根据工艺要求，优化工业机器人系统程序
	2.2 带外部轴工业机器人系统编程	2.2.1 能够根据工作任务要求，使用外部轴控制指令进行编程，实现直线轴联动
		2.2.2 能够根据工作任务要求，使用外部轴控制指令进行编程，实现旋转轴联动
	2.3 外部设备通信与应用程序编制	2.3.1 能够根据工作任务要求，运用现有通信功能模块，设置接口参数，编制外部设备通信程序
		2.3.2 能够根据工作任务要求，开发自定义的通信功能模块，编制外部设备通信程序
		2.3.3 能够根据工作任务要求，实现机器人与外部设备联动下的系统应用程序
	2.4 工业机器人生产线综合应用编程	2.4.1 能够根据工作任务要求，设计工艺流程并安装工业机器人生产线
		2.4.2 能够根据工作任务要求，开发工业机器人生产线人机界面程序
		2.4.3 能够根据工作任务要求，开发工业机器人生产线综合应用程序

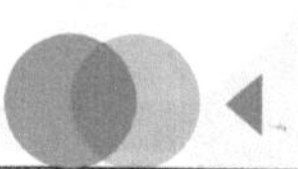

（续）

工作领域	工作任务	职业技能要求
3. 工业机器人系统仿真与开发	3.1 工业机器人系统虚拟调试	3.1.1 能够根据工作任务要求，在虚拟仿真软件中构建工业机器人应用系统，并进行虚拟调试参数配置
		3.1.2 能够根据生产工艺及现场要求，实现仿真编程验证、优化工业机器人系统及工艺流程
		3.1.3 能够根据工作任务要求，对工业机器人应用系统进行虚拟调试并进行验证
	3.2 工业机器人二次开发	3.2.1 能够根据工作任务要求，实现工业机器人系统二次开发环境配置
		3.2.2 能够根据工作任务要求，利用 SDK 对工业机器人进行二次开发编程
		3.2.3 能够根据工作任务要求，开发示教器应用程序
	3.3 工业机器人产品测试	3.3.1 能够根据产品功能和性能参数要求，配置测试环境，搭建测试系统
		3.3.2 能够对工业机器人应用系统的功能、性能、可靠性等进行综合测试分析
		3.3.3 能够根据产品及用户要求，撰写测试分析报告，提交合理化建议

参 考 文 献

[1] 李艳晴，林燕文．工业机器人现场编程（FANUC）[M]．北京：人民邮电出版社，2018.
[2] 孟庆波．工业机器人离线编程（FANUC）[M]．北京：高等教育出版社，2018.